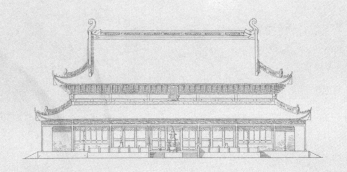

— 舟山海外档案史料文献译丛 —

普陀山建筑艺术与宗教文化

〔德〕恩斯特·柏石曼 著

史 良 张希晅 译

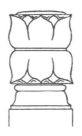

商务印书馆
The Commercial Press

2017年·北京

Ernst Boerschmann

Die Baukunst und religiöse Kultur der Chinesen

Band I:P'u T'o Shan

Druck und Verlag von Georg Reimer, Berlin 1911

本书根据柏林奥尔格·赖默尔出版社1911年版译出

恩斯特·柏石曼

作者简介

恩斯特·柏石曼（1873—1949），德国著名建筑师、摄影师、汉学家，柏林工业技术大学中国古建筑学教授，也是第一位全面考察中国古建筑的德国建筑师。

他在 1906 年至 1909 年间（光绪三十二年至宣统元年）穿越了中国的十四个省，行程数万里，对中国古建筑进行全面考察，拍下了数千张古代皇家建筑、宗教建筑和代表各地风情的民居等极其珍贵的照片。回国以后，他根据这次考察所获的资料，连续出版了至少六部论述中国建筑的专著，对于中国和德国的建筑学界、文化界，以及中德两国之间的交流，都起到了不可磨灭的作用。

译者简介

史良，1988 年生，北京外国语大学外国文学研究所博士生，从事德语文学理论及文化学研究，已发表文章有《回忆的模仿》《文明拟态》《卡夫卡小说〈诉讼〉中的"罪"与"耻"》。

张希晅，柏林自由大学新闻传播学学士。

普陀山

观音圣山

格言

什么是一般？个别的情形。

什么是特殊？千百万种情形。[1]

歌德

（内附208张图片及32幅插图）

1　原文出自歌德《威廉·麦斯特的漫游时代》，此处翻译引自董问樵译：
　　《威廉·麦斯特》，上海译文出版社1999年版，第850页。

谨此向大力推行此项目的

最为尊敬的

德意志皇帝、普鲁士国王

威廉二世陛下

致以最为崇高的敬意

插图1　观音

观　音

慈悲女菩萨

手持净瓶、杨枝
乘神兽、踏莲台
破浪而行

人世间的苦难
她皆感同身受
故而她要播撒那
取自西方的甘露

序　一

　　舟山历史悠远，早在五千年前的新石器时代，就有人类生活。唐开元二十六年（738），舟山置翁山县，此后屡有变迁。明清两朝，还出现过几次舟山居民迁至大陆的情况。清康熙朝颁"展海令"，舟山始置定海县。在历史上，舟山是中国通向日本、韩国、东南亚以及世界各国的重要通道，是"海上丝绸之路"的中转站，是东南沿海对外开放最早的口岸之一。16世纪新航路开辟后，舟山群岛在中西交往中逐渐成了一个繁荣的国际贸易口岸。

　　为了更好地还原舟山历史、挖掘海洋文化，近年来，我馆通过各种渠道加大舟山海外档案史料文献的征集力度，发现了一批珍贵的历史档案资料。

　　2014年，舟山籍旅日商人金滨耀先生觅得1911年德国柏林出版的德文版《普陀山建筑艺术与宗教文化》，并通过其任职于中央电视台的堂弟金辉先生寄存到我馆。我馆立即进行了数字化，并邀请北京外国语大学、柏林自由大学联合培养博士生史良、柏林自由大学学生张希暅等进行翻译。

　　该书作者恩斯特·柏石曼（Ernst Boerschmann，1873—1949）是一名德国建筑师。作为普鲁士皇家文化部建筑专员，他在1906年至1909年间（清光绪三十二年至宣统元年），穿越中国十四省（当时中国共有十八个省），行程数万里，全面考察中国古建筑，拍下了数千张古代皇家建筑、宗教建筑和反映各地风情的珍贵照片。回国后，他根据这次考察所获的资料，连续出版了至少六部论述中国建筑的专著。而《普陀山建筑艺术与宗教文化》是这一系列专著的首部作品，他称为"在中国游历期间经实地考察研究所收获的第一颗硕果"。恩斯特·柏石曼在其自序中提到，亚洲正进入全新时代，白种人抢占中国土地进行殖民统治，用武力强迫中国接受机器化及现代建筑……长此以往，寺庙会坍塌，宝塔化为废墟，将无法再寻找这逝去文化的残余……因此，要赶在这些建筑被毁灭之前，进行测绘研究。

　　1907年12月至1908年1月，作者在普陀山考察20多天，采集了大量照片及文字资料。其中有作者精确测绘的大量带比例尺的地图、房屋结构图，以及牌匾碑刻，极其详细精致。有部分图样原稿购自普陀山的寺庙。书中共附有208张照片及32幅插图。

我们非常荣幸地延请到同济大学副校长、上海世博会园区总规划师吴志强先生为本书作序，吴先生早年曾留学德国柏林工大，并获得城市与区域规划工学博士。而本书作者曾在柏林工大前身——柏林夏洛滕堡工大（Technische Hochschule Charlottenburg）学习建筑和土木工程学，并于1927年获得教授职位，这份师道传承的难得缘分，令本书在建筑与宗教艺术之外增添了许多亲切和温暖。

本书是我馆组织翻译出版的第一本舟山海外档案史料文献，除德国外，英国、法国、葡萄牙、荷兰、美国、日本、韩国等国家，都曾在历史上与舟山有着不解之"缘"，这些国家的档案馆、博物馆、图书馆甚至私人收藏者手中都有关于舟山的文字、影像等的保存与记录。在此书出版之际，我们向金滨耀、金辉先生致以由衷的敬意和衷心的感谢，同时我们想呼吁更多海内外人士特别是与舟山有关的人士关心舟山、关注历史上的舟山，发现更多有关舟山的海外档案史料，让历史服务于现实。我馆也将拟定专门征集计划，开展海外档案史料的征集工作，将散存于世界各地的档案史料汇聚起来，尽可能翻译出来，还原舟山的历史面貌，使"海上丝绸之路"研究有史可考，有档为凭。

舟山市档案馆

2017年2月

序　二

　　中华古建筑乃世界建筑史中的瑰宝。国人出门驻足欧洲，往往惊叹于哥特式和罗马式大教堂之雄伟，巴洛克和洛可可式官殿官邸之奢华，殊不知，早有欧洲人踏上中国大地，折服于中华建筑，痴迷于中华艺术。《普陀山建筑艺术与宗教文化》的作者恩斯特·柏石曼（Ernst Boerschmann）即为先行者之一。

　　柏石曼，德国建筑师。1902年，年轻的柏石曼作为德国高级建筑官员首次踏上中国大地，此亦为其建筑人生之转折点。中国古建筑遗存之多样魅力、东方文化之博大精深令其乐不思"德"。从此，柏石曼将毕生精力投入到中国古代建筑艺术研究中。

　　1906年至1909年间，柏石曼长途跋涉，踏遍晚清十四省，寻中华古建筑身影，集图纸样式，汇影像史料，堪称系统研究之旅。其时摄影技术刚问世，晚清的摄影甚为珍贵。柏石曼将镜头集中对准中国古建筑，率先定格中国古建筑影像之时，正值中国社会大革命发生前夜，此后他所记录的建筑大量遭毁，故尤为宝贵。陈从周先生曾言及，柏石曼当年所用的玻璃底片，因路途颠簸常有敲碎；跟从柏石曼的挑夫因好奇，解开了摄影机黑盒底片黑布，一大批照片因此曝光失效，令人痛惜。

　　柏石曼回德后，投身于资料的整理和研究中，先后出版了《中国的建筑艺术与宗教文化》（共三卷，1911、1914、1931/1943）、《中国的建筑艺术与景观》（*Baukunst und Landschaft in China*，1923）、《中国建筑》（*Chinesische Architektur*，共两卷，1926）、《中国建筑陶瓷》（*Chinesische Baukeramik*，1927）等记录中国古代建筑艺术与文化的著作，还曾于1912年在柏林举办中国建筑艺术展。柏石曼也因此成为世界上首位从建筑视角研究中国传统文化的西方近代学者。

　　本书原为《中国的建筑艺术与宗教文化》三卷本系列的第一卷，也是柏石曼研究中国古代建筑艺术的开山之作。原书由柏石曼于1911年整理出版，书中的照片、测绘图等大多是作者1907年至1908年游历普陀山时所搜集的。在书中，他介绍了普陀山这座岛屿的基本情况，以及普济寺、法雨寺和佛顶寺三大寺庙。其中最为详尽的是有关法雨寺这一章。这章除了概括介绍法雨寺的历史、建筑布局外，还详细地描述了寺庙入口的布局，各个大殿的结构、陈设、佛像，等等。大到大殿、佛像，小到寺内的一个佛龛、一块匾额，柏石曼均给出了详尽描绘，着实让人惊叹。此外，正如本书标题所体现的，作者在研究中有意识地将寺庙建筑与中国的传统文化、佛教文化结合在一起，所以读者在翻阅此书之时，不仅能欣赏到普陀山寺庙的风貌，还能了解到这些建筑和陈设背后的传统文化及佛教故事。

因战争与革命，吾辈今日从书本中所读到的普陀山建筑早已不复当年的面貌。除了大殿，其余如佛像、陈设、墓地等，大都已经永远地湮没在岁月的洪流里。本书的最大价值在于定格住了那些在后来的动荡中不断被破坏的古代建筑与艺术品，使我们今天依然有幸能够欣赏到它们昔日的模样。书中所附的照片和草图，除了部分是向当地人购买的之外，大多都是由柏石曼本人亲自拍摄或手绘的。这些资料在今天看来尤为珍贵，从某种意义上来说，作为中国古代建筑艺术的历史影像，具有极高的收藏价值。

回顾柏石曼与中国的不解之缘，可以发现，正是中国古代建筑与文化的魅力，使得柏石曼这样一位随军而来的建筑官产生了敬佩之情，最后做出了影响其一生的决定。一百多年前，柏石曼目睹了这些凝结着中华文明与智慧的建筑正在逐渐破败，惋惜之情油然而生，因此采取行动。一百年之后，我们作为这些智慧与文明创造者的后代，是否更应该有这样的使命感，将历史文化的保护与传承付诸行动呢？我想，这是柏石曼带给我们的思考，也是我们应该肩负的文化责任。

而另一方面，任何一个国家经济发展到一定程度时，都不会将眼光局限在自己的一方天地之中。或者说，一个国家想要崛起和富强，离不开自身对世界文化的把握。柏石曼对中国古建筑的潜心研究与整理，是德国在崛起之时从民族文化观走向世界文化观的缩影。它提醒我们，在重视传承民族文化的同时，也应当走出去，习百家之所长创中华之独新。

因此，特别感谢舟山市档案馆延请译者，将本书译成中文。希望本书可以走出档案馆，来到更多人的案前。无论是建筑学界的专家学者，还是普通的读者，都可以通过本书领略到百余年前普陀山庙宇建筑的风采，与此同时，也能够愈加意识到古建筑与传统文化保护的重要性，并且感受到德意志民族崛起之时挖掘他国文化的用心，对于今日之中国而言，此三者都殊为必要。

吴志强

2016年12月

目　录

引　言

研究来历

本卷为笔者于中国游历期间（1906—1909）经实地考察、研究收获的第一颗硕果。该研究成果开拓了一个崭新的研究领域——通过文物、建筑研究中国文化。

将中国建筑艺术与中国文化相结合并进行有计划的研究，这一想法应主要归功于两位先生。在进一步阐明两位先生对于该研究的具体贡献之前，我想首先对他们进行简要的介绍。两位先生分别为致力于印度东亚宗教研究的学者P.约瑟夫·达尔曼（P. Joseph Dalmann）先生，以及在过去数十年中对诸多德意志文化活动起到助推作用的国会议员、法学博士卡尔·巴亨（Carl Bachem）先生。

该项研究开创了文化学领域中的一个全新分支，对今后的研究也必将意义深远。因此，我想在此对促成该项计划的最初契机进行简要介绍，并对计划实施过程中所获得的各方帮助与支持致以诚挚的谢意。

推行有关中国建筑艺术研究的想法在过去一直饱受非议。然而，我们所处的时代仿佛恰恰被赋予了这项使命。

19世纪是人类交通、科技领域经历历史性飞跃的第一个世纪。该世纪末期，所有的民族在政治上都着眼于侵略、扩张上的比拼。这种争夺在远东地区，尤其在中国表现得更为突出。恰恰在世纪更迭的1900年，发生了一件在世界历史上意义深远的事件——西方列强联手在华北地区发动了对中国的侵略战争。战争本身其实乏善可陈，其深远意义主要体现在该事件在世界史上造成的前所未有的政治影响。此后，中国被迫卷入了政治、经济的全球化浪潮。迄今为止，中国对此的态度都是理解与顺从。然而，值得深思的是，整个世界也由此划分为两大阵营：一边是中国，一边是除中国外的其他国家。消极地来看，此种划分表明中国文化同我们的文化之间存在着本质的差异；而从积极的角度来看，恰恰是中国文化的独特性、自主性及其蕴含的特殊意义，让其得以独自置身于同世界其他文化抗衡的另一端。如若考虑到战争、经济与科学探索之间休戚相关的紧密联系，那么我们同中国这样一种高等文明之间的外在碰撞，也必然会在科学、艺术和文化领域中摩擦出新的火花。

上述种种世界历史背景构成了我完成这篇有关中国建筑文化研究的内因。

促成该研究的外因则与1900年那件重大历史事件紧密相关。我的研究正是始于1900年这个特殊的年份。

在那之后我们的远征军主力还在直隶省驻扎了几年。我有幸于1902年作为建筑顾问被遣往该部队。在接下来的两年中（1902—1904），我完成了对中国的第一次考察。当时，我心中便萌生了对中国建筑、文物进行有计划的研究的念头。中国建筑设施、建筑形式的独特性，艺术创造与内在感知之间完美的结合，都给我留下了极为深刻的印象。那时我便从几何学角度对北京西山碧云寺的各处设施进行了勘察。然而，最终令我下定决心完成这个目标的还是一次重要的会面。1903年10月，我第二次接受委派前往北京。在此期间，我在当地德占区的军官俱乐部里结识了正在进行为期三年远东考察的P.约瑟夫·达尔曼先生。交谈中，我们对中国文化的博大精深表现出同样高涨的热情。同时我们也都认为，对于中国文化的研究应当从所有可能的侧面切入，尤其是要基于建筑艺术的原始资料开展研究，特别是宗教建筑艺术。该计划更为明确的草案则拟定于1904年8月我回国前同达尔曼先生在上海徐家汇进行的第二次会谈。徐家汇自1607年起便一直作为基督教教区，自1847年起成为对于有关天主教会研究的重镇。此外，费迪南德·冯·李希霍芬男爵（Ferdinand Freiherr v. Richthofen）[1] 同样为该研究提供了极大的帮助。徐家汇和北京这两个地点成为我此次对中国进行科学研究的据点，并借此将研究所涉及的历史与宗教两方面完美地结合了起来。17世纪，顺治、康熙统治期间，北京几乎成为德意志甚至欧洲科学引入、传播、发展的中心。对此，德意志天主教徒起到了重要的助推作用。当中值得一提的有沙尔（Schall）、菲尔毕斯特（Verbiest）、托马（Thoma）、施通普夫（Stumpf）以及科格勒（Kögler）先生。每位进行有关中国学术研究的学者都会带着崇敬之情瞻仰这些天主教徒们的墓碑。这些先辈们均安葬于北京皇城西大门前风景优美的墓地，在那里，他们享受着最后的安宁。

仰仗达尔曼先生不遗余力的推荐，卡尔·巴亨博士将该研究计划视为重中之重着手进行推介。他不仅致信时任外办国务秘书的李希霍芬男爵，并且在1905年3月17日召开的国会大会上唤起了国会对于实施有关中国建筑艺术研究的兴趣。该想法在其他政府部门，尤其是在普鲁士皇家文化部得到了广泛认可与支持。最终，研究的经费决定经由国家预算划拨。1906年8月，第二次

1　李希霍芬（1833—1905），德国地理学家、地质学家，又译里希特霍芬。——译注

前往中国考察的经费申请获批。位于北京的使馆工作人员同样给我提供了极大的便利。他们不仅为我安排了一个官方职务，还特地给予我在中国境内畅行无阻的通行特权。1909年7月31日归国之后，政府继续给予我资金上的支持，让我得以对先前的研究成果加以完善。作为供职于普鲁士皇家文化部的建筑专员，我还因这项特殊任务享受到了休假上的优待。在此，我想再次向为该研究提供帮助的所有相关机构及个人致以最为深切、热诚的感谢。

我们尊敬的皇帝陛下对于这部作品在经费上的鼎力支持实在是一种无上的恩赐。　　　　　　　IX

研究简介

为了阐明从建筑学角度对中国进行研究的重大意义及研究所涉范围，在此我想援引我1905年2月申请基金许可时提交的一份研究报告，引文稍有删节。尽管根据实际情况，后期的研究在一些方面对报告中所预期的目标有所拓展，但是报告本身已经阐明了有关中国建筑艺术研究任务的核心。报告原文如下：

如今，我们同中国建立的经济合作关系正蓬勃发展。因此，我们有必要对远东，尤其是中国人民的礼仪、风俗、追求以及文化全貌做尽可能详尽、准确的了解。这一点对我们大家来说都是毋庸置疑的。这种了解不仅能让我们懂得如何同中国人相处，如何正确认识其民族特性、准确判断其商品需求，还可以为我们自己在这个庞大的国度中确立竞争优势。鉴于西方同中国的经济关系尚处于起步发展阶段，各方面还不十分成熟，将这种认识上升到学术研究层面变得日益重要。

进行该方面研究的已大有人在，如希尔特（Hirth）教授。虽然这些学者的研究纯粹从历史文化以及学术研究的角度出发，当中却不乏对于从理论研究中萃取实践经验以及将其应用于当代实践的前瞻性观望。这当中，除了部分仅凭个人印象、缺乏切实依据、对中国泛泛而谈的文学作品可让我们了解中国的风土人情之外，还有部分意义更为重大的作品向我们展示了如何将理论研究与实践探索结合在一起。只可惜这些作品中鲜有德语著作。

尽管前人所做的少数专项研究已经对中国文化全貌进行了贴切而又详尽的展示，然而要完成这项研究仍属不易。诚如人们所言，一个人尽全力也差不多只能成为语言研究专家或者经济和艺术方面某个特定领域的专家。对这当中任何一个方面的研究都足以倾尽研究者的一生。一方面，想要完全掌握汉语几乎是不可能的事情；而另一方面，如若缺乏对于汉语的了解，对中国进行专项研究时便会困难重重。因此，在从事语言学研究的汉学家与其他领域专

3

家之间建立合作显得尤为重要。

　　然而，的确存在这样一个研究领域，尽管也有其自身的困难，却基本摆脱了上述语言与专项研究之间的矛盾，并可以凭借其取得的为数不多的成果勾勒出一幅自成体系、品质极高的"中国画卷"，将博大的中华文化中的相当一部分内涵展现在我们眼前。这个领域正是有关中国古代建筑艺术的研究。建筑中承载着不同时代、不同民族的精神与特质，这些是走马观花的观察者无从知晓的。然而，对于那些在文物建筑领域颇有研究的专家而言，这些建筑却具有非凡的意义。

　　许多中国建筑都引起了研究者极大的兴趣。中国建筑在其庞大的数量和迥异的风格中蕴含着很多纯构造学和建筑史范畴的未解之谜。在这里我们暂且抛开这些谜团，只需单单翻阅一下大量充斥国内的有关德国农舍及教堂研究的出版物或是其他百科全书式的著作，不难发现，对一个民族及其思想甚至宗教观念的理解很大程度上来源于对其生活方式的认知：他们如何在自己的住宅、教堂、寺庙以及其他一切符合该民族需求、习惯以及观念的建筑物中生活。因此，对中国任何一个文化分支进行开创性研究（例如研究佛教在中国的传播）都必须以大量素材为基础。这些素材不仅包括纯粹的历史及哲学文献，还包括那些承载着"民族意识"和特殊文化形式的房屋、庙宇整体布局及其建筑结构。

　　当然这些素材在可信度上都必须是经得起推敲的。为此，我们只能从大量的文学作品、历史书籍以及各种科研文献中筛选出精华，从众多充满矛盾的观点中、从充满地域和个人色彩的描述中剥离出本质。此外，素材的搜集还要从众多文物古迹着手，对其进行勘察分析。尽管这些文物已经通过图纸、照片或文字描述的形式进行了清晰明了的展现，对其做出一个恰如其分的判断却仍非易事。当然，如果没有条件进行文物考察，那么那些比文物保存更长久的文献资料也可以在日后为观点的修正和完善提供可靠依据。

　　对于这些素材的研究，虽然已经为早先的文化历史学家和国民经济学家的研究提供了牢固的根基，但是对于我们的研究而言，这些素材始终只能起到辅助作用。这当中为我们的研究提供主要帮助的是建筑史、纹饰史及艺术史方面的历史梳理，以及中国特色建筑在构造学方面的相关知识。

　　只有那些走马观花的观察者才会认为中国多姿多样的建筑文物千篇一律，仅仅满足于说出当中一些建筑的名称。在行家眼中，中国的建筑展现了一千年中一个民族经历漫长的发展达到鼎盛繁荣的历程，展示出绝伦的美感及建筑形式上的适恰。在漫长的发展过程中，中国建筑通过吸纳外来题材，传承本民族思想，并对艺术创作进行尝试，逐渐形成了自己的特点——趋于统一的总体风格中蕴含着多样性（如南北地域差异造成的风格上的迥异）。在欧洲艺术史界引起广泛关注的是寻找在黄种人文明还未与地中海流域文化发生交集时，遥远的东方（如希腊、小亚细亚、亚述、印度及西藏地区等）与西方的文明之间业已存在的精神纽带。在佛教建筑的研究中，我们会遇到一些直接移植自希腊的题材；也会遇到将我们欧洲人熟悉的柱形结构、设计理念及纹饰与具有中国传统特色、颇具自然主义风格的艺术形式熔于一炉的巧妙结合。当然，这还将有助于对艺术理念自西向东传播过程的研究。而对于艺术史甚至是整个文化史而言，这些有关希腊、叙利亚、美索不达米亚以及埃及的最新发现，还有对印度、日本以及中国古迹的整体认识，又将为我们找寻未知的原始时代艺术的发展规律带来巨大帮助。

　　然而，在这样一个庞大的国度中开展覆盖面如此广泛的研究项目，具体实施时操作难度是不言而喻的。接下来，为了展现这些研究素材的繁复与多样，我将会把各种不同的建筑编排在一起。所有这一切对于一个深入、详尽的研究来说都是意义非凡的；这也可看作是为该研究初步拟定的临时计划。在编排中，有以下几点值得注意：一、这种编排仅仅基于对直隶和山东两省的认知；二、在南方，人们能够获得更多的建筑理念，接触到更多的建筑项目；三、建筑形式会依据当地气候及地质特点发生不同的演变。

　　我们的研究对象涵盖了社会各阶层人士的住宅，下至小民、富商及文人雅士，上至官员甚至天子。而对天子住所的研究，因其繁多的宫殿，往往需要将整个错综复杂的建筑群纳入考察范围。这就意味着，不仅要对整个北京紫禁城、南京及西安府的旧宫（只要这些宫殿尚存或正在修葺）加以研究，还要考察位于北京的颐和园及众多的夏季行宫、猎场、浴室。这些建筑当中的一部分研究起来需要极为精湛的鉴赏力。只可惜，时至今日，这些建筑中的许多都遭受了不同程度的破坏。

　　除住宅外，我们的研究对象还包括商用建筑，如公共澡堂、大小店铺、当铺、砖瓦厂、细木工厂、造纸厂及其他各种形式的工厂、粮店等。中国人在闲暇之时喜欢聚在一起看独具特色的戏剧表演。对他们而言，看戏是一件大事。不论在茶馆、酒家（一般自带一个漂亮的花园），还是在城市或乡下的亭榭，都会有一群聚集的戏迷。和西方大城市一样，在中国的大城市中也常常能见到来自同一个省份的"老乡"合力抱团，他们合伙经营着兼有看戏大厅和餐饮区的大型酒楼。而达官贵人自己的宅院则配有专属的戏楼。

　　对于学校、科举考场的研究将构成整个计划中一个独特的、内容丰富的分支。墓地（除田间的墓冢外）在中国是极为讲究的建筑形式。从富人的私家陵墓到那些肃穆庄严、面积广阔且配有石林、祭享殿堂、碑塔的皇陵，这些显示身份的陵墓皆须视为最高贵的建筑。接下来是寺庙建筑的研究。在漫长的岁月中，中国寺庙逐渐发展出繁复多样的类型与风格。在中国，每位神明都拥有自己的庙宇，其大小不一，最大可至雄伟的、供奉天地的天坛和地坛。此外，不同教派（道教、佛教、喇嘛教、儒教及伊斯兰教等）的庙宇之间也存在明显差异。为了特殊目的设立的寺庙更是种类繁多，如朝圣神庙（Wallfahrtstempel）、石窟庙（Höehlentempel）。对中国寺庙进行考察离不开对和尚庙与尼姑庵的研究。无论是佛教、喇嘛教还是道教，都对修行之所进行了性别上的区分，"男女有别"更是深植于中国古代传统思想之中。

木质、石砌或是铜铸的牌楼，印式、中式的宝塔，城门，城墙，各种形式的墙垛，以及其他大量独具特色的装饰型建筑，遍布城市，融入了人们的生活。为此，我将在研究计划中单独开辟一个章节专门介绍有关城市设计、精湛园艺以及交通运输工程（如运河、水利工程、石板路、桥梁等）的研究。

对于具体建筑形式的研究同时也将为我们进一步理解中国特色建筑艺术、感受与之相辅相成的精美装饰和雄伟雕塑提供很大帮助，并使我们可以追溯这种独特建筑艺术的发展之初，挖掘其亟待开发的艺术价值。不仅如此，该研究还将使我们了解中国的建筑材料和建筑技术，接触不少建筑领域的专业人才——上至充满创造力的建筑大师，下至生产小型部件的手工业者。可以说，这次研究将加深我们对整个令人称奇的中国建筑业的了解。对建筑艺术这个十分重要且外延广泛的文化分支的研究，也必将深化我们对整个中华民族的认识和了解。

整个研究的核心基础当属对每处古迹进行尽可能精确的测绘。为了避免一切差错和纰漏，研究中将主要采用几何测绘，特别是绘制囊括所有独特细节的平面图，其次才是采用远景图与照片的记录形式。

如若详尽地实现上文所述的研究计划，当然需要依赖几代人的不懈努力。鉴于该项目属于开创性研究，目前尚无前期研究成果可做参考。最好的情况也就是某些极少数从事建筑、艺术研究的同行可以成为该项目的奠基者，一直从事相关领域的研究，甚至可以为研究奉献终生（当然这只是我们的美好愿景）。其完成难度之大在于这个项目一方面要求研究者热爱和精通中华民族的文化及语言，同时，研究的进行还需要一大笔经费支持。我们必须认清，如果从现在开始这样一个有关中国建筑艺术的专题研究，从目前情况而言我们只能从个别建筑入手，以期为这个庞大的研究项目拾柴奠基，为日后的研究做出自己的贡献。我们必须对众多的素材进行筛选，为方便日后研究而对有用和无用的素材进行区分。为了避免筛选中出现谬误，我们将对几个重要意义无需赘述的建筑物进行研究并将其作为范本，并将所得的研究成果以专著的形式出版。以寺庙研究为例，我们将关于中国最为古老、最为简约的供奉战神、天、地的祭坛设施的描述作为前期研究成果。此外，这些前期研究中，某些具有特殊意义的建筑（如北京的天坛）还将有助于诠释中国古代关于古代宗教、祖先的最为基础的崇拜形式。在这些建筑中我们能发现不少本不属于其传统风格的元素，从这些外来元素中我们可以窥探出日后各类建筑相互杂糅的趋势。于是，对这些奇特元素的探寻引导着我们继续对纯道教、佛教以及最棘手的喇嘛教寺庙进行研究。

　　仅对北京及其周边地区的寺庙进行考察就已是一项庞大的工程，而整个研究项目工程之浩大可想而知。因此我们有必要先做一个暂时将研究对象限定在该地区的基础研究。在此过程中，我们会逐渐在区域研究的基础上进行扩展，将研究对象拓展至华中、华南著名的寺庙，从而不断完善和深化我们的认知。这些研究单就深化我们对各派宗教历史的认识而言，便起到了极大的促进作用。同样，我们也可以通过研究其他地区的各类建筑（如住宅、教育场所、娱乐场所以及行政楼等）获得更多与之相关的知识。对中国各地建筑的考察不断更新并加深着我们对中国人民及其文化的认知，以至于我们随处都能得出关于中国居民全新的且可信度高的论断。总而言之，这是一个庞大却又充满可能性的研究领域。对于第一批研究者而言，只要倾尽自己的热情、兴趣以及耐心，就必将获得巨大的收获。

　　试问在这样一个意义如此重大的领域我们已经取得了哪些成果？答案不免令人惭愧：一点儿也没有——或者更准确地说——几乎没有。对于中国艺术在陶瓷、青铜器、绘画及其他工艺美术方面的体现进行研究的课题的确有文章可做，可相较于我们将要进行的建筑研究，这些只需要素材、条件允许甚至身处欧洲便可以进行的研究便不足为道了。建筑研究需要耗费大量人力、物力进行实地考察，因此，建筑方面的研究对于业余爱好者而言是难以进行的。少数受过专业艺术教育、对远东有所了解的技术人员都将精力倾注在履行自己的工作义务上，并没有闲暇进行相关研究。仅存的一篇该方面论文来自土木技监希尔德布兰德（Hildebrand）这位山东铁路的建造者。事实上，这是希尔德布兰德先生利用在北京短期休假进行考察所得的成果，文中对当地的大觉寺进行了详尽的介绍。这是一篇不追求任何学术目的、仅出于兴趣撰写的文章，而在这篇论文中，作者也表示对中国建筑进行深入研究是一个紧迫的学术需求，呼吁更多专业人士参与其中。希尔德布兰德先生在文中表达了对于这个领域研究匮乏的不满。他认为我们都还未认识到这个问题的严重性，还都一门心思在对古希腊、古埃及和古巴比伦文物进行研究，想要通过极大的投入获得一些虽然有意思但实质上还是对现有了解进行印证的结果。从现实状况来看，他的不满是不无道理的。

　　事实上，我们仅需从用于对埃及、美索不达米亚以及希腊进行挖掘的投入中抽出很小一部分，就可以在一个与之相似的、对中国的研究中更轻松地取得令人惊叹的最新的研究成果。这些研究成果将极大地推动艺术史这一学科，因为它们将向我们清晰地展现一幅关于我们所处文化世界的另一端的中国文化艺术的图景，这也必将为我们对于亚洲古今艺术研究中的蛮荒领域开辟道路。中国人、中国人的习俗、中国人的艺术对于我们来说都是陌生的，我们实在难以仅仅通过传统教育中所学到的知识去理解这样一个与我们并非同宗同源的陌生国度的艺术。然而我们又必须去了解。尤其在这个全球化的时代，"历史"和"世界"的概念越来越广泛，世界政治、经济已不存在"距离"问题，"文化"和"艺术"的内涵也在不断延展。全球的一体化要求我们不能再局限于欧洲（充其量加上埃及和美索不达米亚）研究，而应当将较陌生的印度，特别是中国也纳入到我们的教育、学习计划中。而中国数千年中保存良好的文献资料、传统习俗为我们对于这个国度风俗、习惯、建筑的研究敞开了大门。我们所需要做的仅仅是去阅读这些文献古籍。

如今，亚洲同样进入了一个全新的时代。善变的日本抓住了主动权，摆脱了传统的外壳，转而向西方文化靠近。然而其古代艺术的辉煌将在未来无迹可寻，众多的文物将消失殆尽，日后所剩的可能只有艺术行业了。中国这位巨人同样受到了触动，来自西方世界的冲击唤醒了他。尽管这位苏醒的巨人势必会慢慢恢复先前的力量，重拾创造力、爱国主义及其他所有这个优秀民族所固有的特点，但白种人抢占中国土地进行殖民统治，用武力强迫中国接受机械化及现代建筑，这样的外力冲击也将令中国人逐渐淡忘自己的传统。长此以往，寺庙将会坍塌，宝塔将化为废墟（正如它们现在所正在慢慢经历的那样）。我们也将无法再亲身找寻这逝去文化的残余，它们将仅仅存在于讲述中，我们则再也无法对当今中国人的生活和艺术形式进行如此细致的研究。

XIII

因此，现在正是我们赶在这些对地质研究同样意义重大的建筑在下一次大迁徙中被毁灭之前（遗憾的是这种情况在中国并不少见），通过绘画、文字、图像等形式对其进行测绘研究的关键时期。对于建筑史的研究而言，这更是一个迫在眉睫的任务。若这一切是凭借德国人的智慧、依靠德国的资本完成，若德国能够借助这个项目对中国建筑艺术进行有计划的研究，为中国建筑研究领域做出突出贡献，那这将是自1900年建立固定贸易关系之后，战争带给我们的在科学、艺术方面的又一令人欣喜的成果。同时，若德国政府出于长远考虑决定引领中国艺术史研究，这将不仅是德国在学术上的一项功绩，甚至对于整个德意志民族而言都将意义非凡。

中国之行

1902至1904年是我同中国的第一次"亲密接触"。其间的往返旅程我都选择了当时的常规路线——从海上途经印度前往中国。在中国，我的根据地主要是天津、北京以及青岛。此后，1906年秋天，第二次前往中国时我选择了途经美国、日本；而在1909年返程时选择途经西伯利亚。有关中国之行的全部见闻此后将单独成书出版，在此我想先简要概括一下此次行程的大致经过。

1906至1907年的冬天，我刚来中国不久。最初的几个月我一直在北京为接下来的中国研究做前期准备工作。只要天气允许，我便会进行一次为期两到三周的短途旅行，例如前往明十三陵、东陵（清朝东郊的皇陵[1]），以及前往热河参观旧时夏宫及著名的喇嘛寺。1907年夏天我是在北京郊区度过的，其间大部分时间都待在西山。那里有很多雄伟的寺庙，其中便有被誉为中国最美寺庙之一的碧云寺。

紧接着是长达七个月的旅程。首先，我参观了西陵（清朝西郊的皇陵[2]），接着又前往了位于山西省的圣山五台山。之后我又乘火车向南前往河南省省会开封府。从那儿又经过40天的行程，沿着黄河顺流而下前往山东省省会济南府。紧接着，我在山东省进行了为期六周的旅行，途中参观了圣山泰山、孔子的故乡曲阜，途经青州县城。这一年的冬天我继续向南行，在宁波度过了圣诞，并一个人在与世隔绝、四面环水的普陀山岛上度过了1908年的1月。此卷内容正是与这座岛屿相关的。

3月初，我经海路返回北京，并为此次中国之行中的最后一次长期旅行做准备。此次旅行从1908年4月底一直持续到1909年5月初，整整12个多月的时间里，我到达了遥远的西部、南部，几乎斜穿了整个中国大陆，第一站我选择了山西省省会太原府；然后斜穿山西向南到达黄河的大拐弯处。在陕西省游览了圣山华山，参观了省会西安府；横穿了秦岭山脉向南进入富饶而美丽的四川省，并在那儿度过了四个月。接着从省会成都府出发，到达了这次旅程的最西端——雅州府[3]，在那里我看到了位于西部和西北部的雪山。这美景仿佛有一股魔力吸引着旅行者继续前行进入西藏。遗憾的是我不得不就此打道回府。然而，幸运的是我得以在附近的圣山峨眉山上逗留了三周。再之后，我便乘船沿水路返回，先是沿着岷江、后是顺着长江到达重庆。路上，我又绕道去了著名的盐区自流井[4]，在那里待了九天。从重庆到万县[5]的旅程令我非常开心，因为我乘坐的是祖国制造的S.M.S.巡防舰。之后的旅程乘坐的不是住家用船就是帆船。在洞庭湖水域，我由长江转入湘江到达湖南省省会长沙府。接着我又借道前往江西省，并在那儿同一群指导中方萍乡煤

XIV

1　今河北遵化。——译注
2　今河北保定。——译注
3　今雅安。——译注
4　位于今四川省自贡市境内。——译注
5　今重庆市万州区。——译注

矿开采的德国工程师共同度过了1908年的圣诞节。

1909年年初的几天，我游览了南岳衡山。接下来的一站便是广西省省会桂林府，之后沿着桂江向南经由西江进入广东省省会广州府。接着，我又经海路前往福建省的省会福州府。后又在浙江省省会杭州府城外美丽的西湖度过了复活节。杭州之行后我于5月1日匆忙赶回北京，恰好赶上驾崩的光绪皇帝的送葬典礼。

丛书目的及结构

我的中国之行穿越了中国大部分省份（中国共18个省，而此行共抵达14个），沿途辗转所经路线均为交通主干道以及通行较多的古道。所到之处也皆为人口密集、较为富裕的地区。之所以会选择这样的路线，是因为此次考察的主要目的在于探究博大的中国文化内在的统一性及其精深所在。因此，与我们以往研究自己文化时所做的一样，研究中国文化时我们也必须将重要的祭典场所，特别是与当地人民精神、经济生活密切相关的建筑作为我们的重点研究对象。如果我们仅仅将研究重心放在年代较远，甚至好几个世纪以前的建筑和碑牌上，也许我们可以解决一些考古的特定问题或者为艺术史尚未修订的部分做出贡献，但我们绝对无法由此深入到中国人民最真实的生活之中。这种生活虽然打着当代文化的烙印，却也保留着自古流传下来的传统。研究时，我们要把它视为鲜活的当代文化进行感知与评价。我们只有从当下出发，贴近、理解中国人特有的思维方式，才有可能对中国艺术形式的内在价值做出合理的评判。

丛书中还将详细介绍中国人的宗教观与哲学观，两者均为中国精神文化的精髓。所有这些都融入于中国艺术创作之中，尤其是通过中国建筑艺术得到淋漓尽致的呈现，让我们难以望其项背。而这些也将成为我们理解中国文化整体的钥匙。

丛书以我个人精确测绘的集合绘本为基础，并配以草图、照片及中文原稿加以说明解释。同时，丛书中出现的大量以诗歌、史料、宗教文献为内容的铭文（正如中国各大寺庙以及其他古建筑中常见的那样）都在尽量保持其原有韵律的基础上予以翻译，并与原文一起给出，力求保留这些中国文献的原汁原味。此外，丛书中还加入了对于细节的描绘，讲述了僧侣在寺庙、圣山上的日常生活，介绍了佛事活动的具体过程，阐明了建筑的历史地位及其与周围环境间的关联。它们对配图进行了进一步补充，使得本丛书能够如我所望成为一部中国文献史料汇编。书中以参考史料为基础探寻建筑文物背后的文化时，也提及具有普遍意义的中国文化思想，因此对于研究比较文化史的学者而言此书也可充当一本中国手册。

丛书面向的读者群体自然首先包括中国文化的爱好者以及工作内容与中国相关的人（当然也

XV

少不了建筑领域从业人士）。对这些读者而言，丛书无疑开拓了一个崭新的有关"（艺术）形式"的世界，并配以相应解释，为比较建筑史研究提供了所需的素材。此外，研究宗教、哲学以及美学的学者也可从书中了解到，一个民族最为细致、深邃的思想是如何融汇在独特的建筑艺术形式中的。而这也正是丛书在题目中冠以"宗教文化"这一概念的原因。恰恰在中国，生活、艺术的每一部分都浸透着宗教思想。细心的观察者单从外在形式，特别是在建筑艺术中，便可洞悉当中暗含的宗教元素。我想指出的是，正是这种独特的协调、这种建筑艺术与宗教的一致，唤醒了研究者将两者作为一个整体去研究、展现的强烈愿望。因此，我想再一次、并且更加准确地划定一下本丛书内在的目标：既非单纯展现真正的宗教，也非单纯展现建筑艺术及其形式美；而是为了展现另外一个由这两者构成的更高的整体。在这个意义上，本丛书绝非单纯的汇编。然而它却可以成为原始资料集。因为对于后世的研究者而言，了解在我们这个时代，一个欧洲人如何竭力从中国人的视角观察中国文化的本质，这是十分有必要的。

　　我们在未来将计划进行一项专项研究，从结构、历史方面入手研究中国建筑与印度及西方建筑间的有趣关联。然而，在提出有深远意义的见解和构建一个体系之前，我们必须先对现有的几何测绘材料进行有条理的整理。在材料的处理方面，我们无法从中国人那里获得现成的帮助，因为我们对于材料的处理遵循的是西方模式，而他们则另有一套自己独特的认知方式。此外，在建筑领域很难挖掘写作素材，因此也鲜有与之相关、有利用价值的文学材料。日本人早就接受了我们西方的方法论，因此巴尔策（Baltzer）得以将日本学者的前期研究成果转化为自己研究的基础，极佳地向我们展示了日本独特的建筑艺术。[1] 由于日本与中国建筑艺术上的亲缘关系，巴尔策的研究在某种意义上也可以为丛书处理的素材提供引导作用。同时，前文提及的希尔德布兰德先生的研究[2] 则可视为对于巴尔策研究的补充，而我本人在几何绘图上也从希尔德布兰德先生那里获益良多，从很多方面上来说他都是我的榜样。丛书罗列的绘图形式的材料，暂时还只是起着类似于档案陈列的作用，不过日后从事相关研究的学者可以将其利用起来，对其加以分析，撰写一部独立的有关中国建筑艺术的著作。为此，丛书所选图片均遵循统一的比例标准，所有寺庙整体平面图的比例均为1:600，局部平面图的比例均为1:300或1:150。此外，为方便比较，其他细节方面也均尽量做到标准统一。

　　同样，关于文物古迹的历史地位本丛书也暂时无法进行详述。因为，如若进行详述，至少需要给出建造时间方面的准确数据。然而，鉴于缺少前期研究以及足够的史料，现阶段实在无法完

XVI

1　F. Baltzer, Die Architektur der Kultbauten Japans, und F. Baltzer, Das Japanische Haus.

2　Heinrich Hildebrand, Der Tempel Ta-chüeh-sy bei Peking, 1897.

成。尽管如此，我们仍非常希望（虽然之前确也有人做过相关尝试）未来有学者可以创建一个有关中国艺术的系统，并将建筑艺术作为一个组成部分纳入进去。[1] 而对于现存的有关中国建筑艺术方面研究的梳理与品评，将出现在随后的卷册中。

在这里我们要将建筑结构、历史等问题稍加搁置，而把更多的精力投放在对中国独特的建筑思想（这也是我们整个计划的核心）、中国建筑形式与装饰中的美学因素的研究。

要实现丛书的主要目的，展现建筑艺术与宗教文化之间的相互作用，精通汉语无疑是重要前提。没有语言基础便对一个文化进行研究，这种研究必然会仅仅浮于表面。但汉语的难度众所周知，我们也仅能掌握其皮毛。这无疑进一步加大了我们翻译那些蕴含着哲学、宗教思想的铭文的难度。一旦涉及陌生的、佛教的领域，当中的困难更是变得几乎无法克服。然而，为了达到预期的目的，对于铭文的研究又必不可少，因此我必须冒险将这些铭文翻译过来。我深知，这些铭文（特别是这一卷书中所收录的）都暗示着佛经中的内容，大部分语句中都含有大量佛教的专有名词。对此我只能以改写或是从中文直译的方式处理。这样冒险处理原文的原因在于，一方面，可以避免文本中充斥过多陌生的梵文名称，导致陷入宗教学而失去了对宗教文化进行研究的重心；另一方面，对宗教中的神祇及其名称进行系统分类的研究，也并非丛书目的所在。此外，在这众多的佛教概念当中，很大一部分都已经演化为了具有中国传统特色的特殊理解方式，这些理解明显有异于古印度的理解方式。恰恰是中国僧侣、学者们对佛教思想的阐释构建了其精神财富。

在此，我还需对丛书所引文献的处理做如下说明：让一位受过教育、仅对佛教思想有笼统了解的中国人理解译文内容，是我遵循的基本准则。但文中也难免不时出现一些对于某个梵文名称的提示。保留这些概念的本质在于，依靠一些基本概念忠实地重现这些诗歌所营造的氛围，从而最好地重现中国诗歌独特的韵味。

然而，即便做了如此多的限定，从事汉语翻译仍是一件难事。因此我也就不得不请求汉学专家对我的翻译给予专业的意见。在此，我想再次感谢柏林民族学博物馆馆长 F. W. K. 穆勒（F. W. K. Müller）教授在众多领域，特别是语言以及晦涩的佛学方面为我提供的帮助。

在处理数量庞大的数据及材料时，我会先将特定的、互相关联的建筑群单独划分处理后再进行整合。这样一来，既保证了整套丛书作为文献汇编的条理性，同时也能让每一卷有一个独立的主题，单独成册。作为引入的开端，我认为从展现一个统一的祭祀场所以及一个大型佛教寺庙开始较为合适。基于上述原因，我们面前这本《普陀山建筑艺术与宗教文化》成为系列丛书的开篇之作。该卷各个部分都从不同的方向展现了中国宗教文化在其建筑中的体现。

---

1 O. Münsterberg. Chinesische Kunstgeschichte. Bd. II 中便在当中一个章节向我们展现了一些单个的建筑群。

关于本卷的创作我还想进行以下几点补充：

本卷中出现的几乎所有的几何绘图和部分钢笔画均由本人以及我的同事、建筑师卡尔·M.克拉茨（Karl M. Kraatz）先生绘制完成。

汉语文本的处理方面则要感谢在柏林游学多年、来自北京的王荫泰[1]先生。

谨此对这两位先生的帮助表示最为诚挚的谢意。

中文的铅字方面[2]由国家印刷局（Reichsdruckerei）[3]友情提供。

书中图3、8至12、21、22、24至26、40、41、53、162、201、206、207以及插图6-2、6-3出现的照片均购买自一位中国宁波的摄影师。插图1、3、14的原稿购自普陀山的寺庙。

书中其他图片均源自作者本人收录及创作的草图。

1911年11月4日于柏林瀚蓝斯湖

恩斯特·柏石曼

1　王荫泰（1886—1947），字孟群，山西临汾人，1912年毕业于柏林大学法科，曾于1937年加入傀儡政权伪中华民国临时政府并任议政委员会委员。抗战胜利后被捕，后被处决。——译注

2　本书原书出版时，文中出现有许多汉字，需特别提供。这些汉字在译文正文中出现以正常字体处理；在图片中则维持原样，以保留作者制图时的风貌。——译注

3　一译"帝国印刷公司"。——译注

普陀山相关文献

在此仅列出作者接触过、对作者研究贡献较大的作品。其他相关文章请查阅Henri Cordier: Bibliotheca Sinica, Vol. I, p. 255。

1. Annales du Musée Guimet, XI, S. 178–200, 极为详尽的、对于观音的介绍。

2. Butler: Pootoo ancient and modern. A lecture, delivered before the Ningpo-Book-Club. Chinese Recorder, Vol. X, 1879, pp. 108/124.

3. Edkins: Chinese Buddhism, pp. 259–267.

4. Franke: Die heilige Insel P'u t'o. Globus 1893, Nr. 8.

5. M. Huc: L'empire Chinois, Tome II, Ch. 6, pp. 210–218.

6. Krieger: Putu, Chinas heilige Insel. Koloniale Rundschau 1909, Heft 12, S. 762–770.

7. v. Richthofen: Tagesbücher aus China, Band I, S. 46–49.

8.《图书集成——皇家大百科全书》(Tu shu ki cheng, die große kaiserliche Enzyklopädie) [1], 山水卷，王室民族学博物馆馆藏。

1　此处应指清朝康熙年间由福建侯官人陈梦雷（1650—1741）所编辑的大型类书《古今图书集成》，全书共10 000卷，目录40卷，原名《古今图书汇编》。——译注

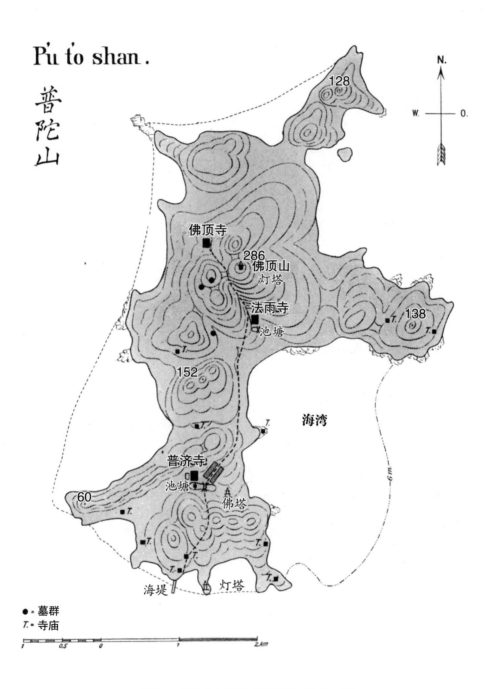

Pu to shan.

普陀山

128

N.

W. ─── O.

佛顶寺

286
佛顶山
灯塔

法雨寺
池塘

138
T.
T.

152

T.

海湾

T.
T.

普济寺
池塘
佛塔

60
T.

T.

T.

T.
T.

T.

海堤
灯塔

● = 墓群
T. = 寺庙

1   0.5   0   1   2 km

插图2　普陀山岛地图（根据英国航海图绘制）

第一章

岛屿概况

一 地理位置

中国东南海岸与长江流域自入海口至重庆再向西的这段水路遍布暗礁碎石，沿路一系列密集的小岛、危岩恰如一条缎带系在中国大陆的腰间。再往北上，只有山东的海岸与之相似。然而因江苏、直隶两省入海口宽阔，水流变缓，携带的泥沙在此沉积形成了冲击层，因此这条凶险的水带在此断裂开来，取而代之的是平坦的沙滩。

大量类似的礁石岛屿汇聚在一起形成舟山群岛，或者用当地方言叫作"Chu san"。它将旧时帝都杭州南部的港湾与大海分隔开来，与位于宁波的甬江入海口直接相连。舟山群岛隶属宁波，其岛上的山脉则为宁波边界山脉的延续。

这是一片上天庇佑的福岛。富饶的土地孕育了兴旺的人口。除人口外，其

图1 普陀山西南远景

图2　宁波甬江

优越的地理位置（毗邻宁波城这个古代著名的商贸城市）也是带动交通繁荣的重要因素。然而最为重要的是，群岛还占据着十分关键的战略位置，它是连接朝鲜和日本贸易的咽喉。所有从南方地区意图沿岸北上或是自宁波向东和东北航行的船只都要在舟山的主岛定海或是在位于末端的沈家门停泊，等候有利风向。在此，人们偶尔可以看到东北航线上千帆驶过的繁忙景象。

　　可能正是因为每天都会有无数的船只行驶在这条繁忙的交通要道上，人们便会在这里祈求神明庇佑：远航前，船员们于此奉上第一份祭品，祈求旅途平安；平安归来后，船员们则会奉上最后一份祭品以示感恩。于是自古以来，这片岛屿就被赋予了一种神圣的宗教意义。岛屿附近水域的凶险前文中已提及，在翻涌的潮流中穿梭于礁石之间本就危险，而随时可能出现的强烈风暴更是让每一次航行都如同一次性命攸关的冒险之旅。中国的海员相较于其他国家而言本就对神明庇佑有着更加强烈的需求，因此久而久之这片群岛在海员们心中变成整

图3　停靠宁波的法国轮船

条海岸线上的宗教中心也就不足为怪了。

此外，即使不考虑其航运上的意义，单就舟山群岛独特的形态就足以引起关注。它是整条海岸线上唯一一片由众多富饶岛屿汇集而成的群岛，而与其同名的主岛——舟山岛则是众多岛屿中最大的一个。群岛的美常常受人歌咏，其所获盛赞甚至超过了备受好评的日本内海[1]。若有幸乘船游览，秀丽的风景将带来一段堪称壮丽的旅程：乘船漂过湖泊、穿过海湾及其入海口，沿途两侧岛屿千姿百态，山峰层峦叠嶂，共同交织成一幅幅美丽的图景。然而，同样变幻莫测的还有岛屿间涌动的潮流。这片海域以其神秘莫测的潮汐而闻名。杭州湾入海口处的钱塘江大潮算是其他为数不多的类似景观中最为壮观的奇景。受此影响，这片群岛内部各个岛屿之间的潮流同样变幻莫测、汹涌异常。

2

1　指位于日本本州、四国和九州之间的濑户内海。——译注

图4　停靠宁波的中国海岸轮船

图5　停靠宁波的中国巡逻艇及中式帆船

图6　甬江岸边的储冰室

图7　从沈家门码头起航前往普陀山

上述种种原因都赋予了这片群岛以超凡的地位。中国人历来善于将这些地理上的特点与宗教思想相结合。因此，随着时间的推移，那座位于中国最东边的广阔岛屿逐渐成为了宗教思想的载体（当然，岛上也许很早便已存在崇拜海神的习俗）。此后，随着佛教的传入，人们为这座岛屿拟定了一个颇具佛教渊源的名称——"普陀山"。随后此岛在人们心中的神圣地位与日俱增，如今已成为中国最受瞩目的宗教圣地之一。

想要到达普陀山并不困难。每天都有从上海去往宁波的各国（英、法以及中国）游轮途经此地。游轮方便舒适、装潢考究，全程也仅需12个小时。到达宁波后，在这些轮船停靠的码头（见图4）几乎每天都会有小型船只沿甬江顺流而下，沿途经过无数的储冰室，越过舟山中心定海厅（一座拥有3万人口的著名"厅城"[1]），最后到达终点沈家门，全程大约六至八小时。而在夏天朝圣旺季，这些小船会继续前行，在距离普陀山不远处的岸边将游客卸下，随后将有专门的小筏子送人上岸。其他时节想要前往普陀岛则还需从沈家门乘坐两至三小时的帆船。

夏天，往返于沪甬两地的大型轮船有时也特地加班前往普陀岛，让游客可以有一整天的时间在岛上逗留，并有充足的时间参观寺庙，在岛东边美丽的沙滩上享受澄澈的海水浴。当然，这些都是我们欧洲人的游览方式。因此，这座岛屿对于欧洲人来说并不陌生，很多人都去过，并且也有不止一个人对普陀岛进行过相对详尽的介绍。然而，这些介绍通常只是短期的游玩经历，我们很难由此对该岛屿的细节部分进行深入探究。而我从1907年12月31日到1908年1月17日，在岛上总共停留了大约三周的时间。其间借住在岛上的主寺法雨寺，因此有充足的时间可以对该岛屿进行观察、记录。

二　普陀山历史及其宗教意义

普陀山是慈悲化身的观音大士的显化道场，同时也是中国四大佛教名山之一。四座圣山中各供奉着一位菩萨：山西的五台山供奉着文殊菩萨，四川的峨眉山供奉着普贤菩萨，安徽的九华山供奉着地藏王菩萨，而第四座圣山，供奉着观音菩萨的普陀山几乎与峨眉山和九华山处于同一纬度——北纬30度附近。长期以来，观音菩萨多被视为女性形象，是象征慈悲

1　清朝的地方行政建置形式。——译注

的女神，保佑着来往于此的船只免遭沉船的灾祸。后来，这种庇护进一步发展到隐喻对众生"生命之船"（Lebensschiff）的庇佑。如前文所言，菩萨的庇佑正好符合这一地区的实际情况。与整个海岸的其他地区相比，这片群岛遍布着更多小礁石和潜藏于海面之下的暗礁；同时，这里常出现的急流以及大雾天气，都常常给过往的船只带去致命的灾难。正因如此，这座岛屿早在佛教传入、成为观世音（Avalokiteçvara）显化道场之前便已成为船家朝拜的圣地。

有关普陀山的传说可追溯到汉朝，那时佛教开始传入中国。相传，一位名叫梅福的佛教僧人曾在此索居修炼。而依据史料可考证的关于普陀山与佛教间的渊源始于唐代。法雨寺的一位高僧向我口述了这段历史，内容记载如下：

> 在唐朝有位来自日本的僧侣，经北京前往山西五台山，希望把那里著名的观音像请回国。他将观音像装船出海，却在途经普陀山附近海域时遭遇强烈风暴。于是他急忙向观音祈求帮助，并允诺会在他安全靠岸的地方为菩萨修建一座庙宇。后来他幸运地带着观音像在普陀山登陆，并在此处修建了一座庙宇献予菩萨。这就是普陀山佛教渊源的由来。

关于普陀山佛教渊源更为详尽的说明以及佛教在此的传播发展，可以参见弗兰克（Franke）以及巴特勒（Butler）的作品。我也援引了当中的部分内容以及一些出现在《图书集成》里面的数据。而那位名为慧锷（意为聪慧之锋）的日本僧人在那次经历之后，最终于公元917年，也就是后梁时期，安全抵岸。据另外一本书记载，当时，这位日本僧侣所乘的船只被大片莲花所困。他于是向菩萨祈求道："如果我的无数同胞注定无幸瞻仰你[1]的圣像，也请你至少向我大发慈悲，让我可以登陆，我将在登陆的地方为你修建一座庙宇。"顷刻间，莲花四散开来，慧锷所乘的船只得以再次前行并在岛东边一处洞穴靠岸。一位张姓的渔民见证了这一奇迹，并将自己的房子贡献出来。"这座小屋渐渐地转变为一个小的庙宇，并因为菩萨明确地表达了留在这座岛屿的要求，故该庙宇得名'不肯去观音院'。这座朴素的庙宇便是今天壮观的普济寺以及整个观音道场的前身。"关于普陀山第一个有史可依的数据来自于1081年。宋朝皇帝宋神宗（1068—1085年在位）在一篇铭文中指出这座寺庙存在已久，并为其赐

6

---

1 原文如此。——译注

名"宝陀禅寺"。很快，这座岛屿便因其僻静的位置以及作为观音大士的显化道场在佛教信徒中声名鹊起，庙宇与僧众的数量也与日俱增。

　　然而，这座圣岛越是出名，吸引的外界注意力也就越多，这也给这座岛屿带来了一些不幸。在佛教寺庙里长大的明朝开国皇帝洪武皇帝（1368—1398年在位），就曾带着满腔的仇恨迫害释迦牟尼的信徒，并于1388年下令让一位亲王将普陀岛的寺庙焚烧殆尽，将岛上的居民迁居至陆地。等这位皇帝怒气消散后，这里才得到重建，变得比以前更加美丽，一直到1554年日本倭寇出现。这个新的敌人的袭击令整个中国沿海地区苦不堪言。只有观音大士的神像被人们抢救出来，移至定海，寺庙中其他一切都被倭寇抢光烧尽。1599年，相似的厄运再次降临在普陀岛。而这一次，直到1581年才刚竣工、后来被称为法雨寺的寺庙，在经历短暂的繁荣后便随着这次不幸而被战火吞噬。

　　而此间岛上的僧侣还时常与当地的渔民、农民发生冲突。这些外来的僧侣们遭到了暴力的驱逐。然而，僧侣们凭着政治上的有利条件将此事上报舟山官府，指控当地渔民未如数缴纳法定税赋，并以菩萨的名义要求得到对岛屿的占有权。虽然当地官员做出了有利于渔民的判决，但是僧侣们通过他们在朝廷任官的朋友将此事继续上呈天子。天子最后裁定，允许一定数量的僧侣在岛上的指定区域定居。此事与前文所述普陀岛所遭遇的不幸发生于同一时期。到了明朝末期，僧侣们做出了一系列努力将整个岛屿划归自己统治。而他们的努力也没有白费，万历皇帝（1573—1619年在位）[1]1606年拟定的一道圣旨正是最好的证明。人们把这道圣旨篆刻在石碑上，并将石碑保存在普济寺的大殿之中。根据巴特勒的翻译其内容大致如下："传皇太后懿旨，为民之福祉安定，今将修葺海内圣地，尤以普陀为重。然，不可为此催征赋税，亦不可公开募捐。遂今于宫内募捐银两，太后名签于首。并派一专员奉命监察岛屿修葺之务。皇太后亲笔题写赐名普陀寺'护国永寿普陀禅寺'（意为保护国家，祈求长寿）。"接下来便是些对于菩萨的赞美之词。

　　普陀岛由此迎来了一段繁荣时期，直到17世纪中叶这里都是一派平静祥和。然而，清朝初年普陀岛又迎来了一批新的敌人，而这一次的敌人与我们颇有渊源。"在我们朝代建立之

1　万历皇帝在位时间终于1620年。——译注

初，"编年史中如是记载道，"尽管红毛军打破了寺庙的宁静，但此处依然香火不断。"这里的"红毛军"所指的便是为普陀岛带来又一次灾祸的荷兰人。此外，与此相关的还有关于一口钟的故事，据称，这口原属法雨寺的钟于1666年被劫走，后几经周折最终在60年后重返寺庙。

然而，给普陀岛带来最大伤害的是不断侵袭的海盗。他们焚毁庙宇并带走了一切值钱的东西。这直接导致了1672年当地政府强迫僧侣离开普陀岛迁居内陆，这一走，就是整整 7
13年。在此之后的若干年中，一些新的庙宇由于得到高官资助和公共捐赠而渐渐得以建立。1700年康熙皇帝巡访州府时还钦赐了两座主寺一大笔经费……尽管如此，这笔经费仍不足以完成此次重建。直至1732年雍正皇帝批准浙江总督为扩建此处寺庙上奏的七万两白银（约合30万马克），这些寺庙才得以以今天的面貌展现在我们的眼前。（相关细节将会出现在后文有关两座主寺的章节，特别是介绍法雨寺御碑亭碑文的部分。）

到了近代，舟山群岛因1840年的鸦片战争备受关注，而普陀岛也因此为人所知。在此期间，英国人占领并统治了这里若干年。自那时起，普陀岛附近海域的交通日益繁忙，特别是在过去一个世纪里尤以轮船运输最为繁荣。由此，这座久经风霜的岛屿得以迎来自己的平静。事实证明，这来之不易的和平对于寺庙、宗教生活而言极为有利：一方面历史上从未有这么多的朝圣者涌向普陀岛；另一方面寺庙的建设工程也开展得如火如荼。过去几十年间到此的游客几乎众口一词地描绘过此处寺庙的繁荣。这点在中国任何地方也都可以得到佐证，当中最好的证明便是此处繁荣的贸易带来的巨大财富。我们常常会听到有人指责中国大范围的建筑活动经常给古建筑造成不可避免的损害。我们不能盲目轻信这些批评声而忽略了其中的积极因素。对于其他一些学者而言，中国对于寺庙的财政支持可以表明中国社会宗教与不断增长的财富携手并进的状态。政府支持、富商资助、民众的宗教热情，这一切都让这座岛屿与其众多的寺庙迎来了今天的繁盛。

三　岛屿简介

普陀岛自北向南长约七公里（见插图2）。岛屿最宽的地方约四公里宽，最窄处仅有一公里多宽。岛屿形状极不规则，岛东部、东北部有两片较大的山麓带以及数量众多的小型岔路

图8　普陀山码头旁的寺庙与山门

图9　登岸处附近的小型灯塔

插图3　普陀山寺庙、圣迹全图（根据普陀山岛原稿复制）

图10　寺庙建筑群

和小型浅海海湾。根据李希霍芬的记载，除了岛屿中部的一小部分遍布石英岩外，全岛几乎全部由垂直节理发育的花岗岩构成，它们形成了陡峭的山脉。这些悬崖绝壁和山坡上大量的花岗岩碎石构成了一道独特的风景，经常都会有岩石直接跌落海中。岛上大多数的沙滩也并非由细沙组成。岛上最重要的细沙沙滩环绕在岛屿东部的断错线上。这儿是岛上享受沐浴的最佳去处，因为岛上其他海湾尽是淤泥。普陀岛的制高点当属位于岛屿北半部的佛顶山，其海拔高约290米（我个人觉得李希霍芬给出的350米这个数据与实际有所出入）。佛顶山顶部耸立着一幢灯塔（见图15）。如今，灯塔上都配备了德国生产的灯具，灯塔旁边还连接着一座小型的寺庙。这样一来，寺庙中为数不多的僧人便充当起了灯塔的看护人。灯塔的灯光被生动地比喻为"佛光"。佛顶山以及岛上其他一些稍低一点的山丘都布满了陡峭的山崖，岩石陡然

图11 一座寺庙前方的空地

图12 寺庙中的花园

图13　一座新修寺庙配备玻璃窗的佛殿

图14　一座翻新寺庙的大门

落入海中后便留下了凹面或是山洞，水流或沿山洞汇聚或冲刷进入凹面，之后又从缝隙中慢慢渗透出来。这些地方总会设立一些小型的庙宇，或是至少在壁龛中设立一处佛龛以供奉岛上的一位神明。

其中最著名的洞窟位于岛的东北部。浪花中闪现的阳光幻化成人形，当地人将之理解为佛祖显现。如雷的潮水声便是那佛祖的声音，此洞因而得名"梵音洞"。这种对于自然现象的解释使我想到了峨眉山一处类似的地方。在那里，从最高峰向山谷望去时，人们偶尔可以看到大量明亮的磷火，并将其解释为"佛光"。中国人几乎随处都会留下这种对于自然现象的宗教阐释。

普陀岛主要的登陆点在岛南部靠近东南角的第一个岛屿湾（岛屿伸向海洋处）。这是一片一部分伸进海中的石砌堤道，有一些小型船只在此停靠，船头向前，船尾转向堤道。大一些的帆船则停在附近稍远处。在停泊区旁坐落着第一座小寺庙（见图8）。寺庙周围环绕着一大片茂密、壮丽、昏暗的树林。寺庙旁边有一条整洁的道路穿过一座牌楼，而这座牌楼正是普陀山的山门。不远处伫立着一幢用来标记停泊区的灯塔（见图9）。

这座岛屿被茂密的树林覆盖，有樟树、橄榄树、无花果树以及竹林。林荫隔断了成片的岩石群，原本光秃秃或仅有杂草生长的山坡掩映其中。

岛屿的一切都与宗教相关，因此岛上几乎只有寺庙。唯一例外的是在第一座主寺附近有一小片商业区。但这些商人也仅仅是靠贩卖宗教纪念品或是一些生活必需品为生。大批朝圣者都习惯在寺庙中用膳。他们捐赠的香火是岛上寺庙的主要收入来源。

普陀岛共有三座主寺：普济寺（见插图2，又称前寺，离停泊区仅10分钟路程），法雨寺（又称后寺，位于大海湾北部的尽头[1]）以及佛顶寺（位于佛顶山附近）。每一座主寺都有一位住持方丈。三位住持中，佛顶寺住持等级稍低，其余两座主寺的住持平起平坐。三位住持合力监管岛上的所有寺庙。他们负责惩戒犯错的僧侣并有权将这些僧侣调动到其他寺庙。然而，每座寺庙又基本上享有自治权，特别是在收支方面。除三座主寺外，还有70多座受其管辖的寺庙。它们大小不一，但普遍规模较小，只有零星几处建筑。尽管如此，这些寺庙中却配有供虔诚僧侣们单独居住、潜心礼佛的小型厢房、茅舍以及岩洞。例如，法雨寺住持便掌管着25座寺庙以及大约50所此类被称为"茅寮"或是"寮棚"的小屋。全岛僧侣数量大约为1 500

1　此处指普陀山东南部的莲花洋。——译注

图15　佛顶山山顶灯塔　　　　　　　　　　图16　路旁的僧侣

人上下，其中两座主寺大约各有200人左右。

　　岛上即使是较小的寺庙，其优越的地理位置和周边环境也令人向往。从海上眺望普陀岛时，会看到很多寺庙建在陡峭的崖壁上，形成了一道独特风景。还有一些寺庙则大都修建在山顶、倚靠山坡或是沿着梯地向上。通常，寺庙四周都修建有院墙，整座寺庙被树木环绕，有些寺庙周围甚至有小树林，丛林中往往都是枝叶繁茂的参天古木。这些古树十分出名，常常成为歌咏的对象。诗歌大都雕凿在一块磐石之上，再将其嵌入院墙。由于香火旺盛，这里也不缺少拥有华丽大门的新建寺庙。现代的气息也渐渐沁入普陀岛，中国古式房屋立面装有栅栏的门窗都配上了玻璃；有些寺庙甚至采用了多层楼房的建筑，就像上海、宁波或者更南边的广州常见的那样。这些大大小小的寺庙被一条条道路串联在了一起。

　　普陀岛的主干道自停泊区起一直通往最北端的佛顶寺，此外还有众多岔路通往各辅庙，它们也都修得既坚固又美观。这些道路大多由40厘米见方的石头组成，偶尔也会出现1.2米见方，甚至是1.5米见方的大石头。这些道路有时可以宽至2.5米，中间一段可能是被拓宽了的简陋土路。土路夹道两侧则是由嫩竹子或经过修剪的矮竹组成的篱笆。道旁偶尔也会见到各式各样的大树，然而这些树都是零散分布的，因此并没有形成林荫道。每一个分界点或是每一个岔道口都立有一块岩石，有的单独立在路旁，有的被嵌入附近刚好出现的墙壁上。石头上会刻着这条道路所通往的寺庙的名称。值得注意的是，几乎每块石头上都会出现"进香"两字（意为前行，双手抬起，呈上香火）。这是一句虔诚的格言，同时也是对于众多前来朝圣者的请求。

　　岛上大小山坡上都铺有舒适、宽敞的石阶。因此，也可以把前来朝圣当作一次散心赏景

13

图17　寺庙路标

图18　路标

的漫步。在各个风景优美的景点处，尤其在上佛顶山的山路上都设有长椅或将平整光滑的岩石横置于两块大岩石上做成的石凳。在特别陡峭的斜坡上，人们还在石梯的侧面安装了由欧洲现代钢管制成的护栏。这些护栏随着道路一路蜿蜒向下。尽管来自异域，它们却不会给人格格不入的感觉。这条雄伟的道路在全岛仅有一处断裂，大约就在法雨寺东部。在那里，这条路仅到半山腰便中断了。山下铺满细沙的海滩尽头伫立着陡峭的礁石，海水不停地拍打着它们。在大片金色的沙滩上，人们会看到黑色礁石露出的一角。如果海浪够大，偶尔还会看到因其有力地拍打海岸而激起的朵朵浪花。接着映入眼帘的是一个巨大的山脊，将岛屿的最东部与佛顶山的大部分分隔开来。这里会看到一个真正的流动沙丘，每年随着强劲的东北风以惊人的速度不断向南推移。在我穿过山丘时，正赶上狂风携卷沙砾急速逼近，而我必须从沙暴中通过。

　　像普陀山这样一座每年拥有无数朝圣者的古老岛屿，必然需要创造一些可以流传千古的故事，因而对于中国人的想象力和传说的创作来说是一个巨大的挑战。这些故事的诱因可能十分不起眼，一个文字游戏、一次突发奇想都会立刻在一个机智的头脑中形成一个完整的故事（正如今天人们在中国依然喜闻乐见的那样）。类似小故事的创造对于其他民族而言同样并非难事，但中国人却总会将每个传说故事与某种宗教思想、某段历史或是某个具体地点紧密地联系在一起。完全没有内涵的故事，例如有关一些蒙昧者的故事，或是我们欧洲乡下常见的俗人俗事，在中国几乎是找不到的。中国的传说故事中总会出现些普遍应用的素材，在普陀山更是如此。不论这里流传着什么样的故事，观音大士都会是故事隐含的主题。为了更好地说明上述特点，我想在此处插入一段普陀岛上一处关于两块奇石的名字的传说。

岩石位于停泊区附近的道路旁，距离前寺门前桥梁不远。这两块石头形态奇特、令人联想起女性身体，吸引着往来者的目光。一个当地人向我讲述了下面这个故事：

> 数百年前，两位年轻女子前来普陀岛朝拜，准备向慈悲为怀的观音大士进香献贡。她们住在堤道旁的船上，距两块奇石不远。适逢当中一位刚好巧遇"天葵"来潮，疲惫不堪，无法每天前往各个寺庙去朝拜。又因为在中国，来潮期间的女性被视为"不洁"，因此该女子不能接近观音大士。每天她的女伴独自登岛前往各个寺庙进行朝拜，而她只能待在小船中。登岛的女子每日两餐都在寺庙中进食，之后返回小船将食物带予船上的女伴。然而有一天，她却忘记了将饭食带回船上。当她想起来，带着饭菜快速返回小船时，天色已晚。但令她惊讶的是，船上的女子告诉她，刚才有一位老妇人来过并给她带来了饭菜。此事颇为不寻常，因为附近并无人烟。后来两人一致认为是慈悲为怀的观音大士被她们的虔诚打动，因此幻化成了那位老妇人使其免受饥饿的困扰。人们为了纪念此事便将这两块形状奇特的岩石当作了这两位年轻女子的化身。

距此不远处，还有两块体型较小的岩石，因其形状分别犹如乌龟的头与壳，被当地人称为"龟石"。据称，观音大士曾伫立在不远处另一块较大的岩石上讲习佛法，它们合在一起便构成了著名的"二龟听法"。

在中国，乌龟象征着长寿，因为它们通常拥有很长的寿命。在杭州总督府邸门前的池塘中就饲养着大量乌龟，每天都有数百人前来喂食。中国人相信，在这些乌龟中有几只长度可达约两米的千年老龟，它们来自宋朝，距今约1 100年。虽然这种说法略显夸张，但足以表明乌龟象征的永恒意义。由此，"二龟听法"的故事表达了当地人对于佛法万年不衰的美好愿望。

　　中国大量关于普陀山的书籍中都一定记载了很多类似的传说、格言，以及针对岛屿和对某个寺庙历史的相关描述。值得一提的是，对我而言，除了少数《图书集成》以及弗兰克、巴特勒作品中出现的故事，其余故事由于语言的限制我都无法使用，因为要翻译和处理应用这些故事本身就是一项浩大的工程。若有人能完成，自然是一个值得称赞的巨大功劳。本书的重点在于从明显的建筑艺术形式、佛学及各种铭文中获得精确的材料和数据，并将当地僧侣对此的阐释忠实地翻译出来。

　　本书仅会深入介绍三座寺庙，其中将会把重点放在法雨寺部分，对其进行较全面详尽的描述。因为对于其细节的介绍不仅可以阐明佛教寺庙典型的布局，同时还可以展现这座岛屿的特质以及岛上随处可见的向观音大士致敬的艺术作品。

第二章

普济寺

距登陆码头大约一千米处坐落着普陀山三座主寺中第一座，也是最为讲究
的普济禅寺。"禅寺"是重要佛教寺庙的别称。与其他寺庙相比，禅寺中僧侣人
数通常更多，礼佛方式也更为多样。"禅"，意为"为己祈祷，潜心修佛"。因
此，这些大型寺庙中都设立了一个特殊的堂专供得道高僧专心"禅修"。而在
寺庙名称中，"禅"字通常可以省去。当地人还根据两座寺庙的地理位置将其加
以区分：普济寺为前寺，因为自码头上岸，首先到达的便是这座主寺；法雨寺
为后寺，因为这座主寺距离码头最远。两座寺庙的重要性不相伯仲，而位于全
岛最高峰佛顶山上的第三座主寺——佛顶寺则稍显逊色，因其距离太远，不论
是前来进香的朝圣者数量还是收纳的香火方面，都无法与其他两座主寺相提
并论。

　　尽管普济寺的住持直到80年前才获得了"方丈"的称谓，但是早在康熙年
间（1662—1723）[1]普济寺住持便有着举足轻重的地位。[2]现任方丈出身普陀山
的一座小寺，这座寺庙也因为出了这位方丈而为人所知。

　　一条保养良好的石板路自渡头桥延展开来，沿途穿过一些户外凉亭，这些
亭中及夹道上遍布着刻有碑文的石碑或是木牌。石板路一直通往一片山丘的背
面，在那里，人们可以将宏伟的普济寺全景尽收眼底。普济寺坐落在一个东面

1　康熙皇帝在位时间终于1722年。——译注
2　参见原书第29页。

图19　山谷中的寺庙

图20　普陀山西南峰

图21　普济寺前莲花池上方的大型拱桥

朝海的山谷中，山谷宽阔，其他三面均被群山环绕。寺庙入口，一条大道引向东北方，大道旁边星罗棋布有大量小型寺庙（见图27）。这些寺庙大都是给前来朝圣的游客以及僧侣提供服务的商店以及店主的住所。在接下来对普济寺的概况介绍中，我将借助寺庙结构图以及一些图像资料，以便更好地展现类似建筑的主要特征。而对此类建筑更为详尽的描述将出现在后面介绍法雨寺的部分中。

　　普济寺南侧前方，有一大片莲花池一直向东绵延。莲花池上方横跨着一座大型拱桥，拱桥上的阶梯平缓、舒适，护栏优美。这座拱桥与周围景致相得益彰，形成一处亮丽的风景。普济寺的中轴（见图22）起于南侧一座山丘，山上坐落着一座具有中国古典特色的凉亭（类似于孔庙，却也常见于佛教寺庙）。这种被称为"碑堂"或是"碑亭"的凉亭内侧台基或者石龟上都竖立着大型石碑，碑上记载着寺庙兴建、修缮的相关信息；有时也记录一些曾来此参

18

图22 碑堂

图23 大型拱桥、莲花池、商店

图24　御碑堂

观祭拜的达官贵人或是其他大型事件；当然，也少不了诗歌。

　　一座较矮的石质梁桥跨过池塘（见图25），大约在其中央的一片平台上坐落着一座盝顶八角凉亭（见图26）。环绕凉亭的实心墙壁被凿空，形成门窗以及供人休息的长椅。

　　主干道延伸至寺庙主体南侧，在寺庙与莲花池之间形成一块空地（见图24）。一条通廊构成了寺庙主要的入口通道。通廊末端连接寺庙主体处是几组石阶，阶梯两侧端坐着两尊石狮。这条通廊通常处于封闭状态，因为其中珍藏着康熙皇帝钦赐的御碑。有一段较小的台阶带着石质挡板，挡板内侧各雕有一条龙，龙首朝向大门。挡板外侧雕着凤凰，相互缠绕，姿态奇特，同样朝向大门。在屋内中间位置有一座高大宽阔的石碑竖立在一宽阔的四角底座上。石碑被罩于一个木制支架中。支架按照法雨寺大殿[1]的建筑风格搭建，呈帐篷顶式结构，有一个

1　见本书第三章第六节《大殿》。

29

图25　大型拱桥、桥、莲花池、凉亭、碑堂

图26　带有凉亭的桥，背景为普济寺

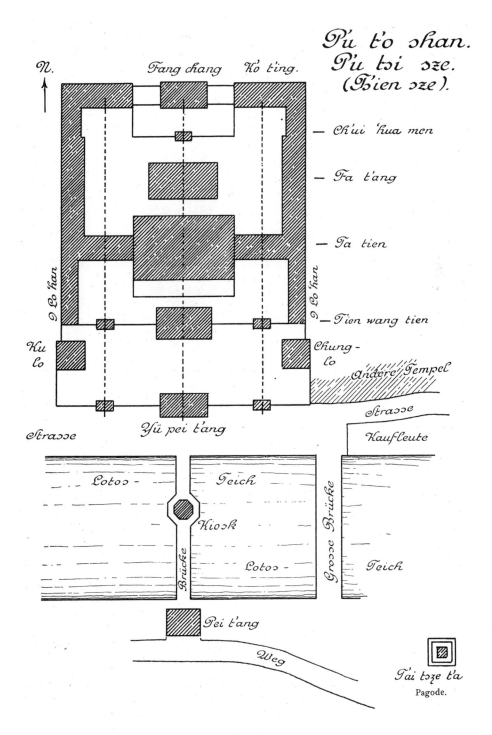

图27　普济寺平面图

尖角。石碑基底为表面向外凸出的圆柱形围边（和寺庙里其他地方的一样），上面展示着龙、珍珠以及祥云图样的苍劲有力的浮雕。不过与其他地方的饰纹相较而言，此处的基座较小，图样纹路也比较纤细，四大天王殿中的雕刻则更为雄伟壮观。

21 　　一般情况下，进入普济寺并非通过这座碑堂，而是借由两扇边门。两扇边门所在的轴线上同样还分布有其他大门。由此，普济寺总共可以划为三根轴线：一根中轴线，两根次轴线。

　　三座大门后方宽阔的院落两端分别坐落着一座钟楼、一座鼓楼。两座建筑同为重檐制式，附有中式山墙。

　　两扇通往寺庙内部的边门均为具有中国特色的"檐柱不落地"的"垂花门"。此种形式的大门在私人住宅中十分常见。天王殿构成了普济寺中轴线上另一座通廊。天王殿内玻璃制成的佛坛上端坐着弥勒佛。佛像镀金，露出弥勒佛常见的自然笑容。殿内供桌与其他殿堂里的一样，都饰有巧夺天工的浮雕花纹。然而，此处浮雕尤为精美。浮雕相对较为平整，半人多高，惟妙惟肖，布局巧妙，表面镀上了一层金色或是泛着淡绿色光的银层。浮雕除了人物面部使用了白色之外，再没有使用任何彩绘颜色。无论是暴露在外还是被玻璃层屏挡在后面的浮雕都展现着佛教传说中的故事，正如今天宁波艺术家仍依古法雕刻的那样。整体来说，寺中大多数艺术品都相对较新，至多也只有一二十年历史。弥勒佛身后竖立着身披铠甲的韦驮（佛教护法神）像，佛像身前放置着一张精美的供桌。同样位于殿内的四大天王更是刻画得各具特色。

　　天王殿后方竖立着一座大型铜质香炉，人们可以由此处到达大殿前方平台。平台上栏板之间的栏杆均为常见造型，柱头均为恣意飘动的莲叶形状。这着实是颇为少见的从自然中获取灵感的题材。平台上放置着五个祭祀仪式所需的大型青铜祭器，均依照古法烧制。正中的宝鼎后方为一段阶梯，通向一个小型平台，以便人们走上平台完成焚香仪式。

　　位于天王殿后方的大殿既无前廊，也无回廊（见图28）。为了扩大空间，殿内摆设均尽量集中在包含有五条甬道的内殿。穿过门即可入内殿，殿门处仅有凸出的屋檐遮蔽。为了便于内殿采光，双翼房顶间留有狭小缝隙，从这方面来看，这确与欧洲的大教堂有异曲同工之妙（见图29）。如平面图所示，大殿进深共分五间，居中一间宽约8.5米。通道位置比居中的开间稍低，由两侧引出后围成一个四边形。根据对角线，每一个轭都构成一个正方形，这些正方形依次排列，并由此构成一个稳定、结实的系统。中殿和翼部的十字交叉处构成一矩形，便于摆放佛像群。东南角和西南角分别为看守设置了小房间。房间旁边设有小型棚屋，供僧侣在此售卖各种法器，为来访香客出签算命，以及履行一些（在香客前来）礼佛时应尽的职责。西侧小屋北面摆放着一面大鼓，东面对称位置则为一口大钟。大鼓东面祭坛上供奉着战神关帝，大钟西侧祭坛供奉着韦驮。两尊神像都堪称杰作。韦驮位于一处转角处，风姿优美，但又威风凛凛地手持宝杵，全身镀金，身披华丽盔甲，身缠纷飞彩带，伫立于帷盖之下。祭坛前摆放着康熙年间的供桌，应为福州生产（见插图17-2）。其镶板及曲线形的桌腿上都雕刻着精美的图案。桌子每一面都能见到大量的雕饰，其图案呈对称分布，展示着各式各样的题材。木头并未镀金，而是上了暗色、深棕的油漆，桌子的梁架也独具特色。

大殿主佛坛占据了两片前后相连的中央区域（见插图4）。在我所接触的众多中国艺术建筑中，这座佛坛最为美丽独特（见图28）。佛坛上供奉着四尊观音像，分别呈现出观音大士的四种不同形态。最北侧的一尊[1]体型最大：佛像端坐于莲花宝座之上，上方覆盖华盖，面前垂落欢门（观音像前通常会通过这样一个特殊帘幕与周围分隔开来），通体镀金，身披长袍，胸部的一部分裸露在外。

雕像编号1前方平台几乎被其余三尊雕像[2]占满，每一尊都身着真实长袍。三尊雕像中最北侧一尊[3]所在宝座略高，目光却不若其身后的大型观音像那般神圣不可亲近。四座雕像均坐北朝南，整体而言，它们展现出来的观音大士不论神态还是体态，虽都更符合自然主义的刻画手法，但又十分贴近观音大士和蔼亲和的本质。这里，人们有意将观音塑造成一位超凡脱俗的大士形象。而这些雕像面向僧侣、信众，更能突出其仁慈的一面，给信众一种和蔼可亲的印象。雕像全身由青铜铸造，身披一件浅灰色的丝绸罩衫，罩衫上绣有深绿色的竹叶。所绣之叶均为嫩竹，它们娇柔可人，随风拂动而不知倦怠，永远给人一种欣欣向荣的愉悦之感。一个当地人称："他在微笑。"而此人也将竹子的符号与汉字里的"笑"字联系在一起。有此典故再加上嫩竹原本就深受人们喜爱，故而为其获得了"观音大士之竹"的美誉。

相较编号2雕像而言，编号3体型更小，所处宝座也略低。雕像为木质、全身镀金，通体包裹在一条宽阔的、带有刺绣的红色披巾中，目光更为友善。这座雕像会将人指引至位于南边的最后一座雕像编号4——那座雕像或许是最真实（当然也稍加理想化）地展现了一位美丽女性原本的面貌。雕像编号4体型最小，应与观音大士身高相仿，其刻画的姿态与其他三座所

1　见图29箭头所指雕像，图28所示编号1。——译注

2　图28编号2、3、4。——译注

3　图28编号2。——译注

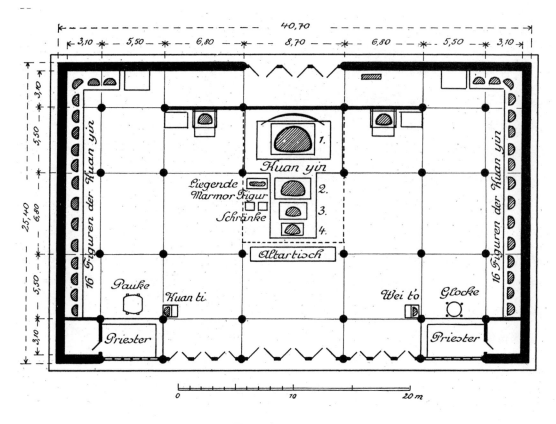

图28　大殿平面图

采用的端坐姿态不同，而是观音笔直的站姿，也因此占地略小、高度略高。雕像同样由青铜铸成，身上也几乎全由一条绣有鲜花的丝质披巾覆盖。这四座雕像的排序并非机械地由小到大或自低至高，而是不断引向终点 —— 人们经过精密的思索，通过前几座雕像的指引，凸显最后一尊观音像。这种巧妙的排序在艺术上值得留念和称赞。

　　主佛坛所在两片中央区域都由一片简单、牢固的木质栅栏所环绕。栅栏上每根栏杆都以蜡烛为柱头。栅栏之内、三尊观音像所在平台的西侧还设有两个大型柜子。柜子上方放置着几座放有菩萨雕像的佛龛。柜子本身上了锁，并贴上了封条。我们只能猜测里面所装之物应是些铭器、圣书和圣像，然而里面究竟是什么其实无从得知。

　　两座柜子后方为一座十分名贵、有趣的观音睡像，雕像为白色大理石制成。类似的雕像

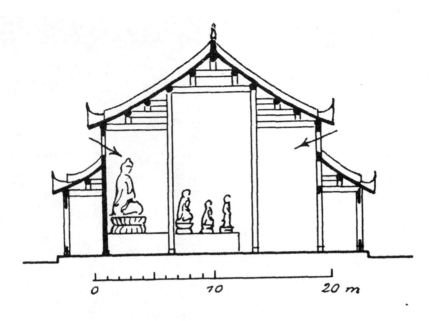

图29　大殿截面图

我仅仅在福州见过。雕像优雅地躺卧在一个较长的玻璃箱中，仿若圆寂后的佛。雕像的头倚靠在右手上，胳膊支撑在床铺上。左臂伸直，垂放在身体上，一块黄色罩衫几乎覆盖了整个身体。白色的大理石质地精良，十分吸引人。[1]

　　主佛坛前方的供桌十分讲究，桌面上放置着神圣的祭器、烛台、花瓶以及香炉。殿内建筑基本都集中在中央区域，其他部分均是为前来祭拜的僧侣、信众而准备，宽阔的场地显得大气壮观。寺庙中的僧侣十分肯定地说，这里可以容纳3 000人同时祭拜。同时容纳这么多人应该是可以的，可是如果真是这样，现场定会拥挤不堪。

　　大殿北面还设有一处次要佛坛、供桌以及一个刻有观音像的直立石碑。东西两壁各塑有观音大士的三十二应身，固定在同一基座上。这些塑像高约真人大小的四分之三，全身镀金，大都较为真实，但整体看来艺术价值不高。

　　普济寺的法堂实在乏善可陈，甚至略显寒酸。后文介绍法雨寺时我们将了解到，佛坛设 24

1　参见本书第三章第五节《玉佛殿》有关玉佛的介绍。

有一处栏杆围起的高台，上面布置有供礼
佛、阅经用的讲台（诵经台）、桌椅（法
座）。法堂本身类似于我们欧洲教堂的布道
厅。此处的高台与宁波著名的天通寺的高
台实在无法相提并论。为首的僧侣正是在
此向年轻僧侣发号施令。

前寺的法堂上方为水平的隔栅平顶，
因为上面一层还坐落着另外一间大型房间。
上层北面一座玻璃箱中端坐着一位体型丰
盈的镀金释迦佛。佛像前方，同一座佛龛
中端坐着一尊白色大理石制成的观音雕像。
雕像姿态可人，身披红色罩衫，头戴一顶
类似于教皇三重冠的帽子，装束奇特。整
座雕像非常漂亮、可爱，其面部展现出无
限的温厚、友善。

图30　法堂二层大理石制成的观音像

法堂殿内两侧端坐着十八罗汉，两边
各九个罗汉（这样的设置似乎不太寻常，
十八罗汉通常是一起端坐在大殿之中）。

法堂殿外周围设有回廊。回廊北面为
各种纪念牌，记载着皇帝授予各个方丈的法号。这里的纪念牌都是固定在架子上的普通公告
牌，正如在每一个衙门和每一位文学家、官员家中以及很多寺庙中常见的那样。

这些纪念牌竖立在法堂背面，正好与处于同一轴线的方丈殿相对。继续前往方丈殿，人
们首先要穿过一道美丽的垂花门，之后还要走上一段特殊的阶梯。方丈殿内墙上挂着一幅卷
轴画，所画内容是公元500年左右一位得道高僧和十八罗汉的故事。卷轴画前方摆放着供人阅
读经书的桌椅。在房间较窄的一侧悬挂着若干幅画作，其中不乏关帝画像（代表着中华传统
美德，是中国人生活中的向导）。

方丈殿二层为藏经阁，阁中大型书架上藏有约84 000卷各色经书。

方丈殿东侧与方丈卧室相接。在我参观大殿时，本寺方丈刚好已经外出去宁波、上海。

插图4　普济寺大殿主佛坛

插图5　普济寺东南方太子塔

图31　太子塔正视图

继续向东便是客厅。其余僧众则住在其他偏殿中。

太子塔[1]

　　前寺东南方向耸立着一座宝塔，该塔因其有利的方位（风水学说中东南方为吉方）被视为普济寺的风水塔（见图31）。又因普济寺为普陀岛主寺，因此这座宝塔同时被视为全岛的风水塔。宝塔由石料砌成，外形雄伟壮丽。塔基为一块正方形的大型基座平台。过去在塔基

1　此处参见插图5。

插图6-2　东南角的礁石（摄于岛东端）

插图6-1　普陀岛东岸，背景为坐落于佛顶山山坡上的法雨寺

插图6-3　普陀山码头

图32　下层塔身，南侧为两尊观音大士雕像

周围环绕着一圈石栏，每根望柱上都蹲坐着一尊石狮子，正如现在上层挑台那样。位于塔基四角的四颗石质螭首仍保存尚好。塔基四周还能看见对角分布的雕饰龙头。塔基上方还有第二层与之形状相似、面积略小的挑台。挑台四周树立着四尊真人大小、身着铠甲的战士石像。这四尊石像也许会让人联想到四大天王。虽然石像在姿态上与传统的四大天王有所出入，但当中一些基本特征尚可辨出。当中一尊石像正是手持六弦琴。此外，这里也许还会令人联想到一些中国古代常见的全副武装的士兵铜像。这些铜质士兵在山东、河南，特别是山西的佛教寺庙中十分常见。据我了解，类似铜像大都出自宋朝（960—1279）。中国古代雕塑艺术的集大成者当属古代陵墓林荫道两旁的雄伟雕像，而塔上这些明显体现着中国元素的雕像也可视为对这种艺术的传承。元朝（1280—1367）[1] 时，中国古代元素被广泛重拾，巧妙灵活地大

26

1　元朝起始时间应为1279—1388年。——译注

量运用于宝塔、门楼等大型建筑的建造。这样看来，这四尊石像确实有可能暗喻着佛教的四大天王，但单就其造型来看，应该是中国古代艺术的成果。

挑台须弥座上方叠落着三层塔身。须弥座上装饰着椀花结带以及云、水、石组成的带状缘饰。塔身下层四角各有一根独立的石柱，周围有一圈雄伟的横脚线。类似的横脚线将第二层与第三层塔身隔开。塔身顶层则连接着挑出的檐口，檐口装饰有圆形线脚、叶状花饰以及角状冠顶构成的刹顶。塔的宝顶看起来本应为一个镶有宝珠的锥体，而现在残存的只剩下锥体，宝珠则不知所踪。

三层塔身每一侧均为雕有佛像的壁龛，共计12个。塔身顶层壁龛中端坐着毗卢佛；中间一层为释迦佛；底层为救苦观音。底层其他三个壁龛中分别端坐着文殊菩萨、普贤菩萨以及地藏王菩萨。所有佛像都以半浮雕的形式凿刻。底层石柱间坐落的雕像，立在中间的是佛海观音及其两位随从善财童子和龙女；与其在同一排但是位于边上的是两尊罗汉。此外，在东西两侧各有五尊，北面有六尊罗汉，如此，该层塔身总共拥有了完整的18尊罗汉。

弗兰克在大百科全书《图书集成》中指出了该塔的建造时间：此塔于1334年元顺帝（1333—1367）[1]统治时期经由"太子"[2]宣让王捐赠的约3万马克资金得以建造。建筑所需的石灰岩取自盛产石料的苏州太湖。太子塔全高约31米。编年史中对于塔上的雕像记载如下："每尊雕像神态各异。所有雕像体态庄重、瑞容妙丽、眼神生动。护法、神狮、莲花均栩栩如生。"

"太子塔"这一名称也很有可能与出资修建此塔的"太子"并无关联，而是源于原本拥有皇族血统及太子身份的佛祖本身。而"太子"这一名称也一直流传下来，用来彰显佛的崇高。

尽管数经坍塌，太子塔仍是普陀岛意义重大的一颗明珠。

1　元顺帝在位时间为1333—1370年。——译注
2　若按照传统的说法，"太子"指的是已确定继承帝位或王位的帝王的儿子，而宣让王帖木儿不花实际上为世祖忽必烈的皇孙。之所以冠以"太子"称谓，因为帖木儿不花为彼时皇上顺帝"妥懽帖睦尔"的皇叔。按照元人习惯，一般均可称为"太子"。——译注

第三章

法雨寺

一　法雨寺历史

　　法雨寺于1581年（明朝万历年间）由大智（意为大彻大悟）高僧创建。据称，大智"自四川峨眉山前来普陀礼佛，非常喜爱此地，决意留在岛上，在此自结茅庐，并为之起名'海潮庵'"（弗兰克）。很快，海潮庵便发展成为一座寺庙。遗憾的是，如前文所述，该寺于1599年被毁。万历皇帝随后又下令重修，并于1606年赐名"镇海寺"。康熙年间寺庙再次大修，并于1705年竣工。当时负责此事的僧侣别祖师也因而成名。据说，康熙皇帝正是因观音大士点化，决定划拨一大笔钱用来重建寺庙，同时严令僧人不得延误。康熙帝与这座圣岛之间的紧密关联在很多故事中都可以得到佐证。前寺旁有一座黄琉璃顶的特殊小型寺庙。相传，康熙帝的一位妃子便隐居于此，潜心礼佛。她的画像不久前还藏于寺中，可如今却不知去向。

　　法雨寺当年的住持性统及其同侪普济寺住持还曾多次陪同康熙帝出巡。康熙帝尤其乐意与学士、高僧结交。两位住持曾在康熙帝巡访杭州府时陪伴左右，感化康熙帝为普陀岛众多寺庙出资翻新。通常经历过重大事故（如焚毁）的建筑或城市（当然寺庙也不例外）在翻修之后都会获得一个新的名字，因此，康熙帝也为这座寺庙重新赐名为"法雨禅寺"。为此，康熙帝特设一匾（此匾如今仍悬挂在大殿正门之上），上书"天花法雨"。

这是一句蕴意深刻、颇富诗意的铭文；与佛教寺庙中的匾额类似，该匾文同样与佛经渊源颇深。下方收录的诗词也许可以更好地展现这句匾文的寓意。为了便于读者理解这句匾文，我在这里稍加提及一下诗词末尾的"尘土"一词。中国习惯将生活中的残渣污秽称作"尘土"，因为，在整个中国，特别是在北方遍布黄土、冲击岩的地区以及西部的荒原地区，尘土都是令人感到不适的东西。据此，我们在凡世间的全部生活以及整个不完美的表象世界都可称为"尘世"。

法 雨

圣佛慈光遍大地，
传经授道普众灵。
四海信众齐汇集，
敛声屏息聆法音。

漫天飞花天女散，
自在飘零沾佛身。
幽香馥郁轻萦绕，
历久不散沁心脾。

妙法圣言似春雨，
丝丝甘露润心田。
留清去浊纤尘尽，
明心见性现本真。

这座圣岛上许多寺庙的历史都与康熙帝密切相关。康熙帝对普陀岛的偏爱首先源于其秀丽的风景，此外还得归因于此处供奉的观音菩萨。因为，对康熙帝这位多情的君主而言，观音大士这位持重、温文尔雅的菩萨不仅是他心中理想女性的代表，同时也是一位爱神。康熙帝陵墓（位于北京东陵）旁便是其两位正室的墓碑，而与之相连的一座墓中则埋葬着其至少42位妃子。也正是由于康熙帝风流多情，导致其十分崇拜观音。这点在御碑亭的碑文中得到

30

图33　法雨寺西侧庭院

了很好的体现。

寺庙大殿主体部分得益于康熙帝时期的重建，大约可以追溯至1705年。其余部分则自那时起陆续建造，直至1735年（雍正末年）。然而寺庙约在1880年时经历了一场浩劫，大部分被焚毁。直至近期，人们仍在对寺庙进行大范围的修葺。自著名的化闻大师成为住持后，寺庙进入了全新的时期。他组织人们对位于寺庙最高平台北面的建筑进行修葺，使得这座最偏僻的建筑变得精美华丽。化闻大师原籍北京，学识渊博，在前往普陀山出家为僧之前曾身兼数职。相传他竟曾是一名道台候选人。像化闻大师这种学富五车、曾身居要职的大人物决定来此归隐出家的例子，虽不能说不胜枚举，却也屡见不鲜。化闻大师与众多达官贵人的联系千丝万缕，因此寺庙长久以来始终不乏来自各方慷慨的资助。弗兰克在其1891年5月来访时有幸结识化闻大师，并称其为一位博学、和蔼的人。

二 设施介绍[1]

本部分将大致介绍法雨寺院内布置、建筑序列及单个建筑的建筑特点。而关于单个建筑更为详尽的介绍将出现在后面几个部分。

法雨寺主入口是一条自南延伸而来的道路，此外在前寺后方还有一条小道。这条通道要经过一段滑坡的山体，山后便是海。因此，遇到滑坡时，山上的巨石从陡峭的崖壁滑落，直接冲入大海的怀抱。法雨寺位于佛顶山山脚，人们站在这条小道上便可以远远地眺望到它。身处这条小路，人们可以远远地眺望这座位于佛顶山山脚的寺庙（见插图6-1至插图6-3）。寺庙右侧（东面）是一条绵延起伏的金色沙滩。大殿的金色屋顶在郁郁葱葱的树荫中熠熠生辉。法雨寺常用的入口是位于西侧的一扇小门。通往佛顶山的主干道也岔分出一条小路通往这扇小门。法雨寺中轴线穿过一片80米长、30米宽的莲花池，寺庙正门坐落在中轴线稍稍偏右侧（东侧）的位置。一座漂亮的石桥横跨整座莲花池，这便是法雨寺真正的起始点。桥下方是一条别致的石板路，其间有两处断层，小路慢慢由窄变宽，将人引向南轴线上一座两层的建筑——凉亭寺。凉亭内部宽敞，放置着几条供游人休息的长椅。有了亭子的遮蔽，游人便可免于阳光的曝晒，在此纳凉休息。中国这种独特的亭子也因此功能而被大家统称为"凉亭"。凉亭内北墙处是设置有一处供护院以及厨房工作人员使用的小屋，第二层的佛坛旁还设有供看护神像的工作人员居住的小屋。一条自此向东延伸的道路连接着不远处的沙滩，并一直通往整座岛屿东面的尽头。凉亭寺区域以及从莲花池通向此处的小道都被绿荫遮蔽，随处可以见到高耸的大树、垂枝的竹子以及灌木丛。这条路向西又将人引向前院一（Hof Ⅰ）和前院二（Hof Ⅱ），并由此进入了真正的法雨寺区域。整个建筑群占地长约240米，前院宽约50米，大殿宽约60米。

前院一的南侧为一座影壁。其后有一幢石质牌楼（类似于我们欧洲的凯旋门）。院中随处可见苍劲的古树，繁茂的枝叶形成浓荫将附近的大殿遮蔽。院二东西两部分各竖立一根旗杆，旗杆皆为石质基底，上方竖立着长长的木杆。

中轴线上一段宽阔的阶梯连接至天王殿前平台；平台上的阶梯直通大殿，阶梯底端起始处有两座石狮。中轴线两侧的轴线上同样设有阶梯，分别通向东西两侧的大门，目前常用的

1　此处参照本书最后的插图32。

仅有位于东侧的大门。三座大门突出了这三根将寺庙等分的轴线，不仅符合中国古代思想，同时也符合佛教的"三分思想"[1]（位于院六［Hof Ⅵ］尽头的法堂及其两侧寺庙的布局也体现了这样的"三分思想"）。中央通往天王殿的入口自然是正门，而两侧的偏房则大都充当门房。

天王殿及其两侧门房后方坐落着一座与三者等宽的狭长庭院——院三（Hof Ⅲ）。庭院东西两端各有一间面阔三间的小型建筑。建筑中摆放着供奉神明的佛龛，但该建筑本身很少使用。院四（Hof Ⅳ）比院三位置略高，两院被一堵高耸的护墙隔断，护墙中间设有可供攀爬的阶梯。护墙高3.1米，墙体由多边形岩石及泥浆（用来固结石块、填补缝隙）砌筑而成。墙体内阶梯十分宽阔，石阶较长且表面平整，人们可以借此上行至位于院四的下一处平台。平台围墙均为镂空。院四东西两端分别耸立着钟楼和鼓楼。

院四与院五（Hof Ⅴ）同样由护墙分隔开来。两段阶梯向上通往3米高的另一处平台。中央的栏杆都由石柱、石板组成。南侧每块石板上均雕刻着一条龙的纹饰。所有雕龙都仿佛飞向中间一条为首的龙，其前爪握有珍珠。石板内侧也都刻有雕饰（见插图10-2）。

平台南侧坐落着玉佛殿。玉佛殿进深11米，面宽19米。两个阶梯旁的平台边缘处都设有护栏。玉佛殿北面坐落着法雨寺的主要建筑——大殿。大殿进深26米，面宽43米。大殿前方建有一个放置着五种祭器的大型平台。通往这个平台的主楼梯的中间部分被称为整座寺庙的"神路"。神路通过龙与珍珠的雕饰凸显出来。平台的围栏由石柱与石板组成，上面的雕刻展现了"二十四孝"的故事。平台与大殿台基较矮的一层直接相连，周围围有一圈护栏。人们可沿回廊步行，至东西两端尽头处由阶梯再次回到院内。大殿北部有一方水池，池塘呈四方形，四边皆为砌墙，水中游动着鱼、螃蟹等水生动物。根据佛教习俗，寺庙中常常会喂养一些动物，以示佛祖的博爱与仁慈也会扩及动物界。

院五西侧连接着一座两层高的矩形建筑，其所占区域若用轴线衡量则可达十根（轴线数为偶数，这点非常特殊）。底层前厅为开放型有顶长廊。建筑二层位于长廊之上，由于长廊顶部呈内陷构造，因而起到了延展空间的效果。建筑底层划分为三个部分，三个部分[2]（方位顺序依据上下文推断为自南向北）占地依次为三根、三根和四根轴线。最南侧部分房间西侧中央设有一处简单的、开放的祭台供奉大量纪念碑，上面刻着曾经为法雨寺提供大量援助（通

1　此处作者将佛教的"三身佛""三世佛"等与基督教的"三位一体"概念结合在一起。——译注
2　依据文意自南向北。——译注

常为资金资助）的施主姓名。因此，这间房间被称为"长生碑殿"，象征着寺庙对于这些施主恩惠的记忆将永远留存于此。房间的各个立面各有一张宽敞的炕，来访人员较多时则可供僧人和游客住宿。此时几位木工正在此劳作。

33　　位于建筑中央三根轴线的部分用来存储货物。这间房间因此被称为"杂物库房"。房间外侧的门、窗外部都加装了非常精美的栅栏。

　　北面四根轴线的区域被一间药剂室所占，名曰"化育堂"。"化"意为"改变"，"育"意为"抚养孩子"。顾客区与贩售区由柜台分隔开。而储物区域则与药剂师及其助手的卧室相连。

　　建筑的二层为"云水堂"（占十根轴线）。云水堂专为前来长期礼佛的僧人准备，这些僧人一般在此逗留少则数月，多则数年。他们不是法雨寺的僧人，大多只是在此等待念佛堂或仅仅是禅堂中的一个空位。这些僧人通常需要先通过一次考核方可进入上述两座佛堂。云水堂与北侧客厅前长廊由一段台阶相连。客厅高两层、占七根轴线，由于所处地势原因，客厅要比云水堂高约一个楼层。

　　云水堂西侧连接着一座专为接待僧人和旅客的建筑。类似这种会客的建筑通常被统称为"客厅"[1]。此处客厅有一个独特的名字——"松风阁"。松树是强壮和力量的象征，因而这个名字中隐含着对这座建筑及其居住者的美好祝福，希望它们如同松树一样坚毅挺拔，经风雨而不倒，历磨砺而不衰。这是一座新近完工的建筑，只有一层，占七根轴线，自西向东连接两座狭长的庭院，北侧为院八（Hof Ⅷ）。松风阁只能通过东北角的一段楼梯进入。楼梯下方连接着院五西侧前方第二栋建筑——客厅的南侧前廊。院八西侧尽头处有一间充当厨房及存放器具的小屋。从整体布局来看，松风阁是专为接待前来朝拜的香客而建的客厅。房间中央三根轴线所占处设有一座佛堂，其两侧一边设有两间，另一边设有四间卧室。整个建筑群构成一片独立区域。为了应对大量来此参观的游客，这栋建筑在短期内便速速完工。整个建筑过程之仓促显而易见，建筑细节上也毫无亮点。

　　院五东侧与此对称的位置有一座类似的建筑，只是进深更长。该建筑同样占十根轴线，底层同样被划分为三、三、四根轴线的三个部分，庭院的两侧同样设有长廊。建筑内部同样设置了储物间以及为大量寺庙工人准备的房间。这些工人为了这个庞大的寺庙工程而分工处

1　应为"客房"，作者将其翻译为"客厅"，后文均按作者原文译为"客厅"或"大客厅"。——译注

理着各式各样的工作。

建筑二层整体（包括整个底层的长、宽以及下方游廊）都是僧侣的饭堂。跟前文所述的云水堂相似，此处饭堂与北侧建筑（这里为厨房）的前廊同样由一段阶梯相连，厨房所在位置略高。与西侧云水堂相似，饭堂东侧（狭长的院十三［Hof XⅢ］的另一侧）同样设有一处正在修建的新建筑，用来满足越来越多前来进香的香客的需求。这座新建筑可以通过厨房与饭堂之间一个狭窄的通道进入。其进深略长于饭堂，然而由于地势的原因，其底层所在的台基要比大饭堂的底层高很多（因为地势向东不断升高）。这座占地十根轴线的斋堂一部分建造在山岩之中，因而建筑底层的一侧墙壁同时也成了寺院整体的护墙。院十三将两座建筑分割开来，院中有一条深深的沟渠用来排放厨房的废水及雨水。斋堂底层由一间占地九根轴线的大厅以及四个房间构成。到了夏天，这间屋子通常被用作香客们的饭厅，因此得名"斋堂"。其房间紧连厨房，非常方便。整间房由两排柱子支撑，上面由一个隔栅平顶遮蔽。北面有一条楼梯通往二层（见插图29-4）。位于中央三根轴线位置的是一间供奉着大量小型佛像的佛堂。其东侧为三间为本寺高僧准备的单间，这些高僧被分布在寺庙各处，借以维持整个寺庙的秩序。建筑的侧翼均为走廊，每个走廊都有六（2×3）间或大或小的单间，因此也可以满足各种不同的需求。然而，建筑本身并没有太多装饰，我们不难看出，这座建筑仅仅是为了应对日益增加的游客数量、满足其基本要求而匆忙建成，其建筑过程十分迅速。建筑二层其实就是将一间大一点的房间进行了简单的隔断。

斋堂北面为一间单层的厨房。厨房前廊一段楼梯与北面禅堂前廊相连。厨房前廊南端的外柱上悬挂着一个木鱼、一口锣以及一面木鼓。每到饭点，人们便敲打它们以示开饭时间已到。厨房极为宽敞，北面一堵半圆形围墙围绕着一个大型烟囱，烟囱前则是大大小小同样筑有围墙的灶台。入口对面的墙角处供奉着灶神，神龛后方有一扇门通往储存木柴及排烟的内室。厨房的南部有一些桌子，它们用来顺菜以及摆放厨房工作人员（约20～25人）的饭食。东侧有一扇门通向屋外一座小型庭院。

与厨房对称的位置（位于院五西侧，但事实上已经可以进入院六的平台）为一座双层建筑，同样是一座前文所述的客厅。这座客厅占地七根轴线，东西分为三个部分。东侧为前廊，与屋外相连。中间为建筑主体，其中央较为宽敞的一间为供人闲聊及用餐的会客厅。会客厅中每根轴线所在的位置都具有特殊的意义：或是于墙上悬挂一幅附有箴言的佛像，或是放置一座供奉佛像的佛龛。客厅中间部分北侧一处通道向西通往一处开放长廊。长廊向西敞开，共分两段，北面一段与院九（Hof IX）相连，南面一段与一处狭长的庭院相连，庭院对侧有一处厨房。会客厅南北两侧均为高僧的卧室。东西两侧长廊均可通往此处。客厅最南侧区域仅有一条连接通往西侧寺庙院墙出口通道的通廊。经由这条通廊我们还可以到达上文提到的新近完工的松风阁。

客厅二层共有七间客房，均可通过位于西侧的狭长走廊进入（见插图29-3）。客房中都备有被称为"炕"的木板床，可以供一共37位（6×5+7）客人居住。[1]客厅二层同样可以通过位于客厅北侧建筑底层前廊南侧的阶梯进入。

客厅西侧，院九中的一片建筑，原是为来访客人准备的下榻之所，如今已经被分配给了不再参与寺庙日常工作的资历较老的高僧。我们上文提到的小院子（客厅西侧长廊南段所连接的狭长庭院）旁的第一座客厅共占四根轴线。[2]僧房根据进深分为东西两部分。具体房间布局如下：东侧有一座既可用于消遣也可用于接待和用餐的小厅，南北两侧与卧室相连，北面卧室的北侧为一间小型厨房，厨房外连接一座小院（前文已提及）。小院子南侧同样有一处小型庭院，庭院本身即为通往寺院西门的通道，无法由此进入院八。小厅引出狭窄通道贯穿僧房西侧，通道两端共设三间客房。自通道继续向西穿过庭院便可到达第二座为高僧设立的僧房，该僧房由一座中厅及四间相邻的卧室组成，共分两层。一段狭窄的楼梯通往二层，二层配置与一层相同。上述两座僧房都没有前廊，但屋檐与基座向外延伸，足以让人们不受雨淋。

现在，我们回到位于寺庙中央的主体部分。

自院五北面连接平台、经由两侧阶梯便可到达主院院六（法雨寺第二大庭院）。此外在主轴线上（紧邻御碑亭处）还有一段上行的台阶也可通向院六。台阶中央也能见到如前文所述的（斜置的石面上刻有龙纹的）"神路"[3]。

院六所在平台南侧凸出部分坐落着"御碑亭"。御碑亭后方两侧各摆放一座大型香炉（开口均朝向中央）。两座香炉外围都抹上了泥灰，并有砌墙保护。祭拜时，人们便在香炉中焚烧香和香纸。

---

1 根据文意，其中六间客房可容纳五人住宿，一间客房可容纳七人住宿。——译注

2 此处作者描述非常含混，根据描述应为插图32的院九东南角客房，所指小院子应为客房西侧庭院。——译注

3 此处或指御路。御路，中国古建筑中，在宫殿、寺庙等大型建筑或等级较高的建筑，其台阶的中间部分不砌条石，而顺着台阶的斜向放置汉白玉石或大理石等巨石，石面上雕刻龙纹等精彩图案，这一部分石面带即被称为"御路"。——译注

院六的最北端与大型法堂相连，法堂两侧各有一座较小的寺庙：东面一座供奉准提佛母[1]；西面一座供奉关帝，或者说"关老爷"。

院西侧有一座占五根轴线的单层建筑（实际上是占地三根轴线外加两块扩建区域）。中间三根轴线区域设置了专供青年僧侣礼佛的佛堂。隔墙上悬挂着一些附有箴言的佛像。入口位于东侧，直通建筑中心。出口向西，与一条有遮蔽的通道相接。此外，由于此处有时也会用作会客厅或餐厅，因而其中也相应布置有桌椅板凳。整座建筑东面是一个开放的前廊，前廊南侧有一段同样充当入口的楼梯（整段楼梯都位于前廊内）。南面与之相邻的区域被阁楼分成了两个较低的楼层，被用作储物室。它与入口的通道相连，可通往二层的客厅。建筑北侧区域，从院六这侧来看，是整个建筑的一部分，然而这块区域在北面被扩展成一个独立的茶水室，通向内院院十一（Hof XI）。

在院六东侧有一座令人印象深刻的建筑——禅堂。禅堂为单层，堂前有一条宽敞的长廊，共占五根轴线。其入口（西侧）和出口（东侧）都设置在整座建筑的中间位置。禅堂为本寺普通僧人礼佛之地。寺内年长资深的高僧则在念佛堂礼佛，其规格更高，位处寺庙北部地势最高的平台。禅堂东部同样为一段长廊，长廊连接着狭长的院十四（Hof XIV），院十四一部分已与山岩相接，其院内许多地方都保留着裸露的岩石。这一切都仿佛提醒着来访者，寺庙依山而建（可以说是从山中"生长"出来），与自然密不可分（可以说成是自然的一部分）。

禅堂北面紧挨着几间茅房，均十分干净整洁。继续向北则是一座带有前廊、占地三根轴线的建筑。建筑共分两层，用作客厅，现在已暂时停用。类似建筑，在其中央隔墙的背后（也就是说佛坛或是大厅的佛像身后）均设有一段上行楼梯，二层构造与一层相差无几。

继续向北便可到达全寺地势最高的平台，不过其间需先经过几段结构繁复的阶梯。这些阶梯间并不直接相连，因此还需穿越阶梯间的平台方可到达目的地。这座最高的平台（同时也是整座寺庙北面的尽头）上坐落着一些重要建筑。不过在介绍这些建筑之前，为了让介绍更有条理和完整度，我想先回到寺庙西侧的一片同样重要的建筑群。

院六西侧长廊的延长线上，关帝殿旁有一扇门通往院十一，门上有大量精美的绘画装饰，引人注目。穿过此门，右手端为一座占地三根轴线的建筑，这里便是寺庙财务主管的房间，位于院十一北侧。屋子中央是一间会客厅，里面备有圆桌和椅子。房间中还放置了一个小型

36

1　即为"准提菩萨"，汉译有"准胝观音""准提佛母""七俱胝佛母"等名。——译注

的玻璃神龛，背靠房间北侧隔墙，神龛中供奉着战争与忠义之神——关帝。神龛前放置着一张供桌，供桌上摆放着一些器具和丝织品。会客厅与两间小房间相连，东边一间占据了长廊的部分区域，西边的一间实际上是一个套房，里面还开辟出一个小间用来堆放证书、账单以及其他重要的文书。司职的僧人整天都被大量书目所淹没，只是偶尔才到外面的摇椅上享受一下阳光，聊聊天。房间后方是一座细长的院子。

门后左手端的房间散发着各种令人作呕的味道。人们在进行垃圾处理前，将厨余垃圾暂存至此。同时，房间里还存放有很多装有腌菜的罐子，其气味也让人难以接受。这间房间旁边是我们刚才提到的茶水室。

院十一西侧是一座占七根轴线的两层建筑，事实上它同样是一座客厅。位于一层中央三根轴线的区域设置有一间用来会客和用餐的会客厅，会客厅中悬挂着附有箴言的佛像。房间通常对外敞开，房前的长廊有一部分延伸进屋子，使得房间显得更为宽敞。会客厅中央摆放着一座神龛，其后是一段上行楼梯。客厅二层有一个贯通全层的狭长走廊，走廊周围则分布着大小不一的客房，每间客房都配备有宁波样式的床。一层北面占地两根轴线的偏房中还设有四个房间——一间会客室以及三间客房，它们与一座小型庭院院十二（Hof XII）相连，院中有一座被护围起来的花坛，十分醒目。灌溉花卉的水源来自佛顶山的一口清泉（这座寺庙正建于这座山上），人们用竹竿作牵引，将水引至寺庙。院的北部有一片露台，上面种满了树木、竹子以及灌木。

为我安排的房间正是这三间客房中的一间。由于地理位置优越且配置上佳，我的房间明显优于其他房间。房间布局总体来看较为合理，不论是配置还是大小都好过其他房间，算是为普通来宾所准备的最佳客房之一了。但我的房间还远不及这里最好的房间（这一点我们后面还将提到）。到了寒冬，由于它四周皆有建筑物遮蔽且房间本身空间较小，反而让居住的人感到惬意。每间房间都配有两到三张床，以及桌椅、梳妆台、一个柜子。会客室中安放着一张圆桌、几把椅子以及几张小桌子。入口正对面的墙边摆放着几个锡质的仙鹤状烛台（烛台上的仙鹤将自己的喙转向身后），烛台旁边放置着镜子、花卉以及一些祭器。

客厅南边两根轴线所在区域为分发给养品及经书的僧人所住之处。分发室中设有一些必要的橱子、柜子以及分发时使用的桌子。

客厅西面为一间长方形的厨房，由一条狭长的通道隔开，两座建筑的屋顶将这条通道完全遮蔽起来。厨房里还划分出很多功能不同的房间，有的用来充当伙房，有的用来充当准备室，有的则用来储存柴火，还有的用来满足其他的需求。这里同时也是整座寺庙的最西端。

院十一南部的茶水室附近（环绕庭院的长廊以南）有一个向南的出口通向外部。出口向东走便可到达客厅（前文已提到）背面。同时这个出口还会把人引向一段有顶遮蔽的通道，通道的窗户朝向西侧，那里有一座狭长的小院。院子南端有一处茅房。

出口向西则通往院十，院内有一座占地五根轴线的大型客厅，客厅共两层，配有前廊，十分典雅。中央三根轴线非常宽阔，构成了雄伟的会客厅，房间中央放着一面大镜子和一座大型坐炕，两侧摆放着做工精良的桌椅板凳。偏房中还有几张桌子以备不时之需，窗前有几张半圆的桌子用来上菜。会客厅四角各有一扇门，可由此通往客房，每间客房均配有两张床。神龛后面还有一间房，仅仅用来储物。上行楼梯位于会客厅东北角的客房，因此这间客房与其他客房相比稍小，仅配置了一张床。

二层划分为走廊、若干客房以及中厅（但这里仅仅是一片位于中央的空地）。院十西侧设有一间带棚顶的库房，用来存放器具、柴火。整个院子的北墙前都有带围栏的花坛，里面种有大量花卉。很奇怪的是，整个侧院中都没有种植树木。仅仅在主院的中轴线处有些许浓荫蔽日的大树。院十游廊西侧的尽头处有一扇门，穿过门后的一段通道即可通往一座有六个坑位的茅房，茅房十分干净。茅房中墙壁的夹室里甚至还供奉着一尊神明——厕神。

最后我想在这里做一个回顾，让我们一起回到需经过复杂阶梯才能到达的平台（位于法堂北侧）——回到那个地势最高的平台上，在那里坐落着这座寺庙规格最高的建筑群。

1. 位于中轴线上的是一座占地七根轴线、供奉寺庙创建人的大殿，由于本寺创始人为达摩，因此这座大殿被命名为"达摩殿"。达摩殿东侧为方丈卧室，西侧则是为其他一些高僧准备的房间。达摩殿二层为藏经阁以及大量卧室。

2. 念佛堂位于寺院东北角，其底层是一座纪念堂，纪念本寺的历代住持及其他本寺高僧。纪念堂的旁边有几间卧室。二层专供虔诚卓越的高僧在此诵经礼佛，因而这层才是真正意义上的念佛堂。

3. 达摩殿西侧是一间厨房，呈狭长形。再向西则是一座占地三根轴线、接待贵宾的客厅。客厅底层设有典雅的接待大厅；二层会客厅稍小，与四间客房相连。这里所有的陈设都极尽雅致。

4. 继续向西则是珠宝殿，建筑本身就是一件无价之宝，配有两间卧室。通往二层的楼梯位于西侧走廊（走廊通向该楼与全寺最西侧建筑间的走道）。二层均为卧室，中央位置为一楼

38

图34　法雨寺前的莲花池与桥梁

佛堂的延续，一直通到屋顶架。

5.西面最后一座建筑（同时也是整座寺庙的西北角）共两层，上下两层的中央各有一个小型的会客厅，两个会客厅各连着四间卧室，供比方丈等级略低的高僧休息。

一些佛教寺庙（例如宁波的天通寺）会为那些年迈体衰、不再适合严守戒律的高僧设置一片区域。法雨寺中似乎并非如此。寺中年迈高僧大都住在念佛堂，其他少数或独居在寺庙附近的房屋中，或住在其他一些隶属于法雨寺的小型寺庙中。

本部分主要介绍了法雨寺的基本布局，接下来的一部分中，将会对各个局部进行详述。

三　寺庙入口

39

池塘与桥梁

法雨寺前设有一方池塘，我们可将它视为整片寺庙建筑群的起点。池塘呈不规则的四边形，四周笔直的围墙由花岗岩方石精心打造而成，其中仅有一小段未加装饰。

依照中国古代习俗，宫殿、寺庙，甚至是一些重要的陵墓前方，都需安排一处活水。即便时至今日，也仍有很多新建建筑遵循这个习俗。首先，这点从技术角度来看非常容易解释。这种水域可以在暴雨如注的时候帮助排水，保持建筑的干燥。其次，从信仰层面来说，在中国人根深蒂固的想法中，这种水域在风水（参见第六章中的"风水"）上被视为一种宗教要求。最值得一提的例子当属位于北京的清朝皇陵，在那里就有大量规划好的河流以及一个完整的桥梁体系。再次，这种习俗也会令人联想到最初环绕宫殿（或者至少位于宫殿前方）的护城河（我们如今还可以在位于北京的天坛找到实例）。最后，则是由于中国人对于水的整体偏爱。这种偏爱不仅体现在日常生活当中，在中国人的诗歌、艺术、宗教以及哲学思想中水都占据着重要位置。

附近山上的水流皆注入法雨寺前的这片池塘，再由位于池塘东南角的堤坝导入一条排水沟，流向附近一片宽阔的海域，最终汇入无尽的大海。人们据此给池塘上方的桥梁取名"汇海桥"（汇聚水流，最终归入大海）。事实上这个名字背后还另有深意。"汇聚水流"隐喻着人的所有思想、苦难乃至整个人生都汇聚于一点，即对永恒真理的思索。而这苦苦探寻的真理便存在于佛及佛法当中。"归入大海"则意味着人带着对这份真理的执念，踏上前往无边佛海

40

插图7-1　法雨寺莲花池上方的拱桥

插图7-2　围栏上的石雕

插图8-1　角力的山羊

插图8-2　菊花丛中的母鸡

插图8-3　水牛与骑者

插图8　莲花池上方的拱桥及其围栏上的石雕

图35　法雨寺入口处的照壁

的征程。这座跨越池塘通向寺庙的桥梁便是人们承载着所有的苦难与欢乐、带着毕生的追求、潜心笃行后进入无边佛海的通道。

　　这是一座由汉白玉砌成的单拱桥（见插图7-1）。桥身正中为一处平台，平台四角各放置着一个雕有花纹的鼓状石凳。桥上栏杆为光滑的四边形石栏，每根石柱上都蹲坐着一只石狮。石栏之间的栏板内侧大都有十分精美的雕刻（见插图7-2）。平台上共六块（2×3）饰有精美雕刻的栏板，雕刻的纹饰与文学和经书有关，即笔墨纸砚。此外还有几处雕刻巧妙地展现了精美的人像。即使是鲜有人关注的地面也有一大圈雕刻纹饰。两段扶梯栏板的雕刻则展现了田园生活的图景，例如相互角力的山羊、公牛、狗以及大量罕见的岩石、树木，偶尔也有一些人像。这样一来，人便与自然融为一体，或由自然中突显出来。雕刻中的人观察着动物的活动。这本是一个内心活动，但在这里通过一种简单且流畅的方式展现了出来（见插图

8-1）。一个雕刻画面中，两只山羊正奋力角斗，旁边还站着一只愣愣的小羊。这一切尽收森林之神眼中，此时他正在树枝下惬意地观看着人世间愚昧可笑的行为。整个场景刻画自然，线条优美。雕刻在上方边缘栩栩如生的枝叶让我们不得不惊叹其写实性。这种细腻的艺术在其他浮雕中也可以找到。另一块栏板上，一群母鸡正在菊花丛中玩耍，一只公鸡突然惊讶地发现了岩石中有一个男人正在凝视它们，而那群母鸡对此却还浑然不知（见插图8-2）。还有一块栏板上，一位骑在水牛背上的牧人正在阻挡其他水牛的攻击。旁边一只小牛犊玩得累了，懒洋洋地窝在一边（见插图8-3）。工匠们将这些身形庞大的动物巧妙地安置于画面内，并刻在短短的栏板上，这样的构思和工艺着实令人惊叹。此外这些能工巧匠通过动态的轮廓、生动的装点、雕琢细腻的枝叶，以及流线的水纹和顶部角落处的飘逸的云饰，使得原本笨重硕大的水牛身躯变得柔和了许多。

桥后为一片由松树、柏树、无花果树以及竹子组成的小树林，法雨寺正隐匿于丛荫中（见插图7-1）。法雨寺建于山中，一条上行的山路不仅可通往上方的一些寺庙，还可抵达处于全岛至高点的灯塔。整条道路两侧鲜有植被，直到很高处才能看到那些环绕着寺庙、陵墓的小树林。

这座桥竣工时间不长（大约只有20～30年），这也更能说明，今日的中国工匠仍在大量运用古代的雕刻艺术。

照　壁[1]

41

位于寺庙南侧充当屏障的一堵墙壁被称为"影壁"或"照壁"。"照壁"的存在隐含着一个深刻的思想，这里我想详细讲述一下。因为这里的介绍不仅仅停留在建筑的表面构造，同时还要对其内涵进行挖掘，因此我们有必要将这面墙作为一个开端，从这里的阐述开始，慢慢揭开探寻整座寺庙的序幕。此外，中国文化将人内在的思想、感受同生活现象以及其他体现精神内涵的外在形式融为一体，因此在介绍寺庙时也应当将这种思想内涵与外在表现的独特性统一表现出来。不论是哲学、宗教以及诗学思想还是日常生活需求，抑或是其他或大或小的表现形式，都能在它们的相互联系、相互作用中找到解释。

---

[1] 照壁，又称"影壁""照墙"，为设在建筑或者院落大门里面或者外面的一堵墙壁，面对大门，起到屏障的作用，同时也是一种极富装饰性的墙壁。——译注

在中国，不论是寺庙、宫殿还是普通住宅，都拥有一个自己的世界，拥有一套属于自己的系统，即便从最小的细节当中，也能看到居住者本身的思想，透露出他们的教育背景及生活习惯。建筑物本身，不论其大小，都蕴含着生活的意义，体现着一种特定集体的生活方式（例如通过住宅可以了解一个家庭的日常，通过寺庙可以解锁僧侣的生活方式）。

人是自然的一部分，正如大自然中的万物一样。自然中那种无处不在的力量同样作用在人的身上。人无法超越自身存在的限制以及万物皆逝的法则。即使人为了满足自己的需求不得不诉诸艺术，创造了新的、陌生的形式，那也只能看作是暂时背离自然的权宜之计。人对于自然的依赖，和与自然之间的统一并不会因此改变。这种世界观逐渐发展成为一种宗教思想。中国人抱着一种虔诚的心态，试图将这种思想通过各种符号、象征的形式展现在建筑的入口处，不论是在寺庙还是寻常的住宅中。这样做一部分出于居住者本人的主观意图：为了时刻提醒自己人生的真谛和宗教的道义，以此来约束和规范自己的言行；另一部分则出于客观原因：这是对神明敬畏的体现，所有神明的集合代表了整个世界的思想和精神，在其面前渺小的人类如浩瀚大海中的一叶扁舟。

这正是在中国几乎所有寺庙、住宅入口处都必备的影壁所体现的思想内涵。这样一种设计将内室与外界的纷扰隔绝开来（即使是从表面意义上来看，它也阻挡了外界试图窥探的目光）。此处的主人可以说："这是我的地盘（国度）。"这说得一点儿都没有错，因为除却这堵照壁，主人的地盘还由完整的院墙包围。当然，这是对于照壁略带贬义的负面理解[1]，认为其功用在于防止外界侵扰，故称之为"影壁"。中国人向来善于将一切精妙细腻的思想抽象化，并用象征的方式表现出来。在这里，他们将这种外界的侵扰带来的影响视为邪灵，对于"影壁"，我们这些外国人称其为Geistermauer（"灵壁"），从这一点上看，至少我们的理解还算正确。[2]因为其功效正在于防止外界邪灵进入墙后的内室。尽管如此，我们还是要明白其背后隐藏的深意。

从积极的一面来看，这面墙表达了人们在私人空间内（家中或寺庙中）所设想的愿景，这是一种包罗万象的思想。"影壁"还有一个不太常用的名字，叫作"照壁"

---

1 此处为何是"负面意义"从原文字面难以理解，猜测因为"影壁"德语直接翻译为Schattenmauer。中文中的"影"翻译成德语为Schatten而在德语中Schatten有背阴、阴暗的意思，因而这里作者认为这样取名是对其的负面理解。——译注

2 德语常见的对于照壁或者影壁的翻译为Schattenmauer, Schatten意为影子，Mauer为德语的墙壁，或者Geistermauer, Geist意为鬼魂、幽灵，此处作者正是取后者而对这个德语的合成词依据语境进行的阐释。——译注

（Spiegelmauer）。就像一面镜子一样，一方面它应当如同老子一般汇集世间之道，反映出永恒的思想。[1] 而另一方面，这些汇聚的思想也应该通过镜子反射出来，投映在建筑物上，注入居住者心里。这种想法跟我们西方童话故事中的魔镜有异曲同工之妙。镜子中呈现的画面并非光的直接反射。人可以看到一些随机、独立的图像，并为之触动或兴奋（不论是善的还是恶的意义上）。总之，依照东西方的文化，镜子里展现的都并不是如其玻璃表面所真实反射出来的图像那样简单，它们反映出来的其实是真正的思想、灵魂，我们也可以说，是神明的显现。

因此，中国人在这面似镜子的照壁上，通过其雕刻中所特有的形而上元素，表现着自己的世界观。这点在中国官府衙门门前的影壁上表现得最为明显。这些地方的影壁上常常能见到类似老虎的雄壮神兽，周围被山水和云朵所围绕。这些雕刻技术精湛，在形态、尺寸以及色彩搭配方面令人咋舌。然而，这并不是用于起威慑作用，而是为了展现大自然神秘而又凌驾于万物之上的强大统治力、万物的自然本性，以及万物无法摆脱生长与消逝的自然法则而对自然的臣服。同时，也是要求充满征服欲望的人类面对自然应当心怀敬畏，提醒我们要自省，要将知行与自然精神协调统一，劝诫人们从善、守义。老子第一次将这种思想完整地展现在他不朽的《道德经》中。

这种思想在中国的寺庙中得到了更细致和深刻的表达，尤以佛教寺庙为甚。法雨寺的照壁就是一个极好的例子。通过它，我们很容易便了解到这种思想的核心。整面照壁由一块（位于中央的）水平墙面以及位于两侧的两个倾斜的侧翼组成，侧翼连接着寺庙的院墙。墙体正中央（影壁心）的位置（同时也是整座寺庙中轴线的位置）有一个圆形图案，其边缘被加以精心修饰且呈隆起状（如同一半由烧制的黏土、一半由染色的石灰石制成的雕塑）。

这座圆形砖雕展现的是著名的"二龙戏珠"。两条巨龙腾飞于山水上，穿梭在白云间。接下来我将着重介绍"二龙戏珠"所表达的内涵和意义。

水、气、土是构成事物的三大基本元素，世间万物都由这三种元素构成。人和动物也不例外。包括人和动物在内的世间万物都不过是在特定时间以自己独特的形式，漫迹于这个星球。待生命殆尽或新一轮周期将至时，世间万物则将重归自然，化为最初的三大基本元素。因此，世间万物都处于永不停滞的动态中。无论是时而和缓、时而湍急的水流，还是时而奔

---

1 有人将老子比作一面浓缩了世间万象的史镜，人们通过这样一面小小的镜子便可获悉世界的奥秘。——译注

腾、时而释放雷电的云雾，抑或经历着繁荣与萧条、年年都展现出新面貌的大地，一切的运动变幻皆由自然之力推动。而自然本身随着万物不断的成长和消逝，也处于永恒的运动中。这是一种神秘的力量，看不见、摸不着，却又真真切切、强烈、不容逆反地作用着。而象征这种力量的（在中国文化中）正是神龙。

回到前文提及的"二龙戏珠"图。图中的双龙有两种解释，一来，这是一种"二元性"的体现，任何与生命相关的地方都无法摆脱雌性和雄性这两个集体；二来，倘若独自嬉戏则枯燥无趣，此时一个异性的同类便成了理想"玩伴"，因此戏珠的二龙都是成对出现。"戏珠"在这里并不是简单地嬉戏，中国人认为龙在"戏"的过程中可以创造和改变万物。嬉戏的神龙在玩耍中改变着世界——或改善或摧毁，它随性地主导着万物的产生和消逝，其轻松的样子如同玩弄人类命运的希腊众神一般。

我们再来看一下"龙珠"的含义。世间万物皆有缺损、皆有终了，因而无完满可言。然而在生活中，我们偶尔或因心情愉悦而认为某一杰出的作品已经达到了某种理想境界，代表了一种纯真永恒的真理，其光芒闪耀在半明半暗的世俗世界及其庸常的发展进程中。这种理想的境界，这种极其罕见的某一片刻的完满，正是双龙所嬉戏的宝珠。正如龙无法将宝珠握入爪中一样，人类尽管不断探索，却也永远无法企及这蕴含世间所有奥秘的真理。然而这颗真理的"宝珠"也会自己显现出来。除老子、孔子及佛家的学说外，中国历史上还有很多"宝珠"显现的例子。这"宝珠"便是纯洁的品行，便是真正的智慧，它既存在于庙堂之上，也出现在江湖之中。正因为这是大自然给予我们的最珍贵的启示，我们才不能去掌握和控制它，因为东西一旦占有便会贬值。正因为如此，两条神龙也仅仅是和宝珠戏耍，并不想要抓住它。中国人将宝珠视作一个由神龙守护的理想，是一个无法驾驭而只能凭借虔诚的愿望、纯洁的心性以及超凡的智慧才可达到的理想。这一点与道家、儒家以及佛教的思想相吻合。这一切都被刻画进这个圆形雕像中，由此看来，它象征着整个宇宙。

这个圆形雕塑中还有一处值得注意的小细节。双龙下方有一条小鱼畅游在神龙吐出的水中。水是神龙自身的元素，水源往往被看作神龙（龙王）的馈赠。因而，人们往往会在水源附近建一座庙宇用来供奉龙王。神龙吐出的水纯净圣洁，象征着无雕饰的自然本性。沐浴和饮用这样的水意味着取用了智慧之水，每个时代人们也都会用此圣水来消除迷惘。此外，神龙本身也代表着自然，它以自然为居所，时而翱翔于空中，时而穿梭于石间，时而畅游于水中，同时自然中的每种元素（水、土、气）都汇集在它的身上。因而，鱼在神龙吐出的圣水

44

图36　牌楼

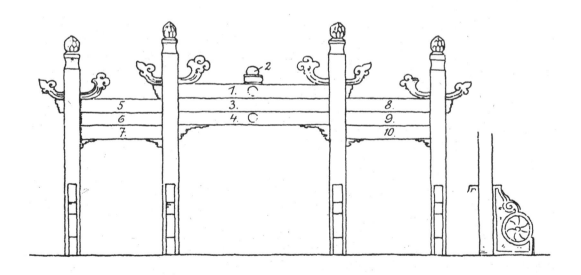

图37　牌楼草图

中沐浴,不仅是吸取智慧之水以让自身与神龙接近,慢慢达到完满;同时也是一种对最纯真的自然状态的回归。这样的意象由来已久,在中国,经常可以看见鱼被龙吞噬的画面。此外,山东有一个古老的浮雕上展现了鱼(代表着人自身)的一半变成龙身的样子。所有这些都体现了人与大自然融为一体的思想。而这也暗示着人类在探寻真理、接近完满的征程中必经的一条道路:饮用龙泉,在智慧之水中沐浴。也即人通过汲取智慧,回归自然本性,让天性达到最纯真的状态,最终接近完满。

圆形砖雕周围还有一圈图饰,是祥云和均匀分布的五只鸟。在中国,雕饰中的飞行动物通常是象征智慧和福运的蝙蝠。而鉴于此处为海岛,周遭都是大海,因此蝙蝠便由具有地域特征的海鸥取代。这些海鸥脖颈优美,然而从翅膀的轮廓中还是能见到蝙蝠的身影,由此可见,这里的雕饰同样象征着智慧与福运。雕饰中的鸟类多为白色、雌性海鸥,这一形象正是为了配合本岛供奉的观音大士。观音大士正是通过她的慈悲帮助人类寻得通往完美的道路。

这条特殊的道路(这条通往极乐的道路)通过六个由音节区分的藏文字符"嗡嘛呢呗咪吽"(六字大明咒)展现在这座照壁上。事实上莲花中的如意宝珠便已指明了这条修身成佛之路。由此,我们已触及佛教思想的精髓。而在这座寺庙以及后面的寺庙中,我们还会继续体会到佛教思想与中国人世界观的相互联系与融合。

如果说六字大明咒道出了通往极乐的方式,与"二龙戏珠"所表达的思想相符,那么我们可以在照壁上半部分的中央区域(与前文提到的鱼的纹饰趋于平行)找到人在佛教中的形变意象。此处浮雕所展现的故事一半是依据史实。浮雕中,著名的玄奘和尚(也就是中国人口中常说的唐僧)身披袈裟、手执佛杖自天竺之行返程。玄奘此行收获颇丰,带回了大量的珍宝——圣贤的遗物、经书,并受到了委托其前往天竺的统治者最为热情的迎接。在其左侧可见到三个人型兽首的妖怪。这都是他的徒弟。他们或愚钝无信仰,或罪孽深重,抑或不懂开化救赎、思想上与动物无异。与之对应地,在玄奘右侧也有三个人物形象。他们是已摆脱了兽性的得道之人,眼神里充满了自豪与率真,而他们正是左侧那三个妖怪修行后幻化而来。这个奇迹正是真经的效果。对于真经的研读正是通往得道的道路和通往人性的真理、修身成佛的道路。

类似(龙形)主题的浮雕同样出现在建筑物的屋脊两端(不论是在房屋顶部正脊两侧,还是像这里在影壁脊部两侧),虽然不断重复相同的主题,却又总能获得新的内涵。两个龙首(龙吻)张开大口将屋脊吞在口中,并用自己的力量守护着整个房屋的顶部。在中国人的观念中，化身成龙的意象与佛教中修身成佛的思想恰好契合（事实上对中国人来说，佛教是一种舶来品，而源于本民族的龙的意象则更深入人心）。在追求完满的路途中难免遇到外界各种各样的侵扰，因此人们会在屋脊的尽头处（原本放置龙首的位置）设置如战士、将军或著名统帅的形象，以抵御这些困扰，与潜伏于自然之中的恶灵抗争。这些将士代替此处的神龙，守卫自己的地盘。在宁波以及附近其他地区（甚至在整个华中、华南）都有大批这种身骑战马、手持武器的将军雕像立于屋顶。

影壁中央墙体上的佛教图案是抵御恶灵的武器，它们由造型精美、寓意深刻的莲叶包裹，受其庇护。两侧的"八字"形影壁上雕刻的则都是在中国文化中象征着幸福、长寿的符号。　　45

通过上述对照壁内涵的阐释，我们能看出其所反映的人生真谛与信仰。接下来，这些呈现于照壁中的真谛与信仰思想将被投映到寺庙建筑中。当我们对主题思想有所了解后，便可以开始我们的探索之旅。我们将把这些包含万千的道义看成一件完整的艺术品，探寻其在寺庙建筑细节中的具体呈现。

牌　楼

北面紧挨照壁的是一座花岗岩制成的牌楼。我们可以将它看作一条通往认知与救赎之路的入口。

牌楼的结构十分简单，与普通木质牌楼一样（图36为牌楼右侧视图）。四根立柱横截面为正方形，每根立柱上方都配有一个做工精美的柱头。四根立柱间的区域被分隔为三间（"三间四柱"），每间上方各有两根[1]带有雕饰的坊梁。现将这些带有雕饰的坊梁（依照图37显示）一一编号、逐一介绍。

牌楼南侧　　46

1　四条神龙（两侧各两条）逐向位于中央的"寿"字（见图37）。横梁上方为2。

2　一颗带有底座的宝珠。

3　篆刻着铭文的雕饰石板已破碎，只有尾部的两只石狮还依稀可辨。它们位于一块饰带中，而这块饰带曾是铭文的背景板（见图40）。

1　此处原文为两根，图37显示为三根。——译注

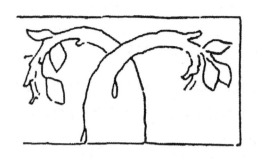

图38　两根枝杈，参见本页正文中的6

4、7、10　中间为"寿"字。在其末端雕有一条河流，流向一片缠绕的藤蔓。

5、8　藤蔓饰带。

6　一根粗壮的树干上分出两个结有杏花的枝杈，两根枝杈交叉延伸向两个方向。这幅图像构成了中国古代的一个意象。其尾部各有一根结有菊花的茎。

9　岩石中长出两个坚韧的枝杈，相互交叉。树枝的末端伴有细嫩的枝芽，枝芽之间飞翔着两只凤凰。

牌楼北侧

1　四条神龙（每侧两条）逐向中央一颗宝珠，宝珠镶嵌在龙门（龙门带有石柱、石顶）之上（参见本章第六节《大殿》的《柱础与龙门》）。

3　（与南侧相似）两只石狮由两头石象代替。

4、7、10　与南侧相同。

6　一根树干上生出了长有菊花的藤蔓。尾部为两棵雕刻精良的棕榈树。

9　两只趾高气昂的白鹭立于一片水生植物中（主要为莲花），底部石头呈风火轮状，里面生动形象地刻有藤条状纹饰。

旗　杆

牌楼后面的院二中，有两根高耸的木质旗杆立在石质基座上。这种旗杆几乎是所有办公

图39 底部石头的纹饰

建筑以及每座寺庙前的标配。旗杆通常高8～15米。旗杆上半部设计了一个类似梳楼的结构，用来升旗、置灯。旗杆顶部为一个金属或是上了釉的黏土制成的球冠。这是一种塔门[1]的理念，与私人住宅门前、寺庙入口处的石狮有异曲同工之妙。

石 狮

前往天王殿的阶梯两侧各有一只汉白玉制成的石狮。石狮蹲坐在一个较矮的底座上方，头部侧向中轴线（见图41）。位于东侧[2]的狮子前爪按住一个石质绣球（由此形态可断定其为

---

1 此处指埃及建筑中常见的双塔式门。——译注
2 关于石狮位置：一般都是左雄右雌，符合中国传统男左女右的阴阳哲学。但是石狮子在大门两侧的摆放都是以人从大门里出来的方向为参照的。当人从大门里出来时，雄狮应该在人的左侧，而雌狮则是在人的右侧；而从门外进入时，则刚好相反。有些建筑物大门如里外都有一对石狮子的话，门的外面（也就是进门方向）是雄狮在右侧，雌狮在左侧；门的里面（也就是出门方向）是雄狮在左侧，雌狮在右侧。也就是说，如果从大门里出来的话，门的内外两侧左边一定是雄狮，右边一定是雌狮。——译注

71

图40　牌楼及天王殿

雄狮）。狮子的脖颈处环系着一颗铃铛，张开的大口中含着一颗小石头（此处的石头是固定住的，但通常都会是一颗可以活动的石头）。两头石狮的毛发均微微卷起。位于西侧的石狮（通常雌狮为此形态），后爪放置在某种编织物上，而两只前爪则像双手一样护着一颗绣球。雌狮双口紧闭，几只幼狮在雌狮腿间窜来窜去。

47

　　这种入口处的石狮雕像不仅出现在寺庙，在家境殷实的商人或官员府邸前及寻常百姓的家宅门前都经常可以见到。两只狮子通常为一雌一雄，代表中国文化中的阴和阳。因此石狮并不是简单用作装饰的雕像，其形态构造是文化和思想的鲜活写照。类似的石狮雕像在我们欧洲也能见到，但两只狮子通常追求形态上的对称，并无思想内涵。由于缺少这种超越了纯粹装饰作用的内在思想，我们那种如同纪念碑式的建筑会给人一种刻板的感觉。

图41　四大天王殿

四　天王殿与两侧长廊

　　天王殿是佛寺中常见的第一重殿，主要供奉弥勒佛（未来佛）以及四大天王（天庭的四大天门的门卫）。

外　观

　　天王殿的屋顶与寺庙中众多殿堂的屋顶相同，均为典型的高规格建筑。其顶为重檐。上檐分为前后坡面，两侧为山墙，正脊两端设龙吻。下檐四周对称，四根角脊末端大幅翘起。正脊两端沿前后坡向下垂落（四段）垂脊，垂脊越过屋面一直延伸至上檐的檐边附近。恰恰

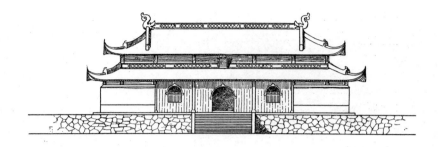

图42　天王殿正视图与平面图

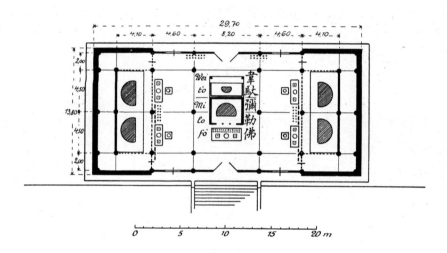

图43　天王殿正视图与平面图

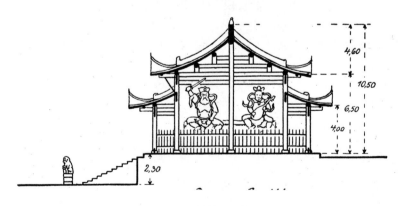

图44　天王殿截面图

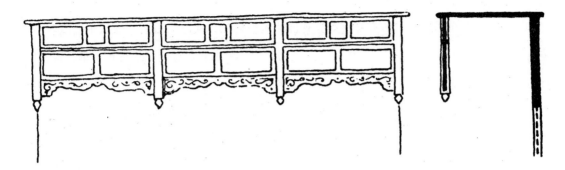

图45 弥勒佛神坛上方的冠饰

是这些长长的、没有间断的屋脊线（当然，檐边也包括在内）让这个建筑看上去呈自成一体的封闭状。然而，四端翘起的檐角则减弱了这种效果。整个屋顶覆盖着灰色的瓦片。正脊部分同样由瓦片构成，呈镂空状。四块书有汉字的石板将整个正脊均分为五个部分。 50

南侧上书"佛光普照"，这是对佛学（影响力）的真实描述。

北侧上书"国泰民安"，这是佛学对于整个社会的实际意义。

檐边由于下方橡木的存在而分成两层。通常，规格较高的建筑出檐下方均会运用大量斗拱；天王殿上檐下方却没有，而是使用简单的阳台、围栏外观取代了呆板、封闭的墙面。两层屋檐之间的中轴线位置悬挂着一块倾斜的木质牌匾，上书金色大字"四大天王殿"。

建筑背面（北面）一块类似的牌匾上写着"普泽烝民"（当处于疾苦中的民众向神明祈求时，菩萨便会降福于民。神灵的恩赐会像甘霖一样洒向广袤的大地）。这也是对"法雨寺"这个名字的阐释和呼应。

大殿立面中央的三块区域均由带有压缝木条的木板组成，木板上漆有红漆。木板上的门窗呈半圆拱形，拱形顶端线条流畅，周围环绕着狭长的雕饰。窗户部分配有木质栅栏。旁边两侧水泥砌成的墙体底座为黑色，墙面为红色。

殿 内

殿内可见的梁架结构如橡子、柱子、檩、梁等均为木质，漆了红漆。

弥勒佛佛坛

天王殿中轴线的位置上坐落着供奉弥勒佛的木质佛坛，底座为石质。佛坛正面隔着一层玻璃，侧面雕饰十分精致、平滑，极具自然主义风格，雕饰表层镀金，绘有花、草、竹、鸟、石的图案。佛坛上方冠饰呈镂空状，镂空处呈各种大小不一的矩形。冠饰与佛坛一样也带有各式精美雕纹。佛坛内、玻璃后端坐着弥勒佛。佛像全身镀金，整体呈现出其招牌式形态：光头，袒胸露乳，肥胖的肚子裸露在外（这里还画上了一些黑色的毛发），肚脐十分明显。除却这些，佛像全身被一袭皱巴巴的长袍所覆盖。佛像脸上泛着友善的大笑，夸张却无走形之感。

"弥勒佛"乃"未来之佛""弥赛亚""弥勒"，通常被尊奉在寺庙的第一重殿之中，一直以大肚便便、开怀大笑的形象出现。关于其大笑的含义，众说纷纭。对此，杭州府西湖一座寺庙中的对联如下解释道：

说法现身容大度，救出世人尽欢颜。

佛坛前方放置着一个简单的木质供桌，供桌前端仅有三小块区域刻有镂空的花纹。供桌上放置着一个漂亮的、可以放下30根蜡烛的烛台。烛台长95厘米、高56厘米（包括蜡烛长度）。两侧各有一个大型的圆形雕饰，雕饰带有藤蔓形的回形花纹；烛台两端的纹饰为两条张开大口的神龙，周围有花朵点缀。供桌上放着几个玻璃灯笼以及一个瓷制香炉。桌前设有一个木质功德箱，上方开口，侧面置有供人将善款取出的小门。功德箱构造简单，目的明确，用途一目了然。箱体正面刻有几句赞美的箴言。

韦驮佛坛

弥勒佛像后面还有一个木质佛坛，同样为玻璃罩，里面供奉着佛教的守护者——韦驮。佛坛通过两根木柱与供桌连接在一起。上方横匾上书"护法降魔"。

韦驮佛坛纹饰与弥勒佛佛坛大致相同，但是更为生动。其纹饰展现了两只狮子、一只深山中的野鹿以及一些简洁的佛教符号。玻璃后方的两根木柱下面分别与两块雕刻精美的木板相连，它们是佛坛下方的栏板。整座佛坛大部分表面有一层镀金，只有少部分漆上了红色和

图46　弥勒佛供桌上锻铁制成的烛台

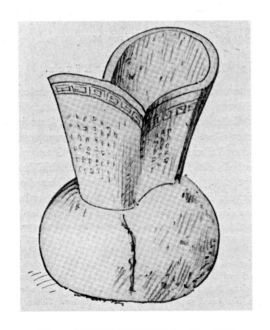

图47　石质底座的铸铁香炉，高80厘米

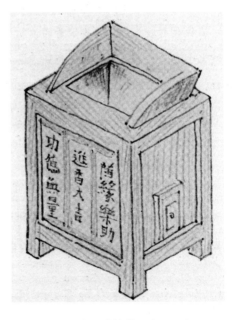

图48　木质功德箱，高70厘米

绿色。由于玻璃反光无法拍照，因此我在此只能在缺少图像的情况下进行纯粹的文字描述。木板大小均为24厘米×34厘米，木刻内容与佛祖救世有关。

　　1.北面西侧——佛陀手牵马匹从一个富丽堂皇的大门走出。马匹的四蹄各由一位头戴王冠的国王背起。其弟子（一男一女）走在前方，手持长棍与旗帜，一个在佛陀前方不远处的人[1]正回身望向他。所有人均腾云驾雾。背景：城墙、城垛、城门以及群山。

　　2.西面——佛陀解下佩剑，端坐在一棵大树之下。其弟子车匿（Tchhanda）[2]跪于身前，双手抬起。其后为跪卧着的马匹建陟（Kantaka）[3]。在他们的左侧偏上的岩石间有一位猎人，头盔上镶有牛角，手握弓箭，身体朝向佛陀。此外在左上方的浮云间有一位女性注视着他们，她双臂藏于袖中，微微上抬，身旁一位女弟子手持木棍和旗帜。

　　3.北面东侧——一张桌子后方华盖（撑起华盖的桅杆环绕着神龙）下端坐着正在哭泣的佛陀的妻子——圣妃耶输陀罗（Yasodhara）。圣妃身后的两位女仆端着古代式样的大盒子。还有一位女仆站立在王座前方台阶旁。Tchhanda和衣跪在王座前，身后跪着Kantaka。桌子下面有两只正在玩耍的猫。

　　4.东面——下方的正中央有两名决斗的战士，他们看上去粗犷彪悍，正摆出中国式的打斗姿态。其中一位手持宝剑和长矛，另外一位手持双鞭，两人背后都插着旗帜，看上去如同中国的戏剧演员。两人各带着两位随从，低着头，手持盾牌与武器。左上角有一位提婆正端坐于浮云之上，身后带有光环，提婆与其身后的两位随从从整体看来都是正常的人形模样。左侧下方有一位挂须的男性，他身着长袍，躬着身子，手持一把扇子，淡定自若地观望着决斗。右侧上方（背景中）有一扇敞开的大门，大门两侧有两个武器架，上面立着长矛以及其他各种武器。

　　类似这种极为生动、简明的雕刻形式常见于宁波、苏州、杭州，在上海的一些寺庙中也能见到类似雕刻（这些寺庙可能由上述等地的工匠设计建造）。这些雕像不论是在头部还是衣着或是姿态等细节的处理上都十分精细。即使是人物群体的雕刻也能使人清晰地看清其中的

1　文中为eine Figur，因为缺少图片参考，所以无法准确判定回身望佛者的身份。——译注
2　又译"阐铎迦""阐陀迦"等，佛陀弟子，本为释迦牟尼做太子时的仆役，负责为其驾车，后随其出家。——译注
3　悉达多所乘的白马。——译注

每一个人物形象。一方面，这些雕刻艺术家们着眼于每一处细节，即使是不足1厘米的角色也可以游刃有余；另一方面他们却并未因"小"失"大"，准确细致的细节处理与整体的塑造和布局相得益彰。工匠们知道，再精美的雕刻也只是锦上添花，所有的雕刻细节都应该与器具、桌子、柜子等物件本身的特点相统一，故而能达到与寺庙整体空间的和谐。我们在宁波的寺庙中就常常会见到这样给寺庙增色的精美雕刻。这些细小的雕刻中展现了中国人在布局和雕刻方面的杰出天分。这种细节中所体现出的艺术创造力实在不是三言两语可以言尽的。中国的雕刻虽以细腻著称，但线条劲削简洁，布局大气，因而并不会给人以阴柔之感。在佛顶寺中（位于普陀岛佛顶山山顶的第三座主寺）摆放着一个刻有雄鹰的青铜器，实际上这是一件漂亮的日本艺术品，它是由一名富有的日本朝圣者赠予寺庙的。这件明显带着日式风格的艺术品与周围中式的传统风格格格不入。相较于中国艺术的纯净与严肃，这件日本艺术品过于精巧、雅致，甚至有些矫揉造作。

四大天王

天王殿两侧供奉着四大天王。四尊雕像均面向殿堂中央栅栏后方的佛坛。这些雕像均呈现出一种彪悍狂野之态，令绝大多数来访者恐惧不安。然而，这种野蛮的姿势仅仅是为了展现信仰的力量与强度，而强大的信仰也恰恰需要坚毅的品格。当然，佛教从来都不会注重狂热的外在宣传，它注重静心的修行、宽厚的佛法，正如这些气定神闲的雕像所展现给我们的那样。因此四大天王形态中展现出的狰狞并非意味着要用强力去震慑，而是指向内心，代表着每个人通过不断反省后在内心深处进行的自我斗争。

对于这四尊雕像的具体细节我会在接下来其他寺庙的介绍中提及，因此在这里就不再赘述。这一部分我还是想将笔墨留予法雨寺建筑上其他独特之处。因此，仅在此处略述一下各天王名字的由来及其基本特点。

东侧端坐着持国天王，他是主管东方的天空之王，护持国土、永保平安。持国天王右手持宝剑，斩杀一切妖魔和恶人。其旁边是增长天王，他是南方之王，令众生生长智慧和善根。增长天王双手持琴，当他拨动琴弦的时候，天地为之震颤，强烈的佛法之音犹如天体乐声一般灌入众生耳朵（见插图23）。

西侧端坐着多闻天王，他是北方之王。多闻天王双耳下垂，听觉敏锐，善听世间所有声音。他会倾听到我们内心的声音，并由此将好人与坏人区分开来。因而人们应慎言，因为多闻天王会保佑言善者，并惩戒言恶之徒。这一点也表现在他的形态上，他一只手抓住一条怒

54

图49 放置观音功德牌的架子

吼的蟒蛇（象征恶人），而另一只手则持有宝珠（象征善者）。多闻天王身旁是西方之王——广目天王。广目天王脸盘宽阔，由此，他可以感知一切人类的所作所为，辨别善恶，并依此进行奖惩。广目天王右手持一把宝伞，宝伞呈收起时，上天的赐福犹如雨滴滋润大地；宝伞打开则遮蔽天日，将福祉与大地隔绝。[1]

由此，这四位天王分别代表了佛教的四个主要思想：佛法庇佑众生；其教义似如雷颂歌一般灌入人耳朵使其通晓；佛法净化心灵，追求至善；需潜心践行方可得道。这是构成"完满"的四块基石。在通往佛法的路途中四大天王既是指引者同时也是守护神。

此处，四大天王则成为（供奉于此寺的）观音大士的守卫者。我们在天王殿中能见到一些木牌（仪仗牌），上面写着观音菩萨的不同头衔，这些木牌便由四大天王守护。在进行庆典活动时，人们会将这些木牌从殿内取出，供于游行队伍之前，待仪式结束后再放回大殿。

位于最前端的两块木牌绘有虎头（中国每个高官衙门前都放置两块类似的仪仗牌，同样在仪式队伍来临时取出），白色的底板上书黑字"肃静"和"回避"。

其他木牌均为红底，衬托着四个鎏金大字，分别为"观音大士""送驾回宫""慈航普度""恩波浩荡""万家生佛""一片婆心""湘渚恩深""宝筏同登""普陀春霭""金身不朽"。

55 两侧长廊

天王殿东侧长廊中央、正脊下方的位置有一处漏窗，漏窗中刻有三个形象：唐僧头戴头冠，带领着他的两位随从（或者说徒弟），其中一位为驴脸，另一位为猴脸（见插图9-1、插

---

1 法雨寺天王殿四大天王的对应关系有意与中国其他寺庙不同，体现其独特之处。因此此处柏石曼根据法雨寺具体情况对四大天王进行诠释。如若按照标准的四大天王对应关系，此处则将持国天王与增长天王、多闻天王与广目天王混淆，四大天王中通常的武器顺序应为"剑（增长天王）、琴（持国天王）、伞（多闻天王）、龙（广目天王）"。——译注

图9-2）。其所示意象与大多数寺庙相似。正脊两端设有生动的龙吻。通道各角落处建有墙墩，上面雕刻着精美的纹饰。两边侧墙装点着大量雕饰，有石膏雕塑，也有木雕，雕刻内容明显与佛教信徒的生活有关。它们或点缀于梁枋，或出现在墙壁上端（带状缘饰），抑或自成一块浮雕版画，形象生动传神，色彩艳丽。南侧有两处八角漏窗，饰有竹、花、鸟等图案（中间的镂空雕）。这些精巧的雕饰让原本平淡无奇的墙体变得富有生趣。

图50　东侧走廊带有石刻的漏窗

鼓楼与钟楼

穿过天王殿即可到达院四。院四东侧坐落着钟楼，西侧为鼓楼。两个建筑同为两层，建筑形式也十分相似。台基由石砖砌成，上层为木质结构，楼层中分别嵌有大鼓（现已不在）和洪钟。上檐饰有山花，是典型的中式风格，而由于其上檐出檐较短，因此整座建筑看上去像一座塔楼。下檐同样如此，檐体上覆盖着灰色的瓦片。带有龙吻的正脊、上翘的精美檐角都由石膏筑成，其上有一些简单的绘画。建筑一层基座涂抹上了黑黑的水泥，基座上方墙体为红色，门框为白色。二层为棕色木质墙面，墙面中设有一些半拱形的窗户。位于西侧的鼓楼中供奉着一位神明（对于其具体身份尚无法做确切论断）。人们会将刚刚因病身故的僧侣抬到这个大厅，据说他的魂灵可以在此得到安息。

东面钟楼大门上方撰有"地藏王菩萨"几个大字。一层玻璃佛龛中端坐着地藏王雕像。地藏王身着行者袍，左手端着一个饭碗，右手持一根长长的木棍，充当他行走时的手杖（然而，据寺中僧侣所言，该手杖可以打开地狱之门，从阎王手中将魂灵抢回，送往天国）。佛龛前的供桌上放置着一尊怀抱婴儿的陶瓷人偶，名曰"送子观音"。地藏王将魂灵救出后送至慈

56

图51　鼓楼正视图

图52　云水堂西侧配殿南侧山墙外观

悲为怀的观音菩萨处，菩萨将其揽入怀中为其提供庇佑。楼上的玻璃佛龛中，地藏王作冥想状，盘腿，双手叠放，手心朝上。此处的地藏王身披一件华丽、做工精致的袍子，袍子上有很多纤细的褶皱（衣服上下分离）。上下两层地藏王像均全身镀金。

　　洪钟由青铜[1]铸成，年代较短，上面刻有大量铭文，此外，造型无奇特之处。我曾听说这口钟先前被荷兰人掠走，后几经周折转送回来，然而这里的人对此全无知晓。这样看来故事里所说的可能是岛上其他地方的某一口钟。我认为地藏王作为冥界之神与钟放在一起十分合适，这点也符合我们欧洲人的习惯。我们的教堂上同样有一口钟，它也具备特殊的意义。"我呼唤生者，我悲悼死者，我击碎雷霆。"（*Vivos voco, mortuos plango, fulgura frango.*）[2]而事实上，在中国，钟还有其他两个功效：一来，钟声唤醒寺庙的人进行晨作，敦促僧侣礼佛；二来，当发生火灾、水患或战争时，鸣钟以示警戒。

1　原文为"破铜"。——译注
2　原文为拉丁语，源自瑞士沙夫豪森（Schaffhauseu）市大教堂内大钟的钟铭。——译注

插图9-1　天王殿南侧门楼

插图9-2　刻有大量雕刻的东侧侧门

插图10-1　院五钟楼外观、玉佛殿，背景为大殿

插图10-2　玉佛殿入口，前景为护墙及栏杆，栏板中央刻有神龙正视图，两侧为飞翔的神龙

图53　玉佛殿南侧立面

五　玉佛殿

57

栏杆与阶梯

玉佛殿南侧有一处地势较低的平台，平台围有围栏。围栏由石质的栏杆及栏板组成，中央望柱柱头呈方形，上面雕刻着叶子形状的纹饰（见插图10-2），其余的望柱柱头则被雕成蹲坐着的小石狮。栏板的内外也均能见到精美的浮雕。外部雕刻着形象生动的龙纹，位于中央的是一条爪握宝珠的神龙，其余姿态各异的神龙均朝向中间，竞相追逐着去争抢那颗象征着圆满的宝珠。这种独特的雕刻意象不仅突出了下方通往玉佛殿的"神路"，同时也将来访者的目光引至整座建筑的中轴线。

护墙后方有一段通往玉佛殿的阶梯，这段上行阶梯不长，中间部分是一块刻着龙纹的石板。一条神龙盘卧于上端（石板），传神动感，呼之欲出。下方，八条神龙（两侧各四条）竞相追逐，欲抢夺宝珠。每条神龙四周均辅以精美的水纹和云饰作为点缀。

58

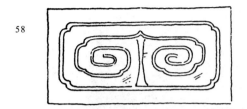

图54 玉佛殿前护墙栏板上的浮雕纹饰

建筑外观

玉佛殿殿顶覆盖着金色琉璃瓦,檐顶形式与天王殿相同,正脊的两端都有一对翘首怒目的龙吻(见图55)。正脊由瓦片组成,中间经由方形石板分割成三条镂空横饰带,石板上雕刻着花卉、藤蔓以及蝙蝠图案(见插图10-1、插图10-2)。屋檐处装饰有常见的半球形瓦当,用来固定最下排的瓦片。屋脊转角处的檐角均大幅上翘,与平直的正脊和屋檐形成极为鲜明的对比。斗拱总共三层,表面涂有绿色和白色的漆层,而其他地方的木质构造均为朱红色。回廊斗拱无甚奇特之处,桁条都仅仅通过凸出的桁架支撑。檐边由于下方椽木的存在而分成两层。这种形式的屋檐多见于寺庙的主建筑中,被称为"少檐";而大部分辅建筑的屋檐则相对简单,被称为"老檐"。

寺庙立柱间的墙体底部为暗红色,顶部为橘绿色。回廊带木质拱顶,支撑拱顶的椽木以及繁复的梁架上均配有雕刻或绘画。雅致的回廊与殿内名贵的菩萨雕像相称相应,熠熠生辉。

59 横梁和凸出的托架上是精美的绘图,底色为佛青色;月梁花板处则雕刻着龙首和龙尾,同样以佛青色为底(见图57)。两个较小的支架顶角处分别绘有两只寿桃。此外支架上还有些镂空雕饰,均是常见的莲叶、波纹以及云彩图案。偶有阳光洒下,透过镂空的雕花,缝隙间的点点金光更显得雕饰玲珑剔透(见图65)。此处的纹饰以棕色为主色调。

图57所绘月梁花板为前廊顶部装饰中最华美的。它形似一只木桶(只有细看才会发觉),与位于最高处平台上的各建筑(见第二章)前所置月梁形状类似。这样的月梁还用于其他大殿(甚至级别更低的殿)的设计建造(见图58至图64)。所有用作装饰的绘图雕花,精美细腻却不繁复,只出现在某些特定地方作点睛之用,然而其形式却变化多端。因此,每一处雕饰都给人以灵动传神之感,仿佛被赋予了灵魂。

殿 内

玉佛殿内屋顶架清晰可见,殿内木质结构外层均涂有朱红色漆层,房梁上绘有色彩明艳60 的花纹以及人物图案。下方步架以浅绿色为底色,一条蓝白相间的神龙正追逐着宝珠。边缘均为白色,下方覆盖着蓝色的卷蔓。屋檐下方的支架上架有圆形木块,其上同样绘有宝珠,

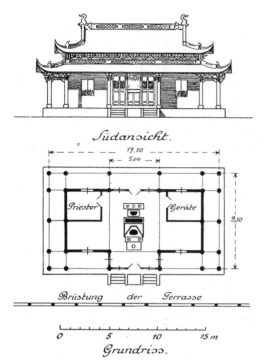

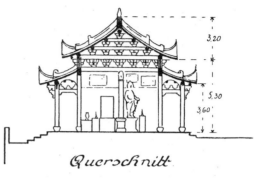

图55　玉佛殿正视图、截面图、平面图

图56　玉佛寺前平台围栏

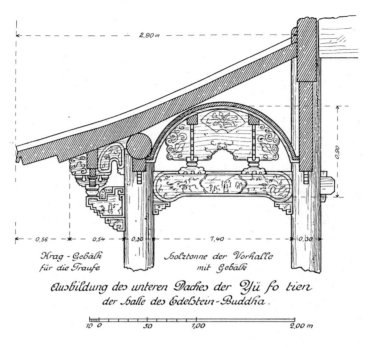

图57 玉佛殿前的木质月梁

宝珠周围环绕火焰纹。

　　檐口下方与门之间的墙体上有一圈宽幅壁画（共10幅）。大多数佛教寺庙中的神明画像都给人以威严、肃穆之感，而此处的壁画则有意打破这一界定，无论在色彩搭配还是形象塑造方面均有意与菩萨慈悲、柔和的一面相映衬。那些画像中所表现出的仪式上的庄重感常常会给人一种刻板的感觉，然而这也是神性的一种表现方式。面对纷繁复杂的现实生活，人们希望将神明刻画成超脱世俗的从容淡定的形象（人们在神明形象中赋予了超脱世俗的从容淡定）。而这座大殿中的菩萨没有被束之高阁的距离感，而具有一种静美柔曼的气质。这种慈悲安详的风韵仿佛具有某种魔力可以与人心贴合，达到共鸣。因此这座大殿中的绘画不仅在视觉上带给人一种亲切感，也能让人的内心发生触动，不知不觉中与之亲近。这样一种理念是通过细腻的装点刻画，以及和谐的建筑形式表达和衬托出来的。在这里，我们又一次深刻体会到中国的表现艺术。

　　每一幅壁画都绘于一片朱红色区域。整块区域因为周围带状纹饰的点缀显得鲜活灵动。

61

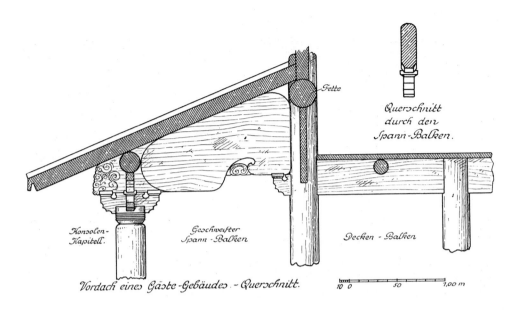

Fette

Querschnitt durch den Spann-Balken.

Konsolen-Kapitell. *Geschweifter Spann-Balken* *Decken-Balken*

Vordach eines Gäste-Gebäudes - Querschnitt.

10 0　　　　50　　　　1,00 m

图58　一间客房的前方挑檐[1]；右上方为截面图

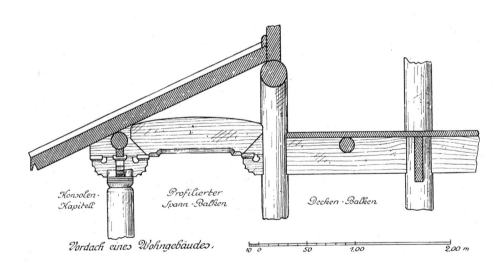

Konsolen-Kapitell *Profilierter Spann-Balken* *Decken-Balken*

Vordach eines Wohngebäudes.

10 0　　　50　　　1,00　　　2,00 m

图59　一间卧室的前方挑檐

1　或为"廊檐"。——译注

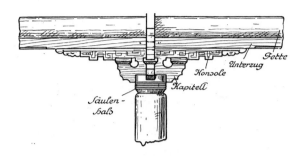

图60　图58所示挑檐柱头正视图

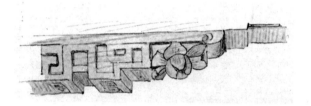

图61　图60支架部分（雀替）正视图

图62　图58所示挑檐构件

图63　图58所示挑檐装饰

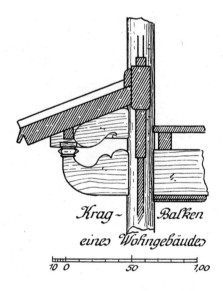

图64　一间卧室的前挑檐

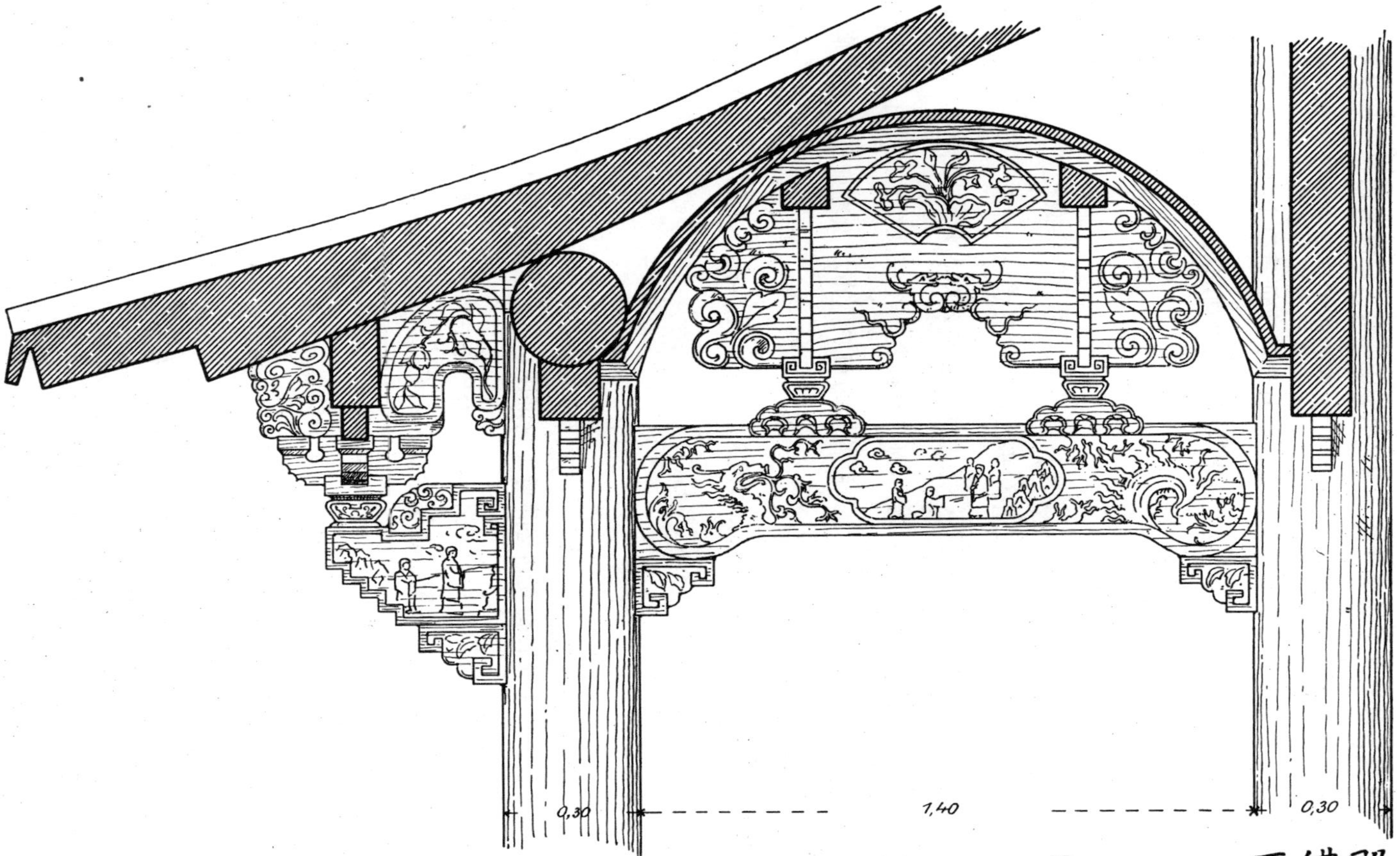

Krag - Gebälk und Holztonne der Vorhalle der Yü fo tien 玉佛殿
der Halle des Edelstein - Buddha.

图65　玉佛殿前廊挑檐

图画本身带有蓝色镶边，基色为绿色。所绘内容以战争和狩猎为主，而这些也与观音菩萨以及宗教密切相关。殿内有一处陈列引人注目：在北侧的中间处，一位骑士及其随从端坐于一桌后。其两侧各站有五个卫兵（成两列），卫兵手拿飘垂的旗帜，上书五个大字，分别是"金、木、水、火、土"。这些都象征着基本的元素，同时也就象征着整个宇宙。此外，还有一身披血衣的罪人跪于桌前，由此便可判断整个布置展现的是审判的场景。

佛 坛

殿内佛龛呈四边形，正面由玻璃密封，下方为石质底座。为了将佛像抬高，佛龛内侧设有一处倾斜的平台。平台的表面经由绿色的棉布包裹。其包裹形式与我们欧洲人相似，折痕均匀，通过布制的扣子固定。佛龛中央处垂下一条宽阔的黄色丝带做帷幔以衬托菩萨雕像。佛龛顶部平整，内侧包裹着碎花的丝绸。整个祭坛前方悬挂着一个红底绿边的帘子，帘子表面缝制着数不清的丝质小莲叶以及各式各样、颜色各异的布块，布块上均饰有花朵、藤蔓、箴言以及人像。这些色彩斑斓的色彩点缀使得帘子乍看上去像一条五光十色的地毯，让人眼花缭乱。供桌上放置着一个普通的香炉，其制式却格外精美，尤其是乌木制成的炉脚以及炉盖上典雅的镂空木雕（均以最自然的树叶的形式）。

菩萨像

佛龛内部放置着一尊白色大理石制成的菩萨像（见插图11）。雕像表面清漆平整、透亮，看不出任何一点颗粒或是其他凸起和龟裂的痕迹。雕像头部轻垂，面部透露出一丝温柔的微笑。双腿交叉，衣服少数褶皱处的线条则通过镀金线来勾勒。面部色彩柔和自然，可看出工匠着色之用心。黑色的线条勾勒了眼眸、眼睑和眉毛；唇部为朱红色。额头上一个红色的螺旋形图案代表着菩萨的第三只眼睛——象征着菩萨洞悉世界一切事物的内在本质。整个雕像线条流畅、雕工细腻、神情自然，其工艺非一般同类雕像可比拟，具有极高的艺术价值，甚至可称完美。

整个雕塑在风格上接近印度、缅甸一带，也许这正是一件由当地工匠制成后运送至中国的舶来品（我根据其风格推测为缅甸制品）。因为石刻的艺术（这里指大型人像石刻）在今天的中国已所见不多，仅存的也许只有那些大型陵墓大道两侧伫立的雕像。太子塔四周的四大天王塑像属例外。然而中国的佛像浩若烟海，我所知晓的寥寥无几，因此只能说我了解的佛

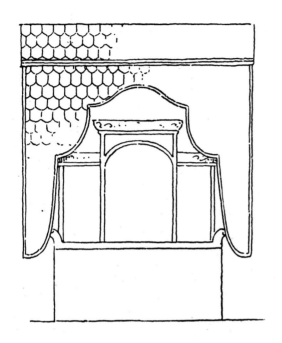

图66 供奉菩萨像的佛龛及帘子

图67 菩萨像前的香炉

像大都以印度佛像为参照。这些只是寥若晨星的个例，因而不敢妄言推论。但有一点可以肯 64
定的是，汉白玉制成的雕像恰恰大都经由中国南部引进。我本人就曾在福州和峨眉山上见到
过一些类似的雕像（除前文提及的位于前寺的大理石雕像外）[1]。然而所有这些雕像虽带有异域
风格，却也明显打上了中国烙印，两者和谐交融，透露着自然主义的气息，表达着中国人内
心中最深沉的本质。因而可以初步断定，这些雕像是由富有且虔诚、但身处异乡的中国人所
捐赠。然而，在异域进行雕塑时，工匠师会被要求加入中国元素。由此便可推断出雕像具有
异域风格的两种可能：印度工匠师按照自己所理解的中国元素进行创作；或是身处异乡的中
国艺术家受当地艺术风格影响，因而在作品中留下了异域风格。

　　雕像华衣覆体。朱红披肩长袍垂落，长袍边缘绣花，贴边上有一缕金色的薄片，薄片上
缝制有宝石。雕像的脖颈处缠绕着一条双层、约手掌宽的绸带，上面绣有色彩斑斓的丝质莲

1　参见原文第23、24页。

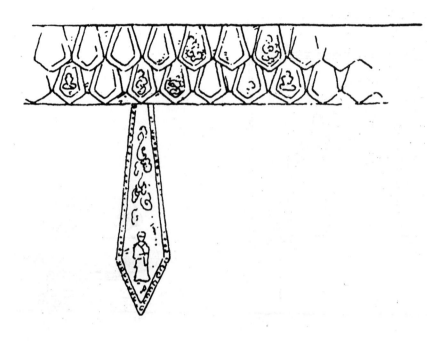

图68　菩萨像的围巾及其丝带

叶——莲叶以黑线滚边，蓝、白或红色打底，镶有黑线和金丝的藤蔓环绕其间。绸带上的两条白色丝质宽带垂落至腿部，上面绣有蓝色和浅绿色的花朵，每条丝带下端还绣有一位仕女。两条丝带底色均为浅黄，边缘装饰有金色的薄片以及宝石。雕像头戴紫红色天冠，上面绣有绿色和银色的花纹，椭圆形的脸庞丰腴端庄。天冠上还配有一个花朵形状的布饰（位于额头上方处）。菩萨的腿部、胸部以及脚踝处均环有金丝带。天冠上的一条白色丝带向下垂落，上窄下宽，上面用红色字体记录着捐赠者的名字。观音大士脖颈处还挂有一串红色念珠，垂落至胸部。额前垂有一颗银绿色宝珠（由绳子固定在顶部），象征完美。雕像右手自然垂放于右膝；左手持扇，扇面上画着由蓝色、黄色、黑色线条勾勒出的莲叶。顶罩布缦垂于肩上，落于腿部。雕像前面放置着一块写有汉字的小牌子，周围布满假花和人造珍珠以作装点。

　　这座端庄雍容、造型优雅的观音雕像让人叹为观止。就此我想将雕塑方面所体现的中西艺术观略作比较。这座雕像的神奇之处在于其面部着色的淡柔雅致以及服装色彩的简单搭配。这里之所以称其为"简单"，是因为华服上各种艳丽颜色的组合似乎无太多章法可言。然而

Kuan yin
Marmorfigur in der Halle des Edelstein-Buddha.

插图11 观音大士雕像

这种看上去随心搭配出的色彩斑斓，不仅没有损害其美观，反而增添了魅力。若我们在此需要有一个标准或角度来审视欧洲和中国的艺术观，那么我作为欧洲人会自然联想到如今欧洲雕刻艺术创作的一个现象。我们的艺术品都无一例外着眼于自身，即为了展现艺术家的艺术作品，创作出的作品至多只是对生活图景的重复。[1] 然而人们很少会想起，除了展现艺术品本身外，艺术还能体现艺术家的风格。除此之外我们必须注意到，中国人是艺术风格塑造方面的大师。中国的菩萨像是神明的化身，被赋予了生命并且具有现实意义。因此，中国的菩萨像不遵循自然主义风格，雕刻艺术家常常通过某种不同寻常的风格将神明与普通人类相区分。中国的菩萨对于僧侣和来访者而言并非高深莫测、不可企及，而是有着一种如普通人类一般的亲近之感，我们甚至可以将其看作人类的一位同伴、一个颇具影响力的友人。然而神明与人类之间的关系并非一直和睦，当他没有施展其应有的法力时，也会遭到不友好甚至粗暴的对待。对于比菩萨等级低的风神和雨神，人们甚至会辱骂和贬低他们，或捶打他们的像，更有甚者会将神像彻底损毁。这更加印证了在中国人的思想中，神明真实地存在于世间。他们会根据自身特点将神明具象化，因而这些神明的衣着、行为同凡人无异。他们或身着华衣居于庙宇（中国人认为庙宇即为神明的居所），或端坐于高台接受祭祀，抑或在重大节日时身披盛装。从以上各种神明的具体形态中可以看出，中国人在形象塑造时加入了"真实存在"的观念。正是这种"真实性"的理念使得这些形象与人贴近，富有人情味，衣着搭配也并未追求夸张怪异，而是显得真实自然。也正是这个理念造成了中国与欧洲在雕塑艺术上迥异的表现形式。以玉佛殿中的这尊菩萨像为例，人物线条流畅、气韵生动，再配以淡雅质朴的服饰，这种超脱神性的真实感给我们欧洲人留下了极深的印象（对于中国人来说也许习以为常）。因为在欧洲，将现实中的衣着植入雕像创作是一件不可思议的事情。若从这一角度去评判，我们便可断言，欧洲艺术家遵从所谓的自然主义表现手法创作出的艺术品——那些与行动、创造和生命毫不相关的雕像，皆为没有灵魂、没有生命力的塑像躯壳。而中国人尽管在塑造时有意遵从某一风格，使得他们的作品在我们看来有时会有些刻板，然而这些雕塑却是富有生命力的活体。这或许就是理念胜于形式。然而这种艺术评判角度不仅仅可以应用于解读中、欧雕塑表现手法的迥异，我们还可以通过这一个小小的例子拓展至两个不同民族全然不同的

65

1　此处可参照欧洲艺术中的"美学自治"。——译注

生活态度和世界观。

这尊观音大士雕像的制造时间尚无法确定。佛龛后方立着一个分层的底座，底座源自康熙年间，底座上竖立一块高高的石碑，遗憾的是我难以理解石碑上的碑文，或许上面记录着雕像的来历。至少可以确定的是，这尊雕像系康熙年间之作。

韦驮佛坛

石碑后方（观音大士祭坛所在高度）设有一个基座，基座上竖立着一尊木质的韦驮（佛教的守护者）雕像。雕像面朝北方，背向观音。前文介绍天王殿、大殿和法堂时均有提及韦驮，玉佛殿这尊雕像已是法雨寺内的第四座。这尊韦驮雕像身披铠甲，头戴盔缨，全身的镀金层崭新锃亮，右手叉腰，左手置于铁棍之上。雕像上方为

图69 玉佛殿附有石碑的底座

一顶绿色丝绸制成的六边形华盖，华盖上绣着一条银色的神龙，边缘配有红色流苏。

供 桌

供桌上刻有精美雕饰。基座两侧（马蹄的位置）各有一只木雕狮子，四边桌梁外侧也能见到华美的纹饰。内侧雕纹则展现了鲤鱼幻化成龙的过程，只见一条鱼的半身已然变成龙形。整个图案如同嵌在一个架框中，外围有一圈镂空雕花纹饰。桌子下方的弧形板上，有一对极乐鸟飞翔在百花丛中。桌子前侧的桌脚和桌腿由两条头部向下、尾巴朝上的神龙构成。神龙尾部各包裹着一个木球，桌面正是支撑在木球之上。神龙口中吐出的藤蔓则恰好构成了桌脚。

这张桌子明显出自康熙年间，应该是福州出品。以下的草图（图70）应该可以大致重现整张桌子的特点。前寺韦驮雕像前的供桌与此相差无几。

66

图70　玉佛殿内韦驮像前供桌

六　大　殿[1]

67

大殿布置及含义

　　佛教寺院通常将大殿置于整座寺院中心，法雨寺的大殿也毫无例外地坐落于寺庙正中，被其他建筑环绕（见插图32）。这种格局也见于印度：印度佛教建筑以"塔"（Tschaitya）[2] 为主体，位于僧侣卧室（Vihâra）的中央。在普陀岛上各座寺庙的大殿都供奉着观音菩萨，在这里大殿被视为菩萨的居所。这种现象不仅为普陀独有，中国的其他圣山也均将最为重要的神明供奉于大殿内——五台山的文殊菩萨、峨眉山的普贤菩萨以及九华山的地藏王菩萨。此处大殿供奉的观音菩萨契合着佛教思想中的"三体合一"[3]。所有佛法"聚积"形成一"体"，凝聚成观音菩萨的形象——慈悲的化身。连18位年轻的佛陀[4]（十八罗汉）也位列两旁，衬

1　本部分请参照本书最后插图30。

2　塔内埋藏佛祖的身骨舍利，因而成为教徒们顶礼膜拜的神圣建筑。——译注

3　此为原文直译，实际指代观音的三个应化身。——译注

4　此处原文为"佛陀"。——译注

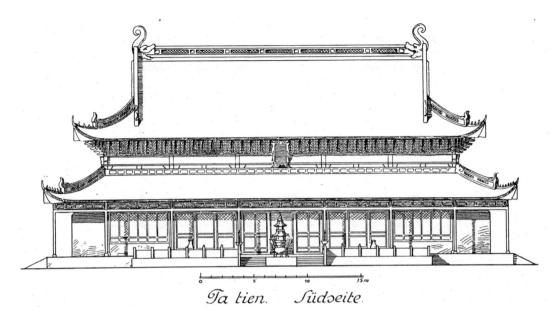

Ta tien.　Südseite.

图71　大殿正视图

托和守卫观音大士（见图72）。除此之外，大殿其他雕像中，一部分为观音的"应化身"
（Variationen），如位于主佛坛三尊应化身像之前的白衣观音；另一部分则是与观音菩萨关系
密切的神明，如位于西北角的地藏王菩萨——主管地下世界的神明（先前介绍钟楼的时候我
们曾经提及），抑或未来佛——弥勒佛。甚至是位于西南角的韦驮——佛教的守护者，在这
里也作为慈悲的守护者、善行的守望者。韦驮神像立于隔间的角落处，隔间里设有两张桌子，
摆满了用于出售的法物、法器。大殿南侧两个角落设有两间隔间，供在此守夜的下等僧侣居
住。而在佛坛墙壁的背面还供奉着山神，作为寺庙的奠基者。

　　通常佛教寺庙中也会供奉山神，这也印证了古代中国人对于神明的看法——认为他们无
处不在。此外，中国的佛教思想在很多方面也都体现着自身的传统观念，这一点不仅可以从
雕刻中看出，也能在寺庙的布局上（例如池塘、照壁、前厅、钟楼等）得到体现。这些在前
文已做详细介绍，此处便不再赘述。值得一提的例子位于湖南的衡山，中国人思想中矛盾辩
证的观念（既相互冲突又融为一体）在此体现得淋漓尽致：佛教与道教这两个本属不同宗教
体系的教派却相互渗透，融为了一体。因而人们在衡山的寺庙中会发现佛教与道教神明的组
合混搭。

68

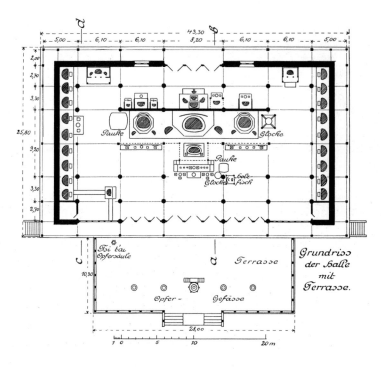

图72 大殿平面图

69 挂在大殿外的牌匾上通常会写上整座寺院的名称。此处大殿的牌匾挂在中门（寺庙中轴线处）门柱上端（屋檐下方处），上书"天花法雨"。本书在本章第一节《法雨寺历史》（参见原书第29页）部分已对其含义做了详细介绍。

事实上，中国佛教寺庙的主要殿堂并非如此处被简单地称为"大殿"，通常人们会使用其正式的全称——"大雄宝殿"。普陀岛上的大殿却是个例外。为了顾及此处供奉的观音菩萨的别名，这里被称为"大圆通殿"。

平面结构

殿前平台

大殿前方有一个平台，四周由护栏环围，整个平台宽约五间，深约10米。通往平台的阶梯被称为"神路"，阶梯两旁扶栏的栏板上雕刻着神龙。平台与大殿底层相连，四周由石栏围拢，石栏的栏板上刻有各种精美的图案。这些精美的雕刻展现的正是中国古代视为经典的

图73　通往大殿前方平台阶梯的石栏——神龙逐珠

"二十四孝"，本章第七部分中将对此进行详述。

寺庙前设有平台的布局很可能与中国古代的祭祀礼仪有关，这样一个宽阔的平台既适用于进献贡品，也可用于祭祀神明，抑或能谒拜王侯。这种祭祀平台不论是在中国古代圣山寺庙的大殿前、孔庙前、宫殿前或是帝王陵墓前都十分常见。其中最为宏伟壮观的当属北京的天坛、地坛、日坛和月坛前的平台。

法雨寺大殿前的大型平台主要用于陈列五大法器。此处的法器皆由青铜铸成（通常佛坛供桌上的法器会置于殿内，由其他金属制成；而此处法器位于户外，因而有所不同）。五大法器分别为：一座大型香炉（居中），两架大型烛台和两个花瓶（分列两侧）。所有陈列在平台上的法器均裸露在外，无任何遮盖避罩，稳重气派的法器让整座建筑更显得庄重宏伟。这当中最美的当属位于中央的大型香炉，用于烧香或焚烧象征金钱的香纸（人们将香纸折成元宝状或在纸面印上经文）（见图74）。这座香炉被称为"香楼"。从其名字中便可看出构造之雄伟。宽大的炉腹支撑于三只狮像炉脚之上，两个大型弧形把手向外翘伸，上方的炉身主体为

70

图74 殿前平台上的香楼，左侧为其他两个法器

图75 大殿前方的平台及插有
柏树枝与旗帜的大型花瓶

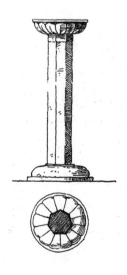

图76 "祭台"七面柱
的正视图、底面图

图77 "祭台"俯
视图——阴阳图案

六边形，有几个炉门和一圈小型角柱。主体炉身的顶部同样大幅翘伸，每个边角都呈鸟首形状，每个鸟喙上悬挂着一只小型的铃铛。炉身之上还叠落着一个形状相同但略小的顶盖，上端镂空，形成炉顶。焚香口下方设有方便上香的石梯，石梯连接一个平台。平台上放置着一个小型的香炉，按照古法制造，上面附有古风的雕刻，炉脚是独特的弧形构造。

　　用来放置火把[1]的架子十分简易，轮廓清晰、富有质感，放置于一个带有雕刻的石质底座上。位于两侧的两个花瓶同样如此。花瓶的把手上悬挂着大型的铜环。通常，供桌前的花瓶都插着成束的假花，而此处这两个暴露在外的花瓶中则插着柏树枝。花瓶的铜环不仅是装饰，还有一个特殊功能：香客在特殊的祭祀典礼上会带来旗帜，而铜环的构造正好方便插放这些旗帜。

　　平台西北角贴近大殿边缘处立有一根石柱，石柱下方为底座，上方为一个雕刻着莲叶的柱头。这就是祭台（见图76）。这种祭台通常立于佛教寺庙大殿以及饭堂的门前（参见后文"僧人膳食"中有关"斋堂"的部分）。在进行特定仪式时，一位僧人会从殿内带出几颗稻谷以及一些蔬菜，将它们与少许茶水或是祭祀用酒一起放在这个小型平台上。平台表面刻有太极的符号，通常为明显象征雌雄两性的阴阳图案（见图77）。普陀岛上的所有寺庙中，石柱柱身均为七面（中国大部分地区的寺庙大都如此），此处也不例外。该数字恰与北斗七星（即欧洲人所说的"大熊星座"）相吻合。柱身每一面均刻着一位佛的名讳，有"南无甘露王如来""南无离怖畏如来""南无广博身如来""南无宝胜如来""南无多宝如来""南无阿弥陀如来"。所有名讳均以"南无"起始，其发音为"Na mo"；以"如来"结尾。中国人常将"南无"与虔信、信仰和崇敬联系在一起。"如来"则意为佛陀。七个名字各指一位特定的佛陀，这里我只能将这七个名讳按字面来翻译，依次为"阿弥陀""很多宝物""赢得宝物""美丽的身体""身高体壮""不畏恐惧"以及"甜美的甘露之王"。[2] 七面环绕着中央，这种形式被称为"七星伴月"（即七颗星星围绕着月亮）。

殿　内

　　大殿基座紧邻殿前平台（平台上方约一层台阶处），上面仁立着的支柱和墙体构建出整个

1　原文如此。——译注
2　此处皆根据原文含义直译。——译注

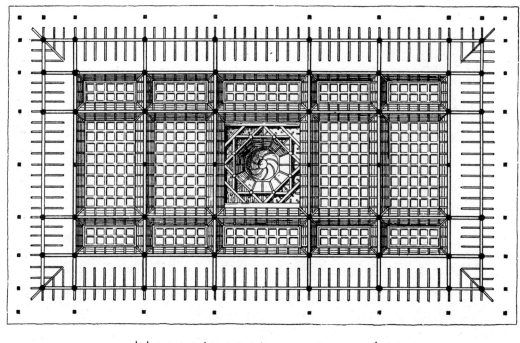

Grundriss der Decke und des unteren Gesimses.

图78 大殿顶部示意图

建筑的主要框架。基座的尺寸经测量，宽43.30米，进深25.80米（见图72）。大殿内部面阔五间，中央一间较宽，其余四间大小相同；内殿进深三间，中间部分较宽，两侧相等。如此内殿便被分割成了15个（5×3）隔间，这些分隔我们从平面图中便可清晰地看到（见图72）。然而，整个大殿从外部看上去却是一个整体，上端由一整片双坡屋顶覆盖，东西两侧则各有一小段山墙，盖有相应的单坡屋顶。大殿内部和外部还分别有一处环绕四周的回廊，两个回廊由墙体和门窗分隔开；然而从外部看，它们也是一个整体，由一个共同的单坡屋顶遮蔽。立于石质基座上的立柱圆滑粗壮，而外部回廊的外侧支柱则为方形，略显单薄。这些方柱应该是为了辅助承重而后建的。在建造时工匠们只考虑到了建筑结构和房间作用，而忽略了房屋过度的承受压力。同样，位于内殿中央的类似方柱应当也是起到协助支撑的作用。15个隔间

插图12-1　大殿外观、祭台

插图12-2　大殿正门

图79　大殿九龙戏珠木质穹顶

　　构成的内殿上方天花板通过立柱、步架以及三到四重斗拱支撑，与内殿主要梁架结构分隔开。天花板由木条隔成若干方格，然后在其上铺板制成。内殿上方的天花板略高于两端。

　　对角线交汇的中心处是一个精心设计的支架穹顶（"藻井"），共分为三段，三段均由支架连接在一起。这片区域并非标准的方形，只是由于四周有直木板拼围，因而显出四方的形状。在这个四方框架中还穿插着另外一个方形（顺时针旋转90度），最终形成一个八边形的形状。拱肩处因横梁的相互交错而呈现出一种艺术美，其上方是几何形的交互拱。拱顶原本是八边形，八条边由八根高架梁凸显，但周围繁复的梁架让其看上去如同圆形（见图79）。顶部三分之一的支架为弧形，相互搭接成一个螺旋状，因而穹顶呈现出半球状。八根高架梁向下突出，每根上环绕着一条神龙。八条神龙栩栩如生，盘柱而上，仰首伸项，怒目张口欲吞宝珠（金色玻璃球），象征完美的宝珠由固定于穹顶顶端的绳线悬于中央。从下方朝上看，这颗宝珠恰好悬于一条盘龙口中，它正向下张望着下方主坛上供奉的两尊观音像（见插图30）。上方的宝珠象征着完美，而下方的两尊雕像正是完美的化身。此处的布局与前文介绍玉佛殿前的楼梯时提到的八龙戏珠图想法一样。数字"八"在中国古代有着特殊的含义，特别是与"一"和完美相结合。中国各宗教中数字之间的关联构成了中国文化旋律的基础。[1]

据此处僧侣所言，前文提到的穹顶来自南京的明故宫。[2]据称，明故宫拆除之后，康熙皇帝将其穹顶赠予寺庙，并最终成了如今的模样。对于这点我虽存有疑虑，却无从考证，事实上此说法也非断无可能。也许希望借此赎还明朝开国君主洪武皇帝此前迫害普陀岛僧侣犯下的罪过（见原书第6页）。因为另有解释称，捐赠穹顶的正是此前施加迫害的这位君主，而穹顶也恰恰是被置放在普陀岛的这座寺庙中。

穹顶堪称杰作。各式各样的支架聚合于一个水平的环形框架中，各个部件相互支撑、相互连接，不仅在整体上协调统一，每一个部分自身也十分精妙、独具匠心。而要达到这一效果，必须要求工匠对每一个细节都做到精益求精。所有这些足以让其与哥特式建筑复杂的拱形穹顶相媲美。数不清的划分使得各式各样的支架达到整体效果的一致。

类似的木质穹顶我在宁波、苏州和上海也见过（前文有所提及），而佛顶寺的穹顶则是另外一种类似的风格。苏州的一个塔楼上也有类似的穹顶，由石砖砌成，规格偏小，但十分精美。中国人在穹顶结构中巧妙地运用了纤细木质支架理念[3]（这一理念也普遍运用于中国大部分地区），这样的技术让我们欧洲人叹为观止。

此处穹顶（藻井）结构将天花板的水平面有所抬高（见插图30），这样一来便可以清楚地看到建筑的横截面轮廓（主轴线穿过处）：自殿前坡顶的斜面（挑檐、廊檐）起至穹顶顶端。从纵坡面看，这样的设计也将位于中间的两座观音大士雕像凸显出来。这位中国的建筑师在设计时需要同我们一样绘制出大殿的整体结构，因而在正式搭建前便考虑到了空间的呈现效果。然而在整个过程中，指引他的不仅仅是一个明确的建筑计划，背后还隐藏着一套普遍、固定的传统和特定的工艺流程，是它们保证了建筑的精美风格，让建筑师们打造出宏伟大气却又不失细腻的杰出作品，这与我们西方古典时期的建筑艺术相似。

也正是因为这个颇具艺术特色的九龙穹顶，这里的僧侣有时也称大殿为"九龙殿"。

两侧回廊之间的木架结构与大殿内侧下方梁架为一整体，因此设计上也考虑到了外侧回

1　Zeitschrift f. Ethnologie 1910, Heft III, S.390ff.

2　清灭南明后，改南京为江宁，将明皇城改为八旗驻防城，设置将军及都统两衙门于明故宫中。此后明故宫内残存的宫殿被陆续拆毁。康熙年间，曾取明故宫石料雕件修葺普陀山庙宇。——译注

3　此处应指《营造法式》中的"小木作"制度。——译注

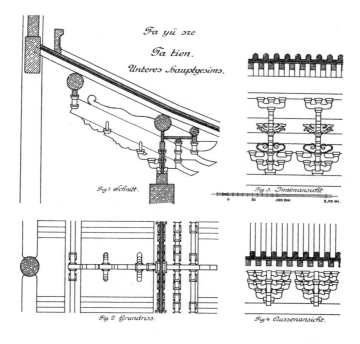

图80　大殿木架结构

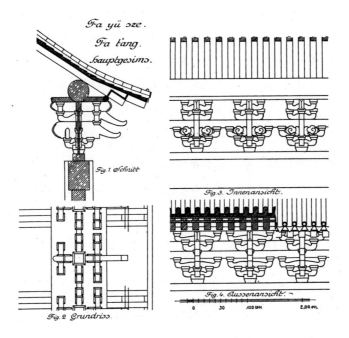

图81　法堂木架结构

廊上方的单坡屋顶的压力影响。图80
清晰地向我们展示了这种独特的木架
结构，为了方便对比，图81给出了法
堂处的木架结构。对于这样一种具有
浓郁中国特色的建筑结构，这里不便
多做评判，也不便将其与日本类似结
构进行比照。此处仅对其基本结构和
式样做如下简单描述：或倾斜或水平

图82　大殿外侧支撑点镂空的横饰带

的木板尾部切雕成鼻状（斗拱）[1]，整个鼻状结构为一系列木架组合而成，内侧附有纹饰。

外侧的支撑部位不再是上述木架结构，而是镂空雕花的一条横饰带。两个由横梁、小型
立柱组成的环状结构中，镶有彩绘板或雕饰木块。[2]

大殿外观

76

大殿无论是在占地面积还是建筑高度上都远胜于其他建筑，因而最引人注目（见插图
12-1）。其屋顶是传统的重檐（歇山）顶，两侧带有山墙，显得宏伟大气。大殿平直有力的
水平线条（顶部正脊、下层屋檐与底层建筑斗拱相连的剪边以及大殿基座）与纵向垂线（正
脊两端引下的锤脊、大殿立柱、栏杆、门框等）共同构成了和谐的整体框架。两条坚实的平
行剪边更让整座建筑显得宏伟大气（如图71）。同时建筑细节处的精巧设计和装点（如正脊的
雕饰、屋顶平面以及出檐的设计）又给建筑添了一分流动纤柔，而使其不至于过分刚硬刻板。
屋顶下方整个建筑的立面如同一块平铺的地毯，而镶嵌其中的门框和窗户则如同地毯上的方
格花纹。通过剖析中国的建筑艺术，我们不断意识到建筑的（宏观）结构布局与细节处理之
间紧密的关联。宏观布局勾勒出作品的整体框架，而作品风格则通过每个细节之处得到彰显，
因而两者同为艺术作品的两大基础。这种将有机整体的稳定和谐与内在因素间的相互激荡与
贯通相结合的思想，正符合了中国人"阴阳"结合的原则。两者密不可分，构成一个统一的
整体。

1　原文如此，此处根据文意猜测应指代斗拱的整体形状。——译注
2　此处按照原文直译，由于缺少明确图示，难以辨别所述部位的专有名称。——译注

形式各异的细节被嵌入至一个整体结构却不显突兀，这是中国艺术风格中的一个最基本特点，也为我们探究中国文化中的统一性指明了方向：我们需要认识到在中国万千的生活方式和迥异的思维方式中，始终都贯穿着一个普遍适用的基本理念。这样的探究或许显得公式化，但不可否认的是，我们在解决问题时经常会无意识地使用某种范式（例如我们在处理数学问题，或其他学科尤其是艺术领域的问题时那样），而这些所谓的公式正是解决的关键所在。

大殿屋顶披盖金色琉璃瓦。在中国，历朝金瓦均为钦定，需有皇帝御旨方可烧制，获此殊荣的寺庙在规格上比其他寺庙更高。康熙帝将此特权赐予了法雨寺，因为寺里的瓦件正是源于那个时期（法雨寺的大规模修葺于1705年提前竣工），且自南京运来。[1] 瓦件釉层风化、脱落状况严重，尤其是位于正脊和戗脊处的瓦片如今都近乎灰色。正脊为镂空墙体，有中间的石板被分割成七部分，石板上刻有花纹，有些刻有文字。南侧上书：

风调雨顺

这是一句与农业相关的譬喻：适时而来的丰富雨水、和煦清风为人们带来丰收；适时降临的"佛法之雨"让人在凝神静思中获一份清凉、享一份恬淡（一种对于"法雨寺"寺名的隐喻），而微风则象征笃行，有所思后努力践行方能收获成功。

北侧上书：

佛日增辉

这句箴言同样与农业相关，是对"风调雨顺"的补充。这两句箴言结合起来便是对佛法的完整譬喻。"佛日增辉"意即"佛法滋润心田如太阳普照大地，能驱逐内心黑暗，让光明永存"[2]。

上层屋檐剪边处铺设有两层瓦当，瓦当由上了釉的陶土制成；下层屋檐仅有一层类似的

1　参见上文介绍穹顶时的注释。——译注
2　此处根据作者原文直译。——译注

瓦当。瓦当扁平，上面刻有松树。在中国，松树被视为力量和顽强的象征。上方的木架结构中，支架均呈绿色和白色。支架间的区域饰有简单的彩绘。

檐口下方，柱头间的大型横梁上都饰有大量绘画，每根横梁中央都绘有一组人像，色调多以蓝色、白色和紫铜色为主，两侧呈树叶状，以白色为底色，上面同样绘有精美图案。横梁两端的底部由模板铸出小型卷云图样，卷云为绿色，以白色镶边。小型卷云之上还有较大的彩色祥云图饰，呈蓝色、绿色或白色。上方花环状横梁与横称架之间的连接木板被漆成蓝色或白色，在此处充当支架，其上也刻有大量的雕饰，精美的图案给整个空间增添了无限生气。木板如前文支架间的版画，中间为镂空雕花，外围处有一个闭合的框架（见图82）。雕花的轮廓着绿色、白色或蓝色，而底板（和边框）则呈黑色。

回廊内可以清晰看到上方廊檐处木架结构。檐下斗拱共三层，分别着红色、黑色和白色。上方的檩木被分隔成若干小块，着红色为底色，上面绘有蓝、白的双龙戏珠图，周围还点缀有蓝、白两色的藤蔓。红色环状镶边上装点有银色波纹以及黑色线条。月梁同样以红色为底色，两条蓝、白相间的神龙正玩弄着一颗金色宝珠，整个图案尽头处装点着红、蓝、白三色水纹。月梁两端立柱末端绘有红、蓝、白三色相间的兽首。

较大的门板上嵌入了一个颇具风格的白色叶形浮雕；较小的门板则采用镂空雕刻，雕有禽鸟、芍药、葡萄等图案，均为白色，展现着大自然的景象。孔眼紧密的槛窗以及门的上半部分均由30度斜交的木棒组成（见插图12-2）。木棒的交叉点饰有小型的蔷薇花。木棒的宽度远远超过了相互间的距离。此处结构同整座建筑门板以及其他木质结构（如柱子、墩子、椽木等）相同（前文提及的用色繁多的木质结构例外），皆采用中国传统的处理方式，用泥浆涂抹后在外层涂上红漆。

中间穿过正门的通道与外界经由一条布幔分隔开来。布幔一半被卷起，挂在一个自天花板垂落下来的挂钩上。布幔为浅棕色底，上面一条黑蓝相间的神龙游戏着宝珠。内侧黑色底上绣着倾斜的"卐"字图形。整条布幔边缘都绣着文字（右侧为汉字，左侧为满文），上方边缘处绣有"九龙殿"字样。

大殿中央的四根石柱柱身悬挂了四块长长的木匾，略呈扇形，黑色漆底，上书鎏金汉字，其上撰写的文字被称为"对子"。四块木匾上共四句箴言，以中轴线为中心对称分布于两侧，位于同一侧的两句构成一对。对子的上下联格律严格，不仅要求两句在整体含义上相互呼应，句中的每个单字也要一一对仗工整，合辙押韵。通过下文的翻译我们将感受到这一点。

对子（一）

原　文

接沠西方法界三千霑化雨；

住身南海洪涛百万渡慈航。

译　文[1]

佛法的本质

降临你我身旁

从西方的国度。

繁富的雨水

浸透了万物

直到世界

无边的尽头。

观音的化身

降临你我身旁

自南海的边缘。

恩慈的船中

拯救着所有

数不尽的人类

在那恐怖的大海之中。

对子（二）

原　文

经历百千劫难不坏千秋法相；

普济亿万生灵以证万古慈航。

1　此处作者按照自己的理解将对子的含义以诗句的形式给出，对子的内容均根据作者原文直译，并根据作者原文断句。以下
　对作者所译的诗句均做此处理。——译注

图83　白衣观音所在佛坛，位于三座大佛像前方

译　文

无穷无尽的时间

她从灾祸中挺过。

因由于此

其法身

永垂不朽。

数不清的生物

她将它们拯救。

因为在那恩慈的船中

她庇护着我们

直到永远。

79　　后文在介绍大殿内部布局时会涉及不同观音像的摆置，为方便后文描述，此处罗列出以下这些与观音相关的称谓，分别出现在寺庙各处不同的牌匾上，分别是"圆通观音""救苦观音""莲台观音""送子观音""浮海观音""紫竹林观音""高王观世音""大悲观世音""白衣观音""慈航道人"。其含义依次为"象征完美，归真实璞""救人于苦难""端坐于莲花宝座之上""赐赠子嗣""浮于大海波涛之上，乘浪而行（譬喻永留人世以守护众生）""于紫竹林内修行""至尊至上""慈悲为怀（救人之心，谓之悲）""身披白衣""以慈悲之心救度众生出苦海，犹如舟航"。[1]

大殿内部

佛像

主佛坛

　　大殿中央的佛像与其两侧的两尊佛像均立于同一石质底座（见图83）。底座各处都有大量的雕饰，四周边缘处刻有莲叶，轮廓鲜明、雕工精细。（大殿的）主佛（大型的观音像）端坐于镀金雕花须弥基座之上，基座表面以及各个部分都有数不清的人像、云彩、鸟类、小鹿

1　此处均根据作者原文理解直译。——译注

以及其他浮雕纹饰。基座下半部分上了红漆，位于前侧的中间部分覆盖着绣有神龙、祥云的布幔。

位于中央的大型佛像与法堂的佛像相貌相似，只是此处佛像体积更大。观音做冥想状，80双手简单交叉，手上空无一物。从艺术角度来看，这座佛像无甚高明。菩萨宝冠呈尖角状，上面有小型佛像（化佛冠）。宝冠下露出青蓝色发髻。雕像后方有一轮大型的光环，与雕像同样连接在精美的莲花须弥座上，须弥座四周布有莲叶形状的浮雕。

白衣观音

81

整座大殿中最值得关注的当属主佛坛三座大型佛像前方的白衣观音像。佛像恰好位于龙形穹顶下方，其形态优美、独具匠心，因而比众人皆知的三大佛像更胜一筹。这就是编号10：**白衣大士观音菩萨**。"白衣大士"意为"身着白衣的点化者"。佛像端坐于一个木质须弥座之上。须弥座外层镀金，座体为四排莲叶，位于一个石质基座之上。须弥座后方有一轮精美异常的光晕。佛像右脚支撑在须弥座上；左脚垂落在须弥座边缘，未接触地面，而是踩在石质基座表面上方的一朵莲花之上。佛像手肘放置于臀部，左手十分优雅地一直抬高至胸口位置，拇指、无名指指尖相对，其余三指直立向上。右手置于右侧膝盖上，手心向上，中指微微上扬，其余四指皆向前伸展。观音发髻高束（与印度的盘发式样相同），头上的宝冠几乎将整个头顶覆盖，只在一角露出蓝色的发绺。宝冠呈尖角莲叶状（共五片），上面饰有大量的金色纹饰以及一颗熠熠生辉的圆形宝石。这颗宝石上还镶有另一颗椭圆形宝石，嵌于火焰状花环状底座上，璀璨夺目。冠带垂于耳后，下端分成四条，打有叶状绳结。耳垂上带有耳洞，挂着大型的耳环。耳环由宝石制成，呈叶状，与佛像冠冕上的莲叶形状相似。耳环搭落在胸部与肩部之间。佛像身披的长袍略有褶皱，并没有遮盖雕像本身的自然轮廓。

雕像美得令人称奇。腰身纤细，胸部丰满，臀部浑圆结实，腿部紧实有力，裸露在外的胳膊丰满圆润。前臂、手腕以及脚踝处缠绕着宽大、镂空的金色丝带，每条丝带中央都有一片直立的莲叶。佛像衣襟微敞，露出脖颈处的珍珠项链，仅着一紫红色小前襟遮盖胸部与躯干（衣着主要遮蔽佛像前侧以及两侧处），看起来令人沉醉。前襟上端镶有一条蓝色缎带（宽约两手掌），点缀着银色樱花图案[1]；缎带上端由一较窄银带镶边，下端则悬挂有精致的银饰，

---

1 樱花并非中国传统美术作品中的元素，疑为作者观察有误，实际可能为与樱花同科的梅花。原书第116页提及的樱花可能亦属此情况。——译注

插图13　大殿中位于三大佛像前的白衣观音

与紫红色绸布相映衬。三条彩色（红、白、蓝）细长柳丝以及尾脚翘起的藤蔓枝叶状纹饰自蓝色缎带下端起，蔓延至下半身处。双肩由白色丝质披风包裹，饰有黑色竹子的图案。披风将脖颈处紧紧围住，由一根饰针扎紧。披风将手臂覆盖，搭至手掌，侧面向下垂落一直到莲花宝座的位置，雕像的整个背部均被这样遮盖。披风上搭落着一串围绕脖颈两圈的佛珠，一直搭落到胸口位置，佛珠的顶端还单独垂落着三颗佛珠。

雕像并没有微笑，却仍给人一种高贵友善之感。脸部着色不多，仅用两条黑色线条简单勾勒出眉毛、眼睑以及睫毛的轮廓。眼球为白色，除此之外面部其余部分均为镀金，正如所有木质雕像一样。雕像的外貌从整体上呈现出一种庄重肃穆感，其身形也应当是遵照印度风格塑造的，线条流畅、婀娜多姿。观音就像一位真正的印度公主，骄傲而美丽。

雕像背后的光轮共分两层，整体镂空、通体镀金。外层光轮的边缘饰有小片祥云图案，云彩簇成团状，构成独特的花纹。略高的顶部有六个火焰冠饰，周围环绕着双层火焰。这样火焰与祥云图案相连接，仿佛从云中喷出一般。彩云色团之间还装饰有大量茎蔓状的浮雕，细腻生动，显示出自然主义的艺术风格。光环上用金属丝固定着11座小型佛像，均端坐于莲花宝座之上，仿佛从莲叶中绽开，身后均有一轮较小的镂空光晕。佛像均右脚向下垂落，右手放于胸口，应该是在模仿观音大士的动作。 82

光轮最内侧是一面镜子，观音大士像正位于这面镜子前。镜子为纯绿色，与其他佛像身后的镜子毫无区别。这样的布局其实暗含深意：人望向镜子，而镜中显现出来的却是幻象；它象征一种理想境界、一种自己难以理解的对于完美的追寻和渴望，因为虚幻，所以永远无法达到。这尊镜前的观音将这个道理用生动形象的方式向我们展现出来。寺庙入口处的"照壁"与此相对。当人们站在这两面镜子之间时，便陷入了谜团，无法认清自我。自己本已是完美的一部分，却又不敢断定，只得茫无头绪；毫不知晓自身本就是整体的一部分，身处于神秘莫测的自然中，对此也浑然无觉。而将人们从自然的枷锁中挣脱出来，达到内心的解脱，是一种对个性的诉求。对于这一点，佛教徒与中国人仅仅是意识到了，而基督徒却通过创造人格性的上帝观念将这一思想传播开来。这种诉求开辟了一个新的理想境界，它应当在未来得到发展和弘扬。

其他佛像

白衣观音具有典型特征和代表意义，因此这里仅将这尊雕像作为范例进行了详述。而其他佛像的特征都能在其身上得到体现，便无需再一一描述。在此，我想借助图84给出的图示

插图14　观音与众神明

进行一些补充说明，并将大殿中所有佛像编号罗列、简要介绍。大殿中有23尊佛像、18尊罗汉像，总共41尊塑像（见图84）。

　　大殿中央的主像为1号："**大慈大悲观音菩萨**"，意为"用慈爱心给予众生安乐，用怜悯心解除众生愁苦的菩萨"。

　　其前方身披白衣的雕像为10号："**白衣大士观音菩萨**"，意为"身披白衣的点化者"。有关这尊佛像前文已有详述。为了理解此处观音大士两种不同形象之间的关联，我们有必要在此简要介绍一下"观音"名字的由来。所谓简要介绍，即不谈及起源和发展历史。"观音"字面的含义为"观看声音""关注声音"[1]，这源自于对梵语"*Bôdhisatwa Avalokiteçvara*"的翻译，而此处明显是一个有意的模糊翻译[2]（中国人喜欢用这种翻译方式，使其意义与设定的神明形象相匹配）。这种观点可以通过一处位于四川省的观音佛龛上面的铭文得到佐证，该佛龛距离盛产井盐的自流井不远。同时，其铭文上给出的一个对子为我们眼前这座大殿里观音的两个名字提供了一个非常完美的解释。铭文为：

大慈大悲曰大士　　观民观物曰观音[3]

　　主佛两侧站立着两位随从：

　　位于西面的为2号，龙女。龙女为东海龙王的女儿。东海龙王并非观音的侍从，但是观音用自己的神力战胜了他，由此，龙王将自己的女儿送予观音大士以伴其左右。

　　东侧站立着另外一位随从，即3号善财童子。

　　正如关于观音菩萨的传说千千万万，对于殿中其他神明同样有着数不清的故事。这其中大都是些历险故事，但和中国人宗教意识的发展有所关联。上文所说的有关龙女的故事正是其中之一，而此处的善财童子同样有着自己的传说故事。此处的故事有关于一位名叫妙善的小女孩，小女孩最终化身为观音大士，妙善按字面意思为"精巧、善良"。[4]后来这个名字被一分为二，形成了两个新的男性名字，这便是善才（大殿主佛坛上与龙女一同站于观音大士

1　此处均按照作者原文直译。——译注

2　Grube, Religion und Kultus der Chinesen, S. 151 及 Franke, Insel P'u t'o, Globus 1893, S. 118注释。

3　作者的译文与原文几乎没有出入，因而不再赘译。——译注

4　妙善，春秋时期父城（今河南平顶山宝丰县父城）妙庄王与王后宝德之女，因排行亦称"三皇姑"。其两位姐姐分别为妙音、妙缘。妙善为中国历史上的第一孝女，用自己的手、眼为父亲医治疾病，传说其圆寂后化身为千手千眼观世音。——译注

两侧）和妙才（法堂佛坛上站于菩萨身旁），意为"才华出众，心思绝妙"。[1] 关于这两尊雕像，此处便不再进一步详述。[2] 主佛两侧佛像的随从都仅仅被简单地称为童男、童女。

主佛坛西侧的雕像：

4号，送子观音及其两位侍童：位于西侧的童女（5号）和位于东侧的童男（6号）。

主佛坛东侧的雕像：

7号，浮海观音，其侍童与送子观音相同，即童女（8号）、童男（9号）。

南侧角落中，

11号，韦驮——佛教的守护者。

大殿北侧的佛坛：

84

12号，地藏王菩萨——地下世界的国王；

13号，千手观音——拥有一千只手臂的菩萨。

主佛坛背面端坐着三尊佛像，贴着墙边：

14号，骑鳌观音——骑在神兽上的观音，骑兽为某种神龟（见插图1），其侍从分别为清风（15号）、明月（16号）。

骑鳌观音前方为17号：慈航观音以及18号：莲台观音。

这座位于中央的佛坛旁边有若干小型佛坛。这些佛坛上端坐着：身披黄色长袍的扶佛（19号）、莲池大师（20号，此处所指代的同样是观音大士）。稍远处是21号忍祖师，为寺庙的祖师、奠基人。"忍"字为山神封号。还有22号"弥勒佛"，以及最后的23号"千首千臂观音"。

有些倾斜的粗壮梁架下方摆着镀金的十八罗汉像（背靠内廊侧墙）。如横截面图所示，十八罗汉依次端坐于石质底座之上，姿态不一。有的遵循某种特定姿势，有的则坐姿自然随意。每尊罗汉前方都摆放着一个质朴的小型木质香炉，以供僧侣和信众在某些特定的时间焚香祭拜，就像祭拜其他主神一样。

虽然这座大殿中佛像数量众多，但也仅仅是从佛教庞大的万佛祠宗中挑选出的很小一部分（见插图14）。与雕像相比，绘画可以让我们更直观地感受佛陀形象的多样性，因此有大量的木版画（如插图14）售卖给前来朝拜的人，这个现象是佛法经久不衰的有力印证。鉴于此

1　有关名讳的解释均按照作者原文直译。——译注
2　参见Annales du Musée Guimet XI, S.194/195。

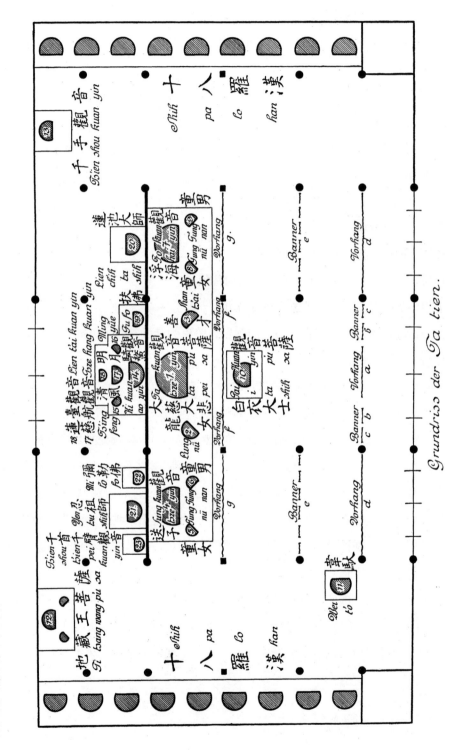

图84　大殿佛坛、佛像、帷幕陈设

85

图85　为高僧准备的拜垫

书的主要目的在于探究寺庙本身的建筑和艺术形式，因而此处不再对每个佛像进行具体描述。

大殿内部陈设

供桌与法器

　　主佛坛以及白衣观音所在佛坛（见图83）与大殿其他区域由栅栏隔开（见图84）。栅栏前方放置着三张高脚供桌（一张位于中间，两张分别位于两侧），上面有精美的木刻。供桌上陈列着一座香炉、两座烛台以及两只花瓶，与前文大殿前平台上摆放的法器类似。中轴线上的供桌供其后方两座佛像共同使用，因此，桌上配置的蜡烛更多，此外还另配有一张放置香炉的桌子。供桌侧面立着几个高大的烛台架以及放置着铜锣的支架。供奉三座佛像的主佛坛两侧也设有支架，东侧悬挂洪钟，西侧摆放大鼓，此处蕴含的意义与前文中前院的钟楼和鼓楼的含义类似。洪亮的钟声将神明之灵引来，唤起他们对礼佛信众的关注。即便时至今日，洪钟仍在中国人的日常生活中起着重要的作用。在衙门（地方长官或者更高级别官员的办公建筑）的大厅东侧就悬挂着一口洪钟。每位因急事来访或急需与官员本人商谈的访客，都可以敲这口钟。官员听到钟声后便应当亲临现场，聆听所来之人的上诉。但敲钟只是遇到紧急事件时的应急之举，平时很少会用到，若无事胡乱敲打则会受到相应的责罚。然而在此处的寺庙，不再是百姓向官员申诉，而是僧众呼唤佛祖，由此便可以看出钟声在中国人心中所具有的仪式意义。主佛坛三座佛像前供奉的白衣观音具有特殊的影响力和重要地位，因此在其所在的佛坛东南角处设置了一口钟和一面鼓。旁边的石柱旁放置着一个搁架，搁架上陈列着一件特殊的佛教器具——木鱼。在某些特定的礼佛仪式中，僧人便会拿着小木槌敲打木鱼。

　　其他佛坛前都配有放置法器的供桌，与主佛坛相似。供桌通常不与佛坛分隔开，而是成为它的一部分，因而佛坛的范围得以向前延展。有时佛坛上方还设有华盖和穹顶，由角柱支撑。佛坛前摆有拜垫，按照一定的顺序排放在每一间中；位于中轴线上的拜垫尤为华美，这是专供主持仪式的高僧所用。

86

柱础与龙门

大殿中央八根柱子的柱础均为石质，犹如鼓状，上面附有大量雕刻。其中四根[1]上雕有双龙戏珠，中间的宝珠被火焰环绕。中间四根上也雕有宝珠，宝珠两侧雕有两条神龙，龙首下垂，形成门框式样，宝珠便嵌于这座门中，而并非常见的悬于彩云间。因为神龙有随心掌控自然的能力（前文"二龙戏珠"图中已有介绍），故而欲达到完美或获得大智者需经此门，这是获取腾龙神力的必经之路。这便是"龙门"的理念（见图86）。

而中国人在表现穿越龙门获得圆满时，最常用的形象便是"鲤鱼跃龙门"。只有当鲤鱼历经千辛跃过龙门后，方可幻化成神龙。中国人在形象的选择上也自有其深意，他们恰恰是选择了这种不发一声，看起来既没有任何情绪也没有智慧，容易被糊弄上钩的鲤鱼，来作为化成富有智慧的神龙的主角。

日常生活中，若一位考生刚刚通过了殿试，人们会用"跃龙门"来形容他。这个比喻对我们来说并不难理解，鲤鱼仅仅是人的一种象征，即使是最愚钝者也可通过努力达到完满。通过殿试的学生便成了所谓的"宝石"，获得了神龙在"龙门"后守护的大自然的神秘力量——智慧。

通常中国人认为：每条神龙都要想方设法找寻宝石，正如人类必须进行传宗接代以获得子嗣一样。因为神龙所找寻的宝石代表着一种理想境界，这也正是人类的最终追求；而这种境界并非在此生就能达到的，因此人们需要子嗣去传承先辈们已经获得的一切并将其延续和发展，只有这样才能不断接近圆满；若无后人传承，那之前所做的一切努力、取得的一切成果将会付诸东流。中国人对于传宗接代的理解是其思想观念的一个特殊体现，由此我们能看到在中国人的世界观中，对礼仪和精神上的完满（以宝石为喻）的追求始终占据着核心地位。

雕刻线条明晰、结构清楚，雕工细腻精巧。然而这些装饰并没有影响到石柱本身的承重作用，只是平添了一些负荷。这里不禁让人联想到前寺的两处柱础，与此处有异曲同工之妙（见图88）。那两处柱础同样遍布精美的雕刻，其中一处雕有祥云、花朵以及树叶；而在另外一处，人们能看到栩栩如生的叶子自顶端边缘处的叶状花饰，经下方藤蔓飘落至地面，线条简洁明了（见图87）。柱础下端向外凸出，使得整个立柱看上去仿佛背负了沉重的负担，工匠正是通过这种方式将"柱础"的概念用最自然也最富艺术表现力的方式表达了出来。上述三

1　据后文内容推测，此处是指八根立柱中位于外侧的四根。——译注

图86　法雨寺大殿带有龙门、宝珠的石柱柱础

图87　普济寺石柱柱础

图88　普济寺石柱柱础

处工艺精湛且富于想象力和艺术价值的柱础实例，是华中和华南地区类似柱础的典型代表。工匠在打造时加入了大量的题材，在这点上，我们欧洲即使纵观整个艺术史也无法望其项背。对于立柱的研究和评价将在后文中继续出现。

着　色

　　下方环绕的通道的上方，诸多倾斜的支架只有一种颜色，此外无任何彩绘；屋顶下方的同样如此。天花板上每块正方形木板中心都在圆形区域内绘有一条神龙正身像。石柱都抹上了灰泥，上了红漆。其余的木质

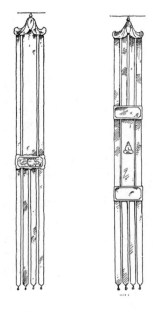

图89 带箴言的　图90 带箴言的
　　　布幔　　　　　　　布幔

结构上有很多彩绘，但明显年久失修，现在已经严重褪色。

灯 笼

大殿中堂的第一个开间上方悬着三个锡制烛台。第二个开间的供桌前方（位于轴线处）有一盏长明灯；灯罩为木质，呈六边形，布满刻纹，极具艺术感。灯的主体部分由玻璃制成：神龙盘绕着一根立柱，立柱下方因负重而凹陷形成一个拱形。通体晶莹剔透，有大量精美雕饰。佛教寺庙的长明灯（类似的灯在道教寺庙中也十分常见）让我想到我们教堂内的长明灯（仅在此处略作提及，若日后有人对此进行深入研究，我将不胜感激）。

幢 幡

在上文我们提到了殿内空间布局上的美感。然而前来的参观者并不能立马发觉这一点，因为殿内有大量帷幕以及绣有箴言的布幔（布制或丝质）遮挡了视线，使得人们无法对整座大殿一览无余。在其他规格更高的寺庙（道教寺庙同样如此），帷幕的遮挡效果更甚。这种巧妙的遮掩方式对于我们欧洲现代人来说已然陌生。我们习惯于将一件艺术品当作一个独立绝对的物件，它自身便已承载了所有的美丽和价值，因而艺术品无需依靠其他手法或借助外界事物来表达，仅仅展示自身即可，至多也只是被放置于展盘上。在欧洲，人们会为了艺术品特殊的呈现效果而将房屋推倒，为其留出足够的空间。所有一切都为艺术品的自身呈现而让步，这是艺术品在欧洲艺术领域的独断专行。真正的艺术应当服务于理念，应当创造出真正美和精的事物。因而艺术家进行创作不应以博取掌声为目的，而应将其作品珍藏起来或仅仅向少数知音展示。

由此我们可以对中国的这种表现手法品评一二。他们的作品钟情于含蓄。中国伟大建筑中所蕴含的思想绝非祖露在外，因此参观者需要预先做大量功课方可参透其中玄机。例如，寺庙中各建筑的海拔自入口处起依次增高（依山而建），人们只有经过一番思索考察后方能理解这种排列顺序在艺术上的意义。再如，宁波（距普陀山不远）一个窄小的巷子中竟然高耸

89

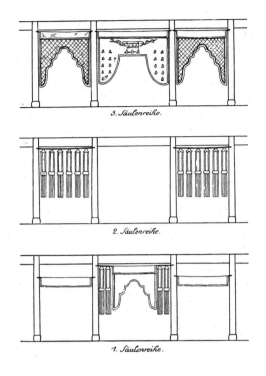

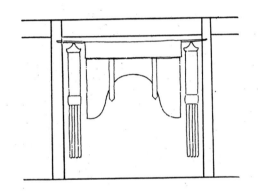

图91　大殿主佛坛前的帷幕、布幔（参见图84）　　　　图92　大殿一处佛坛前的帷幕

着众多精致的大厦，让人无法看清周围全貌。理念本身也足以说明一切，然而有时由于环境所迫，加之艺术创作时的不得已而为之（却造成了独一无二的艺术效果），更加凸显了理念的强度与清晰度。因此，法雨寺大殿中大量的帷幕将空间遮盖，将佛像藏匿起来，阻挡着远眺者的目光，然而却能唤起参观者去感受建筑以及周围其他美且真实存在的事物，感受每件物品中所呈现出的完美。

　　每排柱与柱之间都安置着帷幕，做工都极具艺术价值。下文将按顺序对此一一讲解（见图84）。

　　第一排，紧贴大门，中央两根柱子间垂落着五条布幔。位于正中央的帷幕为布制，大红色。帷幕a面积最大，剪裁比例恰到好处，弧度适中，正好可以让中轴线一览无余，幕布上方有一个幕板。帷幕上绣着蓝、白、金三色的鲜花、藤蔓以及佛教符号。幕布用黑色宽带镶边，黑带中间还有一道饰有刺绣花卉的白色窄边。上方的幕板为绿色，上面绘有白鹭和云彩图案，

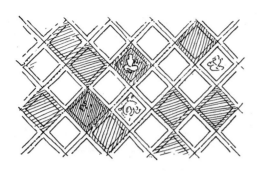

图93 斜纹补丁制成的布幔

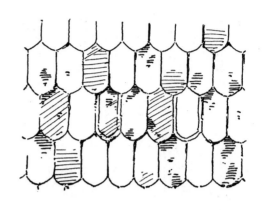

图94 鳞片状补丁制成的布幔

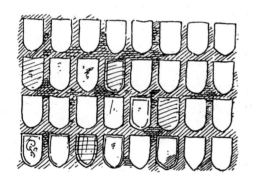

图95 打满补丁的布幔

图96 补丁的形状

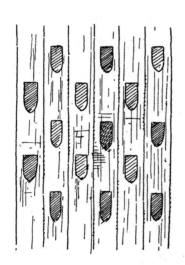

图97 僧袍的一部分

灵巧的白鹭翱翔于云间，使整个画面富于动感、充满生机。帷幕两侧分别有两组绣有箴言的布幔b、b、c、c，每面布幔按照长和宽被均匀地分成三个部分。中间部分绣着一位佛陀或一朵莲花，其余部分则绣有红白相间的神龙、佛教符号以及简短的箴言锦句（见图91）。两侧横向绿色宽幅绸带d上有银色大字"观音大士菩萨"。

第二排柱子间：中堂两侧各挂有六个相同制式的白色布幔e，上面有若干黑色汉字，布幔两边还随意装点着红色长形条纹。

第三排柱子中央主祭坛供桌前有一个深绿色丝质的帷幕[1]f，中间开口（见图83）。上面刺有一个带着双坡顶及两个侧顶的大门图案，门中端坐着三位佛陀；下方护墙处还有其他佛陀，他们两侧则是韦驮和观音。两条腾龙飞向门中，因而这座门也暗含了前文所提及的"龙门"之意。此外在一旁还端坐有十八罗汉，周围环绕着四只极乐鸟以及大量纹饰。所有刺绣无论是大的佛像还是小的螺旋花饰，大都为金色。搭扣为浅绿色，带有金色的符号。

侧面区域悬挂着拼缀布幔g，上面有各色的方形补丁，补丁处还绣有花朵、佛陀、罗汉或宝塔。布幔整体为深绿色，上面有金色的字符。

法堂的帷幕与此制式相似，在本章第九部分中将借助一个草图进行描述。

打补丁的布幔与僧袍[2]

补丁布幔不仅在佛教寺庙中极为常见，道教寺庙中同样如此。根据佛祖最初的一条规定，僧侣都应生活清贫，只能通过化缘为生，不可积聚财物，而只能身着打补丁的僧袍正是这种清贫生活的一种外在体现。人们通常认为，僧侣们所能接收的礼物只能是补丁，他们需将这些补丁缝制成僧袍。然而这大都只是理论上的说法，早在古时候，僧侣的僧袍，特别是一些高僧的僧袍，都做工精细、十分整洁。但是这个规定对于僧侣来说应当是不陌生的，很多极为虔诚的僧侣确实也在遵守，或以某种其他方式遵守这个规定。这种重心不重形、一切清贫从简的规定反而造就了补丁布幔的艺术价值。人们将清贫发展成为一种美德，正如"西妥教团"（Zisterzienser）[3]的僧侣，他们从被禁止在玻璃上涂抹颜色的艺术困境中创造了"灰色调

1　此处应指"欢门"。——译注

2　此处参见插图4、插图20-1、插图25-2。

3　又译"西多会"，名称源于法国东部第戎附近的西妥（Cîteaux）村，由当地修道院的本笃会僧侣莫莱斯默的罗贝尔（Robert of Molesme，1027—1111）于1908年创，其宗旨是为了更贴近本笃会会规，过安贫、简朴和隐居的生活。——译注

图98　身着补丁僧袍的僧侣

单色画法"（Grisaillemalerei）。以相同的方式，人们在佛教寺庙中通过各式各样地利用补丁创造了独特的艺术形式。

　　这种艺术形式多种多样。有的将方形补丁按对角线走向缝于布幔，形成斜纹方格的纹饰（见图93）。补丁的色彩也经过精心搭配，因而有一种杂而不乱的整体感。还有的布幔则是由鳞片状补丁简单缝合而成，同样色彩斑斓；此外在补丁间的缝合处还装点着各式各样的刺绣，如鲜花、藤蔓、佛像、汉字或符号等（见图94）。也有朴实的纯色布幔，上面缝合有零星的补丁片（见图95）。这些布片的形状大都会让人联想到莲叶，也有其他叶片形状的补丁穿插其中，或尾部略翘起，或呈叶瓣状（见图96）。在某些特定场合，一些高僧会身着由类似布幔制成的僧袍，每一件长袍上都缝有大量颜色各异的叶状布片（见图97）。此外，一些僧侣在礼佛之外也会身着这种补丁僧袍，上面缝合着各色不规则的彩色碎布片。这些僧袍是刻意模仿上文所述补丁布幔的制式。僧侣穿补丁僧袍并非出于清贫，因为补丁的缝合并不是随意拼凑的，布片本身也十分洁净。补丁在这里是一种仪式上的需求。

这种"补丁"的思想与舟山群岛给人的感觉奇妙地一致。群岛的山脉便是一个个小巧的单块儿，设想它们是按照一定的规则被排列在一起，每个小山丘因土地和耕种方式的不同也呈现出各异的颜色（黄色、白色、棕色或绿色）。山峦与山丘相互依偎，在这里，它们不像在华北的那样形成梯田。从远处看去，整片区域就像打上了补丁，每一个看到此景的中国人都会联想到佛陀的训诫、对观音的供奉以及僧袍和布幔上的补丁。中国人喜欢从周围的自然现象中发掘出神圣的灵感，将其视为神明的指点；而另一方面又会将这些理念运用于对周遭事物的观察中，从而加深自己对周围世界的理解。这样的交互关系，一方面有利于形成一种和谐的世界观（harmonische Weltanschauung），另一方面也有利于加深文化的统一性（Einheitlichkeit der Kultur）。

七　二十四孝

前文中我们已经简要提及了大殿前方平台围栏栏板上的雕刻。这些生动的浮雕向我们展现了中国最为著名的有关"孝"的故事。这些故事通过书本、戏剧以及绘画作品深入人心，对于所有中国人而言都耳熟能详。而类似的对于"孝"的表达在寺庙和民宅的装饰中都随处可见。这些甚至可以说有些天真、单纯的有关"孝"的故事，一半源自历史，一半经由文学加工渲染，最终形成了一种典范式和规范式的经典，并渐渐被视为美德上值得所有人效法的耀眼榜样。由于在中国文化中"孝"属于最为首要的道德规范，因此这些"孝"的典范对于中国人而言家喻户晓，世世代代口耳相传。

中国人对于"周期"的偏好使得这种"孝"的范例必须满足某个具有特定含义的数量，比如从神圣的数字1到9中找出一个。中国人最终选择了"24"这个数字。"24"代表着一年当中的24个"半月"、一天当中的24个"半个时辰"。因而在中国，数字"24"广泛出现在文学、风俗以及艺术领域中。例如在四川，数字"24"就常常化身为被称为"二十四诸天"的24尊雕像。

而恰恰在这供奉着慈悲化身的观音菩萨的大殿前展现这些子女之于父母的爱与牺牲的著名故事，是颇有深意的。在中国，每位刚入学的学生开学时，手中捧着的第一本小册子中的第一句话就是"人之初，性本善"。而这些与"孝"相关的故事中所体现出来的近乎出自自然天性的孝心，则是对于这句话最好的印证。"孝"作为与生俱来的"善"的一部分，正是慈悲的观音大士本质的一部分，也正是人性当中最为根本的基石。这24幅雕刻在栏板上的浮雕通过中轴线划分为两组，各12幅，并进而通过正反面分为四组各6幅。在此，我想对24幅浮雕依次进行介绍，尽管这当中的一部分无法借助图像进行形象的描述。每幅石刻大小约为0.50米×1.10米。

对于这些单个故事内容的再现，我将借助程艾凡（Ivan Chên）的英译本《孝经》（*The book of filial duty*）[1]。这本小册子隶属"东方智慧"（Wisdom of the East）丛书，所针对的阅读群体较为广泛。这也就解释了为何在此译本中删除了"二十四孝"故事中的第16以及第21个——英国人的假正经。[2] 在另外一本早先由一位中国人赠予柏林尊敬的皇帝陛下的德语版本中，我找到了这两个缺失的例子，而该译本中还附带了一篇有关"孝"的美文。同时，我也根据该德译本对其余22个故事进行了补充。此处栏板上石刻的排列顺序与《孝经》原文不符。

93　　　护栏西侧浮雕：编号1至6。

编号1：亲尝汤药

汉文帝，为汉高祖的三儿子，被封为代王。文帝生母薄姬在高祖逝世后成为遗孀，文帝侍奉母亲从不懈怠。母亲卧病整整三年的时间中，文帝目不交睫，衣不解带。母亲所服汤药，文帝皆先亲口尝试。文帝的善良、孝心在整个国家被传颂开来。

相应的浮雕由于风化严重已经无法辨识，故不做描述。

编号2：卧冰求鲤

晋朝人王祥，早年丧母。继母对其并不和善，经常在其父面前诽谤王祥，使得王祥失去父爱。继母非常喜爱食用新鲜鱼类，但时值冬日，天寒地冻，捕鱼几乎是不可能的。王祥解开衣衫，卧在冰上，希望通过自己的体温融化冰层，捕获活鱼。突然，冰层自行融化，从中

1　程艾凡系华裔汉学家，其翻译的《孝经》于1908年由伦敦的约翰·穆莱（John Murray）出版社首次出版。——译注

2　对此处，作者后文并没有详细解释，但是根据删除的两个故事的内容，译者认为，应当是因为"乳姑不息"中的用乳汁喂养曾祖母以及"尝粪忧心"中的"尝粪"不符合英国人对于"绅士"行为的规范，故而闭口不提。德语中的"Prüderie"一词通常用来讽刺英国人自以为绅士行为的假正经，故而做此猜测。——译注

跃出两条鲤鱼，王祥赶忙抓住鲤鱼，送予继母。村民听闻此事后，无不感到惊奇、赞叹，都认为王祥的孝行正是造就这个奇迹的原因。

浮雕：左侧的大树上悬挂着一件外套，整个石刻右上方边缘的下方刻有云彩。有大量刻有四字箴言的小型石板。王祥赤裸上身趴在冰层上，浮雕展现了破冰的一刹那。一条鱼位于王祥上方，另外一条仍在冰冻的水中。

编号3：扇枕温衾

黄香，汉朝人，九岁丧母。黄香非常思念自己的母亲，以至于全村人都称赞他的孝心。他每天必须从事大量繁复的工作，同时还要孝顺自己的父亲。酷暑时，黄香为父亲扇凉枕席；寒冬时，黄香用身体为父亲温暖被褥。当地太守为其孝行感动，上表朝廷以示奖励。

浮雕：画面中央为一张宁波床，床上带有收折起来的幕帘以及一个圆枕。黄香手持扇子站立一旁。浮雕上并没有表现黄香的父亲。石刻左侧还刻有栏杆和一个木桶，右侧刻有一扇门（见图99）。

图99　浮雕编号3: 扇枕温衾

图100　浮雕编号4：百里负米

编号4：百里负米

周朝有一位孔子的弟子名叫仲由，由于家中贫穷，常常只能采食野菜、野果。然而他却经常从百里之外负米回家侍奉双亲。父母去世之后，仲由去南方的楚国做了大官，随从的车马有百乘之众。仲由由此变得富有，所囤积的粮食不计其数。他躺在松软的卧榻之上，食用的菜品更是难以计数。然而他却说："我如今多么希望可以再次去采食野菜，再为我的双亲负米。可是我现在再也没有这样的机会了。"

浮雕：中央描绘的是仲由肩上扛着一袋米，看起来十分疲惫。母亲体贴地帮儿子扶着米袋。左边刻有树与山，暗示着仲由途经的漫长路途。背景中央为一扇带有栅栏的房门，右侧刻有一张桌子（见图100）。

编号5：芦衣顺母

　　闵损，周朝孔子的另外一位弟子，早年丧母。其父很快便续了弦，后妻为其又生下两个儿子。不幸的是，继母十分讨厌闵损。冬天，闵损的两个弟弟穿着棉花制成的冬衣，而闵损却只能穿芦苇制成的破衣烂衫御寒。一天，闵损为父亲牵车。闵损因天寒打颤，绳子从僵硬的双手中掉落。尽管如此，因为这个不慎的失误，闵损遭到了父亲的斥责，闵损却不予争辩。之后，当闵损的父亲得知实情想要马上休逐后妻时，闵损却说："留下母亲，受冷的只是我一个儿子；但是如果父亲您休了母亲，那么就会使得三个儿子成为孤儿。"父亲十分触动，依照闵损所言，不再休妻。继母非常后悔，此后对待闵损犹如己出。

　　浮雕：左侧一位母亲带着一个小儿子，小儿子身着棉衣、乖巧地侧身依偎着母亲。两人望向站在中央转身向左侧的父亲。母子两人请求父亲的宽恕。右侧角落中，孔子坐于车上。背景左侧为一扇房门，右侧为树木、田地（见图101）。

图101　浮雕编号5：芦衣顺母

编号6：怀橘遗亲

陆绩，时年六岁，生活在汉朝的九江郡。一次，陆绩拜谒著名的将军袁术，袁术拿出几个橘子送给陆绩。陆绩往怀里偷偷地藏了两个橘子。临行辞别时，怀中橘子却意外滚落在地。袁术见后，问道："我的小朋友，你来我家做客，走的时候还要偷偷藏着主人家的橘子吗？"陆绩下跪答道："我的母亲很喜欢吃橘子，我想拿回去给母亲享用。"袁术对于他的回答感到深深的惊讶。

浮雕：袁术面有胡须、手持手杖，从座椅上起身，将左手父亲般地伸向陆绩。陆绩诚惶诚恐地鞠躬，双臂向前做出请求的姿势。陆绩身前放置着两个橘子。背景左侧是一栋带有石柱的建筑（应当是一座凉亭）和大型芭蕉叶；右侧是一棵强壮、枝繁叶茂的大树（见图102）。

西侧护栏南半部浮雕：编号7至12。

图102　浮雕编号6：怀橘遗亲

编号7：卖身葬父

董永，汉朝人，家贫。父亲去世后，董永将自己卖给他人，让他可以预支父亲丧葬的费用。他正准备通过工作为自己赎身，途中却偶遇一位姑娘，姑娘请求嫁给董永。由此，两人一起前往董永主人家中，主人命令董永为自己织成300匹锦缎方可重获自由。通过妻子的帮助，董永一个月之内便完成了整个工作。在返家途中，他回到之前偶遇妻子的槐荫下。此时，董永的妻子却突然从他的眼前消失，凌空而去。

浮雕已无法辨认。

编号8：扼虎救父

汉朝[1]有一位名叫杨香的14岁少年，跟随父亲到田间割稻。忽然，田间蹿出一头猛虎，想要将其父亲叼走。杨香为救父亲全然不顾自己安危，手无寸铁却急忙纵身上前，扼住猛虎的咽喉。猛虎因而将杨香的父亲从口中放下，跑掉了。由此杨香的父亲得以幸免于难。

浮雕：中央描绘的是父亲被抛在地上，手中镰刀被甩出很远。猛虎自上而下扑在他的身上，撕扯着他的后背。杨香左臂攫住猛虎，右手猛击。左侧刻有树木、橄榄叶；右侧刻有山峦；底下为各种植物。

编号9：涌泉跃鲤

汉朝人姜诗，非常孝顺他的母亲。他的妻子庞氏同样谨遵自己婆婆的各种要求，没有半点忤逆。姜诗的母亲生性喜欢饮用江水，而长江距其家足有六七里之遥。庞氏常常亲自前去江边取水供婆婆饮用。姜诗的母亲又非常爱吃鲤鱼肉制成的丸了。当她自己有得吃时，又觉得不可以独自享用自己儿子、儿媳辛苦准备的饭菜，便常常邀请周围的邻居一起食用。有一天，姜诗的家院旁边突然涌出一股清泉，其泉水的味道犹如江水，而每天都有两条鲤鱼从泉水中跃出。从此以后，姜诗每天就从这里取水与鲤鱼侍奉母亲。

浮雕：左侧竹子前方儿媳手提篮子，篮中装有一条鲤鱼；右侧水波中一条鲤鱼游来游去。

---

1 应为晋朝。——译注

编号10：埋儿奉母

汉朝人郭巨，家境十分贫寒。郭巨有一个年仅三岁的儿子，但是由于太过贫穷，不得不将奉养老母亲的饭食分与他的小儿子。郭巨对自己的妻子说："我们太穷了，没有办法供养母亲，而我们的儿子却又在母亲本就不多的饭食中分去了一部分。我们是不是把这个儿子埋掉？儿子，我们还可以再生；但是母亲，如果她死了，我们就再也无法让她复活了。"他的妻子不敢违背他的意思，郭巨立刻挖了一个大坑。突然，他在坑中发现了一坛黄金。坛子上写着："天赐孝子郭巨，官不得取，民不得夺。"由此，郭巨的儿子免遭于难。

浮雕：画面中央郭巨戴着一顶大帽子。郭巨手持锄头正在地面上挖坑，坑中有金子显现出来。画面右侧，郭巨的妻子怀抱他们的儿子，看着郭巨。背景左侧为山峦、花朵，右侧为香蕉树（见图103）。

图103 浮雕编号10：埋儿奉母

编号11：弃官寻母

宋朝有一位名叫朱寿昌的人。七岁时，其生母因遭其父正室忌妒，不得不离家出走。母子两人十五年不曾相见。神宗年间，朱寿昌弃官与家人诀别，不寻得自己生母誓不归还。当他走到同州的时候，在那里再次寻得了自己的生母，此时，生母已70多岁高龄。

浮雕：画面中央是老母亲右手手持拐杖，坐在脚凳上。老母亲身前跪着她的儿子，儿子的姿势显得尊敬而又充满爱，他的右臂放在膝盖上，左臂抬起。老母亲慈祥地将左臂伸向儿子。其左侧放置着一个米袋，竖起一把伞；后方为栏杆、山峦、树木；右侧有一张桌子。背景中央为一个房间，房间的地板被分为几个区域。

编号12：孝感动天

虞舜，瞽瞍的儿子，生性极为孝顺。他的父亲冷酷、母亲无情，而他的弟弟象则虚荣、傲慢。舜必须为整个家庭的生计劳作。他耕作于山西[1]的历山，如果不是为了整个家庭、不是出于孝心，他根本不需要做如此多的工作。由于他的孝心，上天派遣大象帮他耕种，鸟儿为他除草。[2] 这正是因为舜的孝心感动了上苍。此外，舜在黄河岸边烧制陶器时，制成的陶器一点裂缝都不会有；当他在风暴中出海打渔时，雷电从来不会击中他所乘的小船。虽然他的工作极为繁重，几乎耗尽了他所有的精力，但他对此却从未有过怨言。舜的美德广泛传播开来。尧帝听闻后，命令舜打理自己所有的事务，将自己的九个儿子送给舜做仆人，并将自己的两个女儿嫁给舜做妻子。由此，28岁的舜便成为尧帝手下的第一要臣。此后，尧帝又最终决定将帝位禅让给舜。再之后，舜又将自己的帝位禅让给禹。

浮雕：舜，这位未来的君王手持锄头站立在画面中央，双手充满感激地放在胸前。右侧，舜的身旁一头小象用自己的象牙帮助舜犁地；上方右侧，两只鸟儿飞过；左侧，刻有山峦、柳树。

东侧护栏南半部浮雕：编号13至18。

1　此处应为山东。——译注
2　在山西的平阳府附近，直至今日还有很多用在底座、支架或是雕塑上的大象元素。这些肯定都是在纪念这个传说。

编号13：涤亲溺器[1]

宋朝黄庭坚官拜太史，为人极为孝顺。尽管身居要职、声名显赫，但黄庭坚对于自己母亲的命令都极尽孝诚。一次，母亲身染重病，黄庭坚整整一年的时间都不曾离开母亲的卧榻，甚至未曾脱下自己的外衣。每天晚上，黄庭坚都为母亲倾倒马桶，清洗餐具。当母亲去世之后，黄庭坚极度伤心以致染病，还差点因此丢掉性命。

浮雕：左侧，母亲坐于脚凳上，手臂伸向黄庭坚。黄庭坚从中央走向母亲，双手捧着一个饭碗。右侧，黄庭坚身后为一个马桶。背景为房间、栏杆、房门。右侧刻有一片山峦风景。

编号14：哭竹生笋

晋朝孟宗[2]，年少丧父，母亲患病。一个冬日，母亲对孟宗说想喝竹笋做的汤。但是孟宗无计可施。最后，孟宗前往竹林，怀抱着光秃秃的竹竿，放声大哭。他的孝心感动了天地，渐渐地，地面开裂，几根竹笋破土而出。孟宗赶忙将其收割，带回家中为母亲煲汤。母亲喝完汤，身体立刻恢复了健康。

浮雕：画面中央，孟宗跪于两根竹竿之间，双手摇晃着竹竿。竹竿弯曲，均朝向孟宗倾斜。画面中还可以看到另外三根竹竿。左侧山中有一座小茅屋，右侧刻有一棵强壮的树干。

编号15：刻木事亲

汉朝一位名叫丁兰的人，自幼父母双亡，丁兰根本没有机会奉养自己的父母。他无时无刻不在思念父母对自己的养育之恩。于是，丁兰用木头刻成双亲的雕像，将它们视为自己的亲生父母。时间久了，丁兰的妻子不再像丁兰那般对木雕表示敬意。一天，丁兰的妻子竟然好奇地用针刺木雕的手指。木雕的手指竟然立刻有血流出。丁兰回来后，木雕眼中垂泪。丁兰问知实情后立刻将妻子休弃。

浮雕：右侧，房内壁龛上竖立着丁兰双亲的雕像。父亲立于左侧，母亲望向中央。两侧有两个烛台。壁龛前丁兰身着传统官袍，双手向父母做乞求状。丁兰身后左面站立着他的妻子，妻子面带执拗的邪恶表情，站在一面大镜子前方。背景为生机勃勃的土地（见图104）。

---

1 原文直译为"床前孝子"。——译注
2 应为三国时。——译注

图104　石刻编号15：刻木事亲

编号16：乳姑不怠

　　唐朝有一位名叫崔山南的人。他的曾祖母年事已高，牙齿已经完全脱落。崔山南的母亲[1]十分孝顺，每日为其曾祖母盥洗，并用自己的乳汁喂养她。如此数年，曾祖母不再吃其他的饭食，身体都非常健康。然而有一天，曾祖母生病，并感觉自己时日不多，遂召集全家大小，对他们说："我没有什么可以报答我的儿媳妇。我只是希望，她的儿子也可以像她孝敬我那样孝敬她。"

　　浮雕：中央右侧，年迈的曾祖母弯腰坐在一把扶椅上。其身旁站立着儿媳妇，并将自己的右胸袒露出来让她吮吸。后方为曾祖母的手杖。儿媳妇看着自己的儿子，儿子背靠地面，疲倦地躺着。装饰物为一个打翻的空坛子、一个打谷器，以及房门、栏杆上的格状结构。

编号17：行佣供母

　　汉朝有一位名叫江革的人，少年丧父，与母亲独居。不久，战乱来临，母子俩经历了很多不幸。战乱中，江革背着母亲逃难。路上经常遇到强盗。一次，贼人想要杀死他，江革赶忙哭诉哀求，说他的老母亲年迈，无人奉养，请求贼人可以放过他。贼人有感于江革的孝顺，

1　此处应为祖母。——译注

不忍杀他。江革因此得以到达下邳，却身无分文、一贫如洗。于是，江革便做雇工赡养母亲。江革工作非常勤恳，以至于母亲所需要的都得以满足。

浮雕：中央是江革身负母亲向左侧走去，两人回头。到处都是山丘，左侧的空间刻有一棵树，右侧上方有两个身披铠甲、手持武器的男人。

编号18：啮指痛心

周朝有一位名叫曾参的孔子门生，极为孝敬自己的母亲。曾参常常进山砍柴。一次，曾参不在家中时，有好几个客人到访，母亲感到十分窘迫，不知道该怎样招待来访的客人。由于曾参迟迟未归，母亲就用牙齿咬自己的手指。就在这时，曾参忽然感到一阵心痛，马上背起木柴奔回家中。当他回家看到母亲时，跪问缘故。母亲答道："有几位客人忽然从远方来访，我咬我自己的手指，盼你快点回来。"

浮雕：中央右侧站着一位驼背的老母亲，支撑在自己的手杖上，伸开左手给曾参看自己用牙咬的拇指。曾参跪在母亲面前左侧，双手抬起做请求状。曾参身后，再左面一点的位置，有一根两端装满木柴的扁担放置在地面上。更左边一点刻有山峦、树木。中央背景为开放的凉亭，右侧为房门。

东侧护栏浮雕：编号19至24。

编号19：恣蚊饱血

晋朝人吴猛，时年八岁，十分孝顺自己的双亲。吴猛家中贫寒，没有钱为床榻购置蚊帐。因此，每到夏天，全家都饱受蚊虫叮咬之苦。吴猛却赤裸身体躺在父母床前，任由蚊虫叮咬而不驱赶。虽然蚊虫的叮咬折磨得吴猛几乎要死，但他还是不驱赶蚊虫，担心蚊虫离开自己去叮咬父母。他的孝心竟然都到了这样的程度。

浮雕：吴猛躺在地上，父母各手持一个烛台，左手怜爱地抚摸着吴猛。背景为圆形窗户，透过窗户可以望见窗外景色。左侧为树干，紧接着为山峦、竹林、花朵。

编号20：鹿乳奉亲

周朝有一位周郯，生性极为孝顺。周郯父母年迈，身患眼疾，需要饮用鹿乳进行治疗。

101

周郯便身披鹿皮进入密林深处，混入鹿群之中，为父母挤取鹿乳。一次，一位猎人误将其视为麋鹿，想要射杀他，周郯急忙掀起鹿皮现身走出，并将自己身披鹿皮挤取鹿乳为父母治病的实情告知猎人。

浮雕：周郯在中央弯腰，悄悄地向左侧前行，身上披挂着带有斑点的鹿皮、头戴鹿角，隐约中可以看到周郯一半的衣服。画面中周郯四下张望，其身后为一个由于慌忙逃跑而留下的木桶。右侧上方山峦中刻有两位猎人，一位肩膀上扛着一只小鹿，另外一位头戴猎人常用的羽毛帽子，拉弓搭箭。最右侧山峦中可见两座墓碑。左侧一只雌鹿吃着草，从上方一块岩石处毫无戒备地走向中央。浮雕中没有树木。

编号21：尝粪忧心

南齐有一位叫庚黔娄的人，官至县令，但是赴任还不足十天，忽然感到心惊流汗。他很快辞官返乡。回到家中，庚黔娄才发现，父亲已经病重两日。医生嘱咐道："要想知道病人病情的吉凶，只要尝一尝病人粪便的味道，如果是苦的，那么这就是马上痊愈的征兆。"庚黔娄于是遵从医嘱去尝父亲的粪便，发现味甜，内心十分忧虑。夜里他跪拜主管人类生命长短的北斗星，祈求以身代父去死。

101

图105　石刻编号21：尝粪忧心

浮雕：画面中央桌子上摆放着茶壶、茶杯。桌子后方为父亲，长长的胡须足足有三层。父亲双臂支撑在桌上，看着自己的儿子。庾黔娄站在桌子的左侧，左手放在桌上。父亲坐在炕上。背景、侧边为栏杆、胸墙和放有器皿的桌子。还有户外的景色。所有的装饰物都很程式化，容易辨认（见图105）。

编号22：拾葚异器

汉朝有一位名叫蔡顺的人，年少丧父，非常孝敬自己的母亲。时值王莽之乱，物价飞涨，人们根本无法获得足够的食物。蔡顺只得拾取桑葚充饥，并将桑葚分为两个篓子装起。

王莽本人（抗击赤眉军的统帅）一日看到蔡顺这样做，便问其缘故。蔡顺答道："紫色的、熟透的桑葚我留给母亲吃；青色的、还没熟的，我留给自己吃。"王莽很是感动，奖励蔡顺三斗白米、一只牛蹄。

浮雕：中央是两个人向右行进。后方第二个人为蔡顺，左肩扛着一个大袋子，右手提着一个小袋子，大步前行。蔡顺前方一位徒步者右手挎着一个篮子，四处张望，左手指向前方。左侧有一棵半棵树木，上面带有几片树叶。右侧刻有云彩、河流、木桥。

编号23：闻雷泣墓

魏晋时期有一位名叫王裒的人，生性十分孝顺，母亲在世的时候十分惧怕雷声。母亲死后被埋葬于山坡的树林中。每逢雷雨天气，只要一听到雷神车辙滚动之声，王裒便立刻赶往母亲坟前，跪拜、安慰自己的母亲，泪水滴落在墓碑上，他对母亲说："孩儿在这儿，母亲不要害怕。"之后，王裒在读到《诗经》中的句子"哀哀父母，生我劬劳"[1]时，常常泪流满面，思念自己的母亲。

浮雕：左侧为圆形的墓墙，中央为墓碑，王裒跪下环抱着墓碑。后方可以看到树枝、灌木丛。右上方明显可见密布的乌云，一道闪电伸向中央，雷神在右上方微微现身，左臂以及左翼伸向前方，右臂和右翼伸向后方，头部向后张望。（这是多么杰出的动态展现啊！）雷神左手持闪电，右手持木锤，脸上为梅菲斯特式的胡须，头发竖起，中等身材，身着带有流苏的鱼鳞状服饰，衣服非常贴身。雷神的一对翅膀令人联想到蝙蝠。雷神周身密布乌云，双腿

---

1 出自《诗经·小雅·蓼莪》。——译注

图106　浮雕编号23：闻雷泣墓

深陷于乌云之中。画面中雨滴向下斜落，此处仅通过几根简单的线条刻画而成。闪电避开了正在祈祷的王裒（见图106）。

编号24：戏彩娱亲

周朝有一位名叫老莱子的人，极为孝顺自己的双亲。老莱子一直想尽一切办法让双亲更好地享受生活。而当他都已是70多岁高龄的时候，仍不言老，常常身着充满想象力的五彩衣装，在双亲面前蹦蹦跳跳。一次为双亲送水时，老莱子又假装摔倒，躺在地上像小孩子一样大哭大叫。而他做的这一切，都是为了博得二老一笑。

浮雕：老莱子躺在中央，背部贴着地面，傻里傻气地摆弄着自己的四肢。父亲、母亲从右侧各拄着一根拐杖前来，被老莱子的行为逗得哈哈大笑。左侧老莱子身后为一个打翻的木桶。背景为房门、篱笆、树干的一部分、几片树叶、两颗长生果。右侧刻有山峦。

这些有关于"孝"的故事有时看起来甚至有些天真、单纯，然而，不论是在这里，还是在中国文学其他类似的故事当中，这种表面上的天真与单纯却都不是评价类似故事、传说的准则。这些简单故事中所要阐释的深意，正是要借助这些日常生活中最为常见的事物引出。中国人就是这样，相较于通过仅有小部分受众的高雅生活方式，他们更乐于从日常生活的琐事中展现崇高的精神，使得整个转换具有普适的效果。他们从不轻视人类最简单的感受与经验。而也正因如此，他们达到了他们期望的效果，特别是通过这种方式扩大了这些故事的受众群体。人做的事有高低贵贱，但是当中所需要追寻的美德都是相同的。如果我们说崇高与可笑有时仅仅是一步之遥，那么反之亦然，从天真、单纯到崇高往往也仅是一步之遥。

这些浮雕的完成时间应当与寺庙于康熙年间的翻修相吻合，也就是说，大约在1705年前后。单块栏板浮雕所展现的风格也向我们透露了这一点。虽然很难确定这些浮雕究竟出自哪位艺术家之手，但是我们从中已经可以窥探到中国艺术的灵魂和精髓所在。

整个中国艺术的精髓正是在于攫取、突出某个事件中的某个特定瞬间，对之进行描绘以及艺术加工。这点不仅适用于绘画以及表演艺术，同时还适用于建筑艺术以及装饰艺术。这当中最值得一提的还要数水墨画以及木刻这两种艺术形式。我们欧洲人的浮雕有着明亮的线条、整体的布局，往往会让人联想到这种木刻艺术（也许木刻艺术也正是浮雕的前身）。创作时，欧洲的雕刻家天马行空，给予整个浮雕非常立体的效果。整个浮雕所要表现的主题也都是非常自然、顺理成章地被嵌入其中，简单、明了，丝毫不杂糅令人感到陌生、迷惑的成分。浮雕中每个情节的展现都线条简明，都处在某个特定的环境框架当中。浮雕创作中对于这些环境的展现往往十分含蓄，甚至可以说，大多数情况是通过暗示的方式进行展现的，但是最为核心的部分始终都在那里。这种对于自成一体以及简明的苛求恰恰符合绘画的特点。

104　　　区域的划分促进了这种效果。究竟在讲什么事情、谁是主角、主角与其他人之间有何关联，类似疑惑从来不会出现在我们欧洲的浮雕作品当中，一切都是那般清楚明了。中国的浮雕艺术却不然。在图101中，雕刻家除了展现主角之外，还在一旁安置了孔子；但此处进行的这种安排却非常巧妙，整个画面的布局依然非常和谐、宁静，令人不得不赞叹这种艺术手法之独特。而对于那些死板的艺术布局而言，这种截然不同的艺术安插带来了极大的竞争压力。即使像图106那般在一个画面中通过布局去展现某种时间上的分割时，整部作品的平衡也没有因此而丧失，这种展现方法绝对堪称杰出。

这些浮雕细节方面的表现（除却一些勾勒人物以及风景时所惯用的笔触之外）均服务于整个栏杆以及周围建筑整体效果的需求。这也正是中国浮雕艺术的一大特点，即为了整体艺术效果而对单个作品进行有意的艺术手法上的限制。这点在我们前文介绍过的位于天王殿内

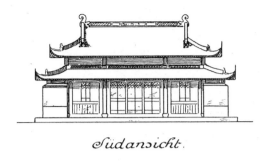

Südansicht.

图107　南侧正视图

Längenschnitt.

图109　纵截面及石碑外观

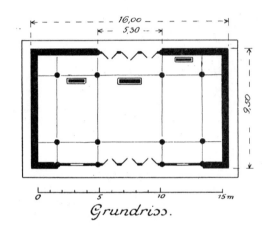

Grundriss.

图108　平面图

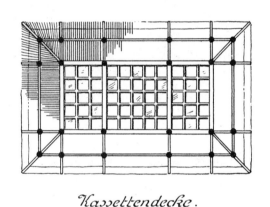

Kassettendecke.

图110　花格平顶及环形的单坡屋顶

佛龛上的雕刻中体现得尤为明显，在经过上文的详述后，想必也更容易体会这种艺术手法的精妙。而这种艺术手法的精妙之处还在于，即使对于那些毫不知晓这些雕刻内容的人，例如我们欧洲人，这些艺术品仍堪称精美绝伦的装饰；而对于那些熟悉个中内容的人，也不会因为长时间沉浸于作品的细节而忽视了其整体效果。若想将一大批艺术品整合在一起并达到某种统一效果，当中的单个艺术品的个性便应当受到相应的制约。这条规则在中国体现得淋漓尽致。在这里，雕刻作品通常都不是独立的，而是与建筑休戚与共。

总起来说有三点：明朗的情节、巧妙的布局以及划归于一个整体的理念。这便是对此处"二十四孝"浮雕进行美学—批判性观察后得出的结论。

一夜春工绽绛囊，碧油枝上昼煌煌。

风匀只似调红露，日暖惟忧化赤霜。

火齐满枝烧夜月，金津含蕊滴朝阳。

不知桂树知情否，无限同游阻陆郎。

释 义[1]：
春 晓

整整一夜的细雨敲开了含苞待放的紫红花苞。月桂树绿油油的树枝上闪烁着春日的阳光。和煦的春风化成红色的露水，唉，温暖的太阳却又将这赤红色的花朵融化[2]。太阳的火焰流过整个枝头，焚烧着月亮最后的光辉。赤红色的露珠从盛开的鲜花上滴落在金色的土地上。[3]谁又知晓，月桂树是否卷入了这场爱恋；谁又知晓，她是否厌倦了永远与陆郎一起漫游。[4]

105

八　御碑亭

御碑亭，顾名思义，是用来保存三块康熙御赐题文石碑的亭子。位于南侧入口的阶梯由一系列小型的阶梯组成。此处位于中轴线的阶梯同样嵌入了刻有神龙的石板，石板上刻有神龙正面像、宝珠以及两条位于侧面的神龙。建筑外侧并未设有游廊，建筑墙体同时也充当了立面。亭子中石柱的底座都简单地用圆形线脚装饰。

外 部

正如其他类似安放皇帝钦赐之物的建筑，御碑亭屋顶同样采用了黄色琉璃瓦片。如今这些瓦片很多都已经严重风化，暂时都变成了灰色，而这种状况应当会一直持续到下次翻修；并且需要再次获得皇帝准许，方可用金色为瓦片上色。

---

1 此诗原为皮日休所作，诗名为《病中庭际海石榴花盛发，感而有寄》。为保留作者原意，此处均按照作者原文直译，诗句本身的含义将在脚注中给出。——译注

2 此处诗歌原意应为"太阳唯恐将这赤红似霜的花朵融化掉"。——译注

3 此处诗歌原意应为"满树枝火一样的花朵仿佛要点燃天上的月亮，花蕊上饱含的露珠在清晨的阳光下好像金珠一样"。——译注

4 此处诗歌原意为"不知道一旁的桂树可否理解这般风情，与这红艳的花朵一起阻挡着过往行人的前行"。——译注

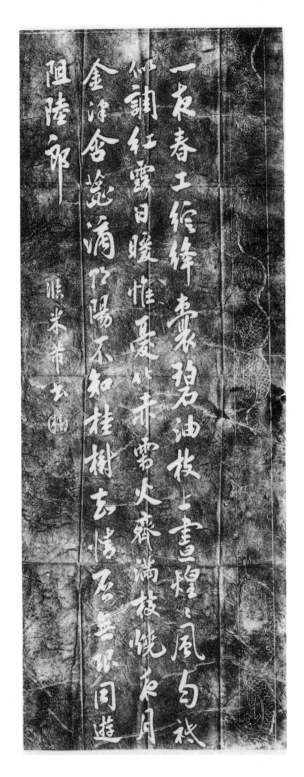

插图15　御碑亭康熙帝碑文

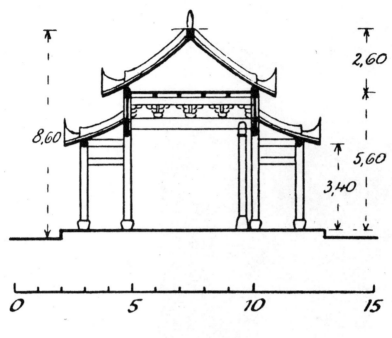

图111 御碑亭横截面

106 　　屋顶样式是常见的带有山墙的双坡屋顶（重檐歇山）。两侧龙吻的正脊之间有两块小石板分别绘有佛教符号；正脊上有两处瓦片组成的镂空横饰带。正脊中央部分南侧刻有双龙戏珠；与此相互辉映，中央部分北面浮雕中，云彩间有两条活灵活现的凤凰追逐着一颗火焰明珠；云彩下方，山峰由水面拔地而起。南侧饿脊脊端上各有两座男性雕像，北侧脊端各为一座女性和一座男性雕像。这些雕像均站立在屋脊之上，神态极为生动传神、色彩斑斓、衣着光鲜。这正是所谓的"八仙"，六位男性、两位女性。[1]御碑亭窗户均为非常紧凑的菱形窗花格。在外可见的木制品全部漆红漆，墙体的基座同样为红色，墙面为橙色。

内　部

　　内殿，将回廊计算在内，可以划分为三根轴线的区域，每根轴线上都仁立着一块石碑。内

1　此处为作者理解有误，"八仙"实为七位男性、一位女性。——译注

图112　向西南方远眺御碑亭

殿上方均为木质天花顶棚，纵横相交、将顶棚分为若干方格的木条底色为绿色，其上绘有蓝色的云彩。每块方格底色均为白色，中央绘有蓝色神龙的正面像，神龙右爪紧握着一颗宝珠。立柱、椽木以及横梁都如几乎所有木制品一样漆红漆，横饰带都由闪亮的珍珠装饰。位于下方的梁架结构与内殿其他地方相同，同样着色鲜艳，整体来说主要有红色、蓝色、白色以及绿色。

石　碑

　　位于中央的石碑高约4.5米，竖立在一个无甚艺术价值的龟壳[1]上，然而碑身顶部周身的浮雕却非常精美。深绿色的基座上有两条蓝、白色身躯和浅绿色脑袋的神龙在云间追逐一颗云状的宝珠，宝珠周遭的火焰状花环又吸引着大量小型的神龙与大型神龙竞相追逐。这向我们暗示着，每当我们自以为解开了某个谜题时，新的未解之谜又会出现；每当我们自以为达到

1　"龟壳"应指赑屃。——译注

某种理想时，又会发现还有新的理念亟待我们发现。此块石碑所刻碑文是有关该寺于康熙年间的一次重建，并以诗歌的形式赞美了在这座岛屿上长居的菩萨。这首诗承袭了中国诗歌特有的精巧风格，不仅映射了诸多文学作品，还以大师般的艺术手法连续运用双关：用大海隐喻生命的海洋；将岛屿上的岩石对于海员的庇护隐喻为慈悲的菩萨为我们提供的坚固的避难所；用世间的美和壮丽隐喻佛法的辉煌。与康熙帝所有的诗歌相同，这首诗有着平行的结构，恰当的对偶、押韵，巧妙的整体布局，单纯从诗学角度来看堪称大师之作。下文我将对这首诗给出自己的翻译。翻译中，原文顺序有所调整，原文中的断句在这里我们都以左右分栏的形式给出，顺序自左向右、自上及下，右边的段落均紧跟左边的段落。[1]

御碑亭康熙石碑碑文

原　文

盖闻圆通妙象，般若真源。开觉路于金绳，大地证菩提之慧。闻潮音于碧海，恒沙诵普度之声。绀殿维新，沧波永静。惟兹法雨寺者，南海补陀山，大士之别院也。名山佛国，大海慈航。青嶂干霄，高逼梵天之上。洪涛浴日，祥开净土之场。一柱如擎，震旦指为名胜。三山可接，方舆记其神奇。值氛祲之震惊，致山川之闃寂。僧徒云散，佛宇灰飞。比者，运值清宁，庆海波之不作。地连溟渤，望法界而知归。特颁内府之金，重建空王之宅。鸠工揆日，蔀屋不劳。庀材筑基，鼛鼓弗作。珠宫贝阙，涵圣水以无边。鳌柱鼍梁，觉迷津之可渡。坐青莲之宝像，圆满轮辉。艺紫竹于祇林，庄严毫相。瞻慈云之普照，锡法雨之嘉名。海若效灵，天吴护法。标霞高建，来万国之梯航。彼岸可登，作十方之津筏。藉其广大，上以祝圣母之遐龄。假此慈悲，下以锡群黎之多福。则栴檀香外，尽成仁寿之区。水月光中，悉是涵濡之泽。勒诸琬琰，昭示来兹。康熙四十三年，冬十一月十五日书。

译　文[2]

众所周知，圆通大士知名的化身向我们
　　展现着幸福的本质。

佛法的金科玉律为众生寻得一条广阔的大道，
　　全世界都受惠于这一善举中所蕴含的智慧。

1　此处作者将原文拆解得非常混乱，故在左右两侧每句译文的后面括弧内给出相对应的原文部分。——译注
2　此处译文均根据作者原文直译。——译注

（盖闻圆通妙象，般若真源。）

倾听那来自于蓝色海洋滚滚如雷的浪涛声。

（闻潮音于碧海，）

为慈悲为怀的观音菩萨新修的殿堂现已竣工，

而我们期望，菩萨可以用她神圣的力量让这

片喧嚷的大海永远保持宁静。

（绀殿维新，沧波永静。）

普陀这座秀美的山峰为佛提供了居住的圣殿。

（名山佛国，）

绿色的山峰耸入云霄，直逼天际。

（青嶂干霄，高逼梵天之上。）

浙江绵延的海岸上普陀是那最美的山峰，

山峰犹如耸入天际的石柱伫立在海面中央。

如此威严，堪称大清国名山之列。

（一柱如擎，震旦指为名胜。）

明朝的逆贼曾令这片岛屿化为荒地，

焚烧此处的寺庙，驱赶岛上的僧侣。

（值氛祲之震惊，致山川之阒寂。

僧徒云散，佛宇灰飞。）

（开觉路于金绳，大地证菩提之慧。）

同样贯耳的是众生得到拯救后的欢呼之声。

（恒沙诵普度之声。）

法雨寺，这座坐落在南海普陀的伟大寺庙，

供奉着观音大士。

（惟兹法雨寺者，南海补陀山，

大士之别院也。）

普陀岛也正如那慈悲的扁舟

在浩瀚的大海中漂浮。

（大海慈航。）

冉冉升起的太阳仿佛沐浴在汹涌的波涛之中。

（洪涛浴日，）

是故此地仿佛注定要成为供奉观音大士之地。

（祥开净土之场。）[1]

岛屿位置得天独厚，恰好与三山[2]相望。

（三山可接，方舆记其神奇。）

现在所有灰暗的时间都已经过去，大海再次

变得平静。

（比者，运值清宁，庆海波之不作。）

1　此处左右两句解释“祥开净土之场”一句。——译注

2　福建旧时的称谓。

虽然普陀岛远离北直隶海岸，却仿佛通过某种纽带[1]与东部海岸连接在一起。

（地连溟渤，）

如今，朝廷下令为佛重新修建寺庙，所需费用由国库承担。

（特颁内府之金，重建空王之宅。）

而现在，我们终于不再需要用那般狭小的茅舍承载菩萨的圣灵、放置圣鼓。

（鼙鼓弗作。）

自此之后，慕名前来献祭的香客不计其数，他们都翘首企盼着菩萨犹如海水般绵绵不绝的慈悲，指引众生渡过一片充满未知的海洋。

（觉迷津之可渡。）

108 看啊，承载菩萨慈悲的云彩延至每一寸土地，为众生带去拯救。

（瞻慈云之普照，）

大海遵循着菩萨的意志，崇敬地在它的主人面前收起了自己的波涛。

（海若效灵，）

而这座寺庙必将成为众生向往的圣地，因为它高耸在云端，众生的船舶均汇聚于此，为菩萨献上自己的祭品。

因此，北方的民众都非常熟悉这片圣土，均慕名而来朝圣献祭。

（望法界而知归。）

正是自这一天起，木匠、泥瓦匠、手艺人等蜂拥而至，奠基、建筑材料一应俱全。

（鸠工揆日，葺屋不劳。庀材筑基，）

竣工之后的寺庙仿佛珍珠筑成的精美绝伦的宫殿，玉石砌成的大门，鱼鳞层叠的立柱，龟甲制成的梁木。

（珠宫贝阙，涵圣水以无边。鳌柱鼍梁，）

现在，菩萨端坐于寺中莲花台之上，她那圆润的面庞熠熠生辉，其庄严感与菩萨在神圣的紫竹林中亲手栽种竹子时并无二致。

（坐青莲之宝像，圆满轮辉。

艺紫竹于祇林，庄严毫相。）

而也正是因此，这座寺庙获得了"法雨"这样一个带来幸福的名字。

（锡法雨之嘉名。）

即使是天吴也臣服于菩萨，为佛法保驾护航。

（天吴护法。）

愿这座寺庙成为象征拯救的彼岸，化作一艘船舶驶向位于十方的众生。愿它为众生带去幸福、安康。

---

1 这里指的是众多岛屿。

（标霞高建，来万国之梯航。）

首先是她那无穷的力量，我们祝愿她，

　　睿智的菩萨母亲，生生不息。

（藉其广大，上以祝圣母之遐龄。）

供奉菩萨香炉所在之地，皆是我辈众生获享

人寿之区。明月与大海之间（指地球），众生

　　居所，都将享有她的恩惠。

（则栴檀香外，尽成仁寿之区。

　　水月光中，悉是涵濡之泽。）

（彼岸可登，作十方之津筏。）

其次是她那伟大的慈悲之心。我们祈求她

　　更多地赐福于民。

（假此慈悲，下以锡群黎之多福。）

为了让众生永远牢记菩萨的功绩，随时随刻

　　向菩萨忏悔，我们将这些文字镌刻在

　　这块珍贵的石头上。

（勒诸琬琰，昭示来兹。）

康熙四十三年（1705）十一月十五日。

另一端的碑文同样出自康熙帝手笔，此处的译文借鉴于巴特勒所著的《1879年中国纪要》。为了展现这位皇帝的崇高心境，在这里我还是想节选一部分出来以飨读者。

　　朕打小阅读的书籍都堪称经典，这当中有史书，也有教授我们应当如何为人处世、照顾家庭、治理国家的圣贤书。过去，朕并没有时间潜心研习佛法中抽象的内涵，也因此无法参透当中奥妙。但是圣贤有云："所有的善都蕴含在仁爱两字之中。"[1]佛法同样以善为本，故而两者思想一致。而上天有好生之德，庇护着所有以善为目标的事物，由此慈悲的菩萨救人民于苦难。这两个学说是无法割离开来看的。

　　时至今日，朕已经统治了大清四十多年，朕一直致力于将和平带予这片土地。如今，和平是有了，但是让朕感到痛心的是，百姓的生活仍然没有像朕所希望的那般美好。虽然那些曾经心怀不满的地区现如今都已经再次表示忠心，但是当地民心所向远未回归到正轨

1　出自朱熹《近思录·道体》："仁者，天下之公，善之本也。"——译注

155

当中。原因之一正是变化不定的收成。天公作美，我们就会一年富足有余；滴雨未落，我们只得一年忍饥挨饿。朕每日每夜烦心于此、不得安寝。然而，也许正是我们对于佛祖力量的信任，对于菩萨慈悲、情的虔信，为我们带来了上天恩赐的云彩，带来了适时的降水、甘甜的露水以及和煦的微风。而此后，整个大清都享有和平、富裕，人民幸福、安康、长寿。这也是我坚持不懈的期盼，而朕现在要将它镌刻在石板上，以此鞭策子孙后世。

¹⁰⁹ 御碑亭西侧竖立着一块康熙五十六年（1717）间的石碑。石碑上所刻文字尚未经翻译。其内容也许正是前文节选的译文。但是为了令读者可以领略诗文中展现出来的异常细腻的诗情，现将亭内东侧最小一块石碑上的碑文内容予以呈现，另附中文原文。而这些均出自康熙帝手笔。[1]

在这首极为简短的诗歌中我们必须读出许多字里行间的内容，才能深切体会到它全部的柔美与深意。诗文安排巧妙，引经据典，许多地方都涉及其他的中国文学作品。为了便于理解，故而先对诗文展现的故事梗概做一个简要的介绍。

在一个春日的清晨，一场清新的雨后，月桂树的枝干上挂着一排排的露珠。这些晶莹剔透的露珠倒映着闪烁的月光（相较于我们德国人，月亮对于中国人而言可能更是可爱的同伴、美丽的朋友）。同样透过露珠的还有清晨的第一缕阳光，与月光你争我夺。清晨的微风将闪烁的露珠汇聚在一起，而后又将其分开。渐渐，阳光战胜了月光，露水像成熟的果实一样落到地上，然后消逝。这是一幅卓越的细密画。诗句中始终都伴随着巧妙的双关：太阳象征着佛的光辉；雨水象征着慈悲为怀的菩萨如露水般播洒至大地和人间的福泽、佛法。诗歌的末尾是一段文学上的暗示。陆郎是一位知名的坠入爱河的人，他将月桂树视为自己的恋人，只想与它永远一起漫游，只想享受月桂树婀娜的身姿、树叶飘动的倩影。然而月桂树却并不为之所动。陆郎则将自己的心托付给渴慕，而这种渴慕永远无法得到满足。月桂树是如此一位难以打动的恋人，她不断给人希望、让人痴迷、令人兴奋，却又从来不想将自己完全托付给他人。这正是对于渴求幸福的比喻，幸福正是这样看得见却又无法触碰，也永远无法获得，就像陆郎永远无法得到他的月桂树一样（诗歌原文以及翻译参见插图15）。

所有这些寺庙中的碑文与自然之间的紧密关联，几乎都与寺庙所处的独特环境有关，而

---

1 该诗实为皮日休所作，米芾书法。此处或为康熙帝临摹之作，而非其创作。——译注

这一点放眼整个中国都司空见惯。这些寺庙所处的环境，（通常是广义上来说）都极具可塑性并且具有较为鲜明的特点。寺庙通常会成为整片风景中的制高点，被视为大自然内在本质的展现。寺庙中的佛像均是神圣力量的化身，正如他们显灵时所展现的那样。这样也就不难理解，与自然合二为一的想法（一种真正的泛神论）正是将大自然的神秘力量、理念化身为各式各样不同的神明形象，并将这些神像供奉在庙宇当中，将庙宇视为他们的居所，而由此产生了一个多神的宗教。而这个多神的宗教无外乎就是一种泛神论的展现。这种从表象世界无数的形式、力量中抽离出其本质的能力，正是"艺术之母"。而将这一切杂乱的大自然本质和谐地展现的能力，则造就了艺术家。对于艺术家而言，纯粹的抽象、为了比喻而做的比喻，与纯粹的复制或者创造一个没有灵魂的外在形式一样令人不屑。艺术家与万物同生并认识万物的本质。因此，中国艺术的创造力正是源于艺术创作与大自然的共生；源自人类试图将自己以及自己的思想与大自然统一，并通过各种各样的艺术形式加以展现的需求。而这也正是中国文化统一的关键所在，也是理解汇聚于一座寺庙中的所有艺术形式之间密切联系的关键所在（本书所讨论的普陀岛上的寺庙正是如此）。任何一处都有助于阐释、补充另一处。这些诗歌展现了自然、宗教、人以及寺庙。形式上，这些诗歌布局巧妙，本身就堪称"建筑作品"；内容上，这些诗歌又指向周围的风景，返回到寺庙所处的大自然当中。而正是这个大自然，为处于其中的建筑作品提供了艺术上的框架，故而其本身也正是建筑艺术不可分割的一环。人与自然、艺术由此成为不可分割的整体。在广泛意义上，中国人同样将风景的细节——山峦、河流、山谷——纳入到艺术的布局当中，正如我们在一些圣山以及皇陵中所能观察到的那样。而最终，中国人认为，整个中国大陆（对他们而言也就是说整个地球）都无外乎是一个周期性的建筑。[1]

故而，研究中国建筑艺术时，对于建筑作品与周围风景、相关诗歌之间关联的阐释不容忽视，而针对这一点展开的研究在我们欧洲现行的研究中简直是凤毛麟角。因此，在此我还将重申这种研究的必要性。就像让我们欧洲人去证明，某一个特定的建筑作品，比如说一整个城市是怎样从它所处的环境中"自然生长"的，这种工作在我们的学术研究中尚属未有人涉足的蛮荒领域。但恰恰是对于这种关系的认识，才能令我们接近中国人的精神，才能为我们带来有收获的刺激。而这种收获同样适用于我们欧洲人自己的艺术欣赏与艺术创造。

110

1　Zeitschrift f. Ethnologie 1910 S. 409ff.

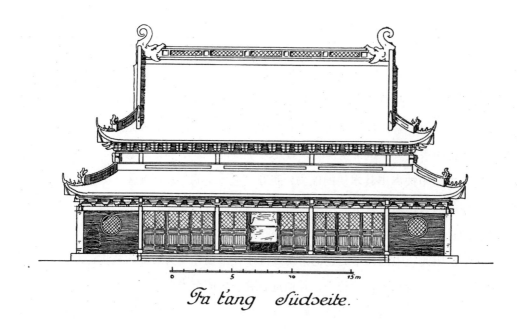

图113　法堂正视图

111

九　法　堂[1]

布局及其含义

　　依照前文我们已知，正如普陀山的整体特点，法雨寺大殿将观音大士作为主要供奉的神明。整座寺庙最为显著的主佛坛位置本应供奉佛教的三世佛，而此处供奉的则是观音大士的三个应化身像。（当然，三座雕像前方还有一座白衣观音像。）

　　"法堂"一名暗示着高深的佛法，故而佛教最为重要的三世佛被供奉在其最为显著的位置。而也正是从这三尊佛像、从这个佛法支柱的所在之地，佛法光芒散发出来（或者更恰当点说是流出）。位于主佛坛三尊佛像下方深处的两尊观音化身像前后排列，与主佛坛构成一个完整的整体。观音菩萨的化身越是远离那些崇高的、理智的佛法（在这里也就是主佛坛上的

1　此处参见本书最后的插图31。

三身像所在区域），越是远离帷幕后方、华盖下方保持神秘的阴影，越是暴露在阳光下、贴近众生，就越显得充满人性。而位于最下方紧挨着供桌的白衣观音像，其冠冕下几乎可以说是带着友善的微笑。

大型的供桌前方设置着一个设有桌椅的诵经台，这是专门为了方便住持或者其他高僧诵读佛经、研修佛法而设立的（见图116）。然而法堂并不仅仅用于礼佛和祭拜，同时也用来教化年轻的信徒（当然这种事情就普陀而言还是较少的）。这些年轻的僧侣需要经过严格的训练，学会一些外在的形式：如何朗诵经文，如何控制自己的身体、行为，如何摆放手指。整个过程非常神圣，当中细节不计其数。负责教授课程的僧侣站立在诵经台前方，并从那里监视、指挥台下所有的年轻僧侣。

带有桌子以及诵经台的主佛坛占据了法堂中的整个中堂，并一直延续到后墙处。位于后墙处的北侧偏堂构成了法堂的末端，但是北侧偏堂中并没有设置神龛。

平面结构

通过平面图可以看出，法堂面阔五间，进深同样为五间，横向南侧第一间同时充当整个法堂的前廊。除此之外，法堂不再设有回廊，建筑四周的围墙即为法堂的边缘。法堂整个南侧几乎都被门窗填满，北侧仅仅在中央的位置设置了进出的大门。

横向位于内侧四间中，最北侧一间较为狭窄，被佛坛、佛龛（背面），以及更远处的、位于整座建筑两侧角落的僧侣用房和存放器皿的器物间（的墙壁）分割成为独立一间。由此，对于内室的整个空间效果而言，横向就只剩下三间。三个横向开间与中央三个主堂构成了一片九间组成的中心。屋顶与天花板同为一体。室内整体较为狭小、通风良好，当关闭所有门窗时，整个封闭的内殿可以营造出极为隆重的感觉。东西两端高度略低，可以明显看到屋顶上行的坡度，整体给人和谐而又不失向上的感觉。这点与中国很多类似的殿堂建筑相似，与我们欧洲哥特式教堂给人的感觉也颇为相似。

整座建筑的屋顶一目了然。为了更好地感受与之类似的寺庙中梁架结构的简洁与雄伟，后文将对此进行更为详尽的描述。

建筑主体部分主要从外观上揭示建筑的意义，而法堂的外观就表明了这是一座用来祭祀的建筑。法堂中央九间区域总共设有16根（4×4）立柱。当中位于南北两侧较短的八根立柱

图114　西南侧远望法堂

图115　大殿山花和法堂山花对比

31,80
5,20
6,40
8,00
6,40
5,20
Priester
Geräte
Haupt altar
Pauke
Glocke
Vorhalle
3,25
4,50
22,70
6,45
4,50
3,25
1
0
5
10
20m

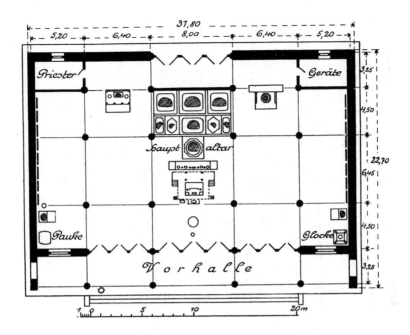

图116　法堂平面图

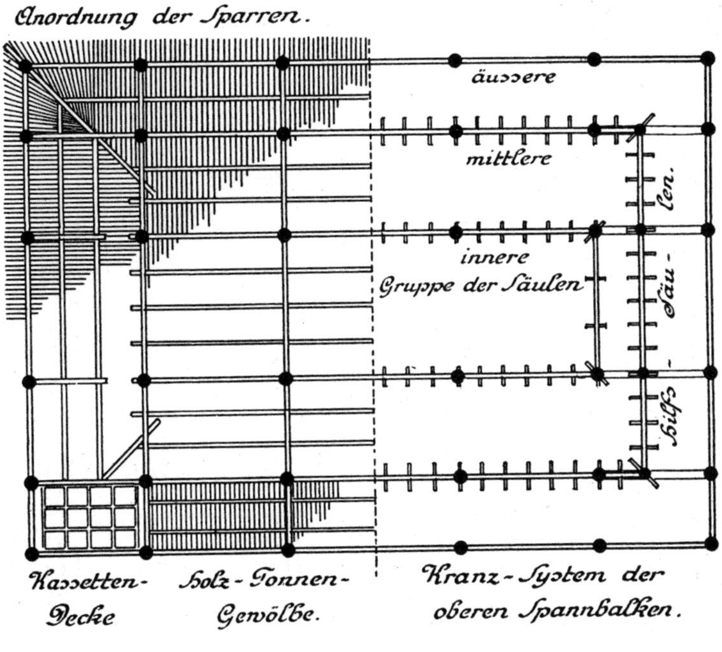

Anordnung der Sparren.
äussere
mittlere
innere
Gruppe der Säulen
Hilfs-Säu-len.
Kassetten-Decke
Holz-Tonnen-Gewölbe.
Kranz-System der oberen Spannbalken.

图117　法堂木架结构

图118　法堂内室东北角一观

一直延伸到庞大的上层屋顶的屋檐。靠内的八根更高一点的立柱则支撑着屋面（见图117）。

113　　　中心区域外侧总共环绕着20根立柱，长度更短，支撑着下层屋顶的屋檐。这样整体来看，
共三组立柱（内部、中央、外围各一组）[1]，每一组中的主立柱均与梁枋相连，整体形成环状。
而这个环圈在建筑的角落处却出现了一个缺口。中间靠近山墙的立柱因其所在区域已超越环
114　圈（长度已超过环圈直径），故无法和其他立柱一起环围。而智慧的工匠师恰好利用这一处缺

1　分别为金柱、中柱、檐柱。——译注

口，创造了中国建筑所特有的重檐歇山顶。平行的双层檐边环绕整个建筑，上层屋顶两侧挑出山墙（山花），高出顶部约一层屋顶的高度。为了达到这个效果，大殿两侧相应（内部、中心）的四根立柱（金柱、中柱），以及外侧的立柱（檐柱），都由十分坚固的梁木连接，并在上面架设小型立柱（瓜柱），其间距刚好与北侧回廊宽度吻合。由此，下层屋檐下的梁架结构刚好围绕中央一圈，而上层梁架由于多了山墙的结构，在环绕一圈的梁架上方还多增添了一层支架。由此我们也看到了这种中国特色的双坡屋顶以及山墙在整个建筑结构中的必要性，　115因为在法堂中，南北两侧的横向开间明显窄于纵向开间，而双坡屋顶和山墙不仅能自然地解决这种结构上的不协调，还能呈现出一种艺术效果，这包括角落处的细节、梁架、立柱以及斗拱的搭建，正如我们在结构图中所见的那样（见图118）。

外　观

法堂屋顶覆盖着灰色瓦片，已严重风化（见图113）。屋脊上均由坚固的石板构成，上面饰有大量版画；正脊两端各雕有一龙首，张口怒目，做吞脊状（见图114）。檐角上翘，形成两道优美的弧线，角脊上还分别立有七个小型脊兽。

正脊通过四块小型的正方形石板划分为五段，每一段均为镂空形式，石板上刻有文字。南侧的文字为"佛日增辉"，与大殿正脊北侧上所书相同。法堂正脊北侧石板上写着另一句佛法箴言——"法轮常转"。

斗拱为三层，着红、白漆，中间部分[1]以白色为底色，上绘有红、白相间的蝴蝶以及绽放的花朵，笔触细腻，花瓣层次鲜明。下层横梁正中绘有三条神龙（一条正面朝前的神龙位于正中，两条腾龙分别位于两侧），而两边（两侧厅堂上方处）则各绘有一条龙首面向正前方的神龙，神龙两侧被鲜花环绕。挂于中轴线上方的牌匾已严重风化，上书"法堂"两字。

下方梁、檩之间只有一些简单的支架作为支撑，较大的木块为黄色，较小的为红色，木块两端或为绿色或为青蓝色，其余木架结构均为朱红色。抬头还可看见装点在椽木底部的花饰，中间的花朵色彩淡雅，两端的鲜花则娇艳饱满。

中央三间前方的前廊上方均由月梁组成。两条深棕色檩木上方支撑着半月形、浅绿色的

1　应指代"斗"。——译注

月梁花板，花板上绘有蓝色藤蔓和红、白相间的小花朵。横梁为红色，上面绘有一只金鹤立于两朵盛开的金花间。下方其他的小型支架底面着鲜艳的普鲁士蓝，上面绘有黄色的藤蔓；侧面则以天蓝为底，上面也饰有同样的藤蔓状花纹。

116　　法堂两端前方前廊的上方均为格状平顶（天花顶），在此处人们便看不见屋顶的梁架。平顶以绿色为底，被蓝色木架分割成12个方格。四周边缘处饰有各色彩云（深蓝、浅蓝、白色、黑色、红色以及橄榄绿），而中间主体部分略凸起，上面绘有人物和风景图，这些彩饰形成一个圆圈。

前廊在大门附近位置设有一处祭台，最西边的位置有一块刻有满文的石碑。

大门均为红色，上面点缀着黄色纹饰。门板上均饰有花朵图案。大型门板上的花朵颜色艳丽，花瓣饱满硕大；小型门板上的花束则更贴近自然。门板的朱红底色被加深，与上面的彩绘形成鲜明的对比。正门前悬挂着棕色布幔，上面镶有蓝色十字形纹饰。

匾　额

法堂中央三间大门上方分别悬挂着一块横匾。中间的一块堪称艺术精品，支撑在两根支架上，支架上绘有天王形象。其匾额边缘镀金，雕有龙纹，背景为绿色。下方的游龙追逐着龙门中心的一颗宝珠，龙门跃水面而出。上方的游龙则逐向云彩中显现的一颗简单的宝珠。匾额自身镀金，其上贴着许多细小的金箔，金箔上绘有各种珍贵的道教标签——蝴蝶、莲花、樱花、桃花、蝙蝠、香炉、如意以及书籍。镀金的匾额上用耀眼的黑漆书写着"显禅赞导"四个大字，意为"纯洁自会向你显现，赞美它并让它引导你"。

位于两旁的匾额固定在爪握石球的小型石狮子身上。东侧匾额边框简洁平滑、通体镀金，红色基底上书写着四个鎏金大字"佛光普照"。西侧匾额边框为红色，底板为绿色，上面书写着金灿灿的四个大字"慈航普济"。

大门两侧两对柱子上各悬挂着一块垂直的牌匾，上面书写着中国特有的文学形式——"对子"。接下来介绍这些对子时，我将一方面给出汉字原文，一方面配以我个人的翻译。这些对子结构上平行、对称，都经过精确的计算，正如我们前文介绍位于大殿前方的对子时所展示的那样。此处牌匾上所刻的对子内容上当然都与佛教、佛法相关，这一点我们就不再赘述了。

117　此处，我更想尝试通过译文，将其中蕴含的思想以最为简单易懂的文字带给读者。这一点同样适用于后文介绍的对子。这些对子中意象的对偶通常都非常卓越，相互呼应构成一个整体。位于右边的半句内容上主要关乎人类生活的和谐，关乎和平、幸福，关乎存在于众生当中、眷顾所有信众的佛；左边半句则关乎打破生命的界限以达到一种永恒的理想，关乎某种超验的事物（Transzendentales），一种以巨大的佛的形象（例如一些关于主管未来的弥勒佛的巨型雕像所展现的那样）作为象征的特殊理念。这是一种古老的关于人类渴望的（我们可以称之为"先验的"）二元论：我们一只眼着眼于此生内心的幸福；另一只眼则着眼于彼岸永恒的解脱。此种基础的二元论主导着中国人的全部思想，几乎渗透到了中国艺术的每一个角落。对子的双重形式仅仅是这条中国艺术形式大链条上的一环。也只有中国人可以通过这种特殊的诗歌体裁，将自身的基本观念与佛教学说结合在一起，以一个整体的形式展现出来。其实，单单是将这两块箴言牌匾安放在在大殿正门两侧，即是这种二分思想的彰显。右侧写有暗示此生诗句的牌匾悬挂在大门东侧的石柱之上，也就是说，在象征着男性的一侧；左侧牌匾悬挂在西侧的石柱上，即象征着女性的一侧。两块牌匾之间，正是整座寺庙中轴线上那条通往圆满的道路，即通往主佛坛上方供奉的三身佛像的道路。

我们必须不断提醒自己，中国寺庙的建筑形式与中国人最本质、最深刻的思想之间的纽带是多么紧密。

第一副对子并没有将这种对立表现得淋漓尽致。但是第二副对子连同位于大殿前方的诗歌，位于法堂内殿以及之后一些殿堂内的对子，都极为明显地体现了这种二分的思想。[1]

第二副对子的前半部分以最为巧妙的方式展现了佛教的"三位一体"[2]，与对子后半部分形成对仗[3]。对子的后半部分用拟人的手法将法堂视为人形，定音鼓正是他的化身，至少可以说定音鼓的声音可以与出声的信仰相关联。"月明"以及"帝众"明显是用来指代僧侣。也许此处暗指寺庙的创建人及其所具备的精神，与这座寺庙神圣的位置成了某种意义上的"三体合一"。由此，前半部分所吟诵的佛教"三位一体"的思想在后半部分中找到了自己的隐喻。此处，右侧有关现实的诗句——即有关于寺庙以及生者的祭拜——同样位于殿内第二排东侧的石柱之上；而左侧可以视为对于佛性的一般的赞美，悬挂于第二排西侧的石柱之上。

1　见原书第118页。

2　指"三世佛"。——译注

3　见原书第119页。

法堂对子（一）
原　文[1]

须菩提[2]	优陀那[3]
超三千界以外	列十二部之中
人绝七缠	莲开四色
国离水难	花雨六时
持一心以	须十劫[4]以
念佛脱凡	度生现在
方悟真空	犹闻说法

译　文

须菩提	优陀那
卓尔不凡	十二部
超越世间	神圣佛经
无边界限	位列其中
从七宗罪中	莲花盛开
获得解脱的人类	色彩斑斓
从水患中	雨水降临，无时无刻
获得解脱的国度	不使我们神清气爽

1　此处原文均按照作者的划分断开。——译注
2　梵名Subūti，佛陀十大弟子之一。
3　优陀那，佛经的一种。
4　佛教中所说的"劫簸"（Kalpa）。

我们执着坚守　　　　众生得从

全心全意　　　　　　十大劫难

向佛祖祈求　　　　　解脱重生

离开俗世　　　　　　时值此刻

方才领悟我们所谓的真理　人们依旧听从

其实什么都不是　　　法的指引

法堂对子（二）

原　文

想如来之华座　　　　考过去于鼓音

观音在左　　　　　　月明为兄

势至在右　　　　　　帝众为弟

接十六观经　　　　　说四十八愿

以征寿相　　　　　　以发道心

玉毫绀目　　　　　　弃国捐王

以圆光　　　　　　　成佛果

译　文[1]

想一想如来佛祖　　　翻一翻历史

端坐在莲花宝座之上　伴随着定音鼓的声音

他的左边　　　　　　那正是

是观音　　　　　　　哥哥月明

1　保持作者原意，结构略有调整。——译注

<table>
<tr><td>他的右边</td><td>那正是</td></tr>
<tr><td>是势至</td><td>弟弟帝众</td></tr>
</table>

<table>
<tr><td>十六种佛礼</td><td>我们祈求</td></tr>
<tr><td>合而为一</td><td>四十八个愿望</td></tr>
<tr><td>为了创造象征永恒的</td><td>将心抛出</td></tr>
<tr><td>神圣形象</td><td>归入正途</td></tr>
</table>

<table>
<tr><td>闪耀发丝</td><td>你离开自己的国家</td></tr>
<tr><td>珍贵眼珠</td><td>自己的国王</td></tr>
<tr><td>在和煦的光亮中闪闪发光</td><td>化身成佛</td></tr>
</table>

内 殿

佛像群[1]

法堂内殿主佛坛由三个前后相连的石制平台组成，当中数最北侧平台位置最高（见插图16）。正是在这最高的北侧平台上安放着"横三世佛像"。位于中央的佛像位置上略高于两侧佛像。三尊佛像均由华盖遮蔽，华盖上绘有精美刺绣，主要为金色，并伴有其他各种颜色；刺绣图案主要由云朵、流水、藤蔓、人像组成。这些刺绣图案所展现的均为对于佛祖的颂扬。画面中，佛祖端坐于云端，位于一个大型华盖下方，周身环绕着正在进行朝拜的诸多佛陀以及各种神圣的符号。佛祖不远处还绣有全副武装的四大天王，象征着守护以及胜利。尽管室内灯光昏暗，但是通过望远镜还是可以仔细观察到刺绣的细节，其精巧程度令人赞叹。下方白色的纤细丝带上均绣有藤蔓，并搭配黄、红、蓝三色的流苏。

三佛同殿[2]

主佛坛上的三尊佛像全都呈现冥想姿势，双腿交叉、鞋底朝上，端坐于莲花宝座之上。

---

1 此处参见本书结尾插图31。
2 此处作者原文为"三位一体"。"三位一体"为西方基督教思想中的核心概念，此处作者将这个概念直接引入以解释佛教寺庙中"三佛同殿"的现象。此处所指应为"横三世佛"。——译注

插图16　法堂主佛坛

插图17-1　法堂主佛坛一观

插图17-2　普济寺大殿韦驮雕像前供桌

插图18-1　法堂东南角韦驮像

插图18-2　法堂西南角关帝像

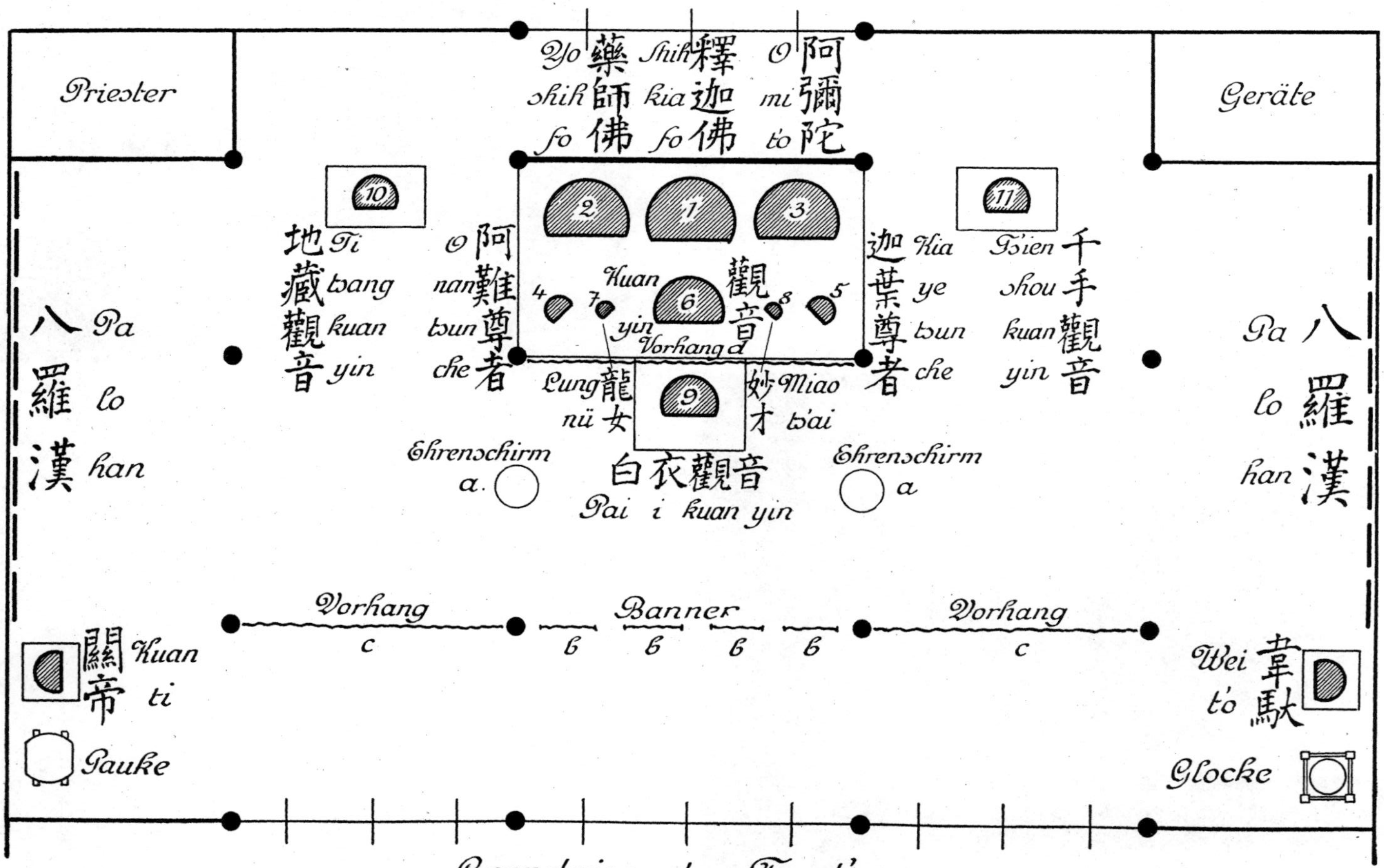

图119 法堂内佛坛、佛像、帷幕分布图

佛像胸部中央一片正方形的区域裸露在外，但是并没有雕刻佛教符号"卍"。佛像均为木质，通体镀金、做工精良，面部表情友善而又不失威严。贴身的内袍可以一直看到胸口，然而雕像的大部分区域都由一件披风遮盖。披风由佛像双肩垂下，末端搭落在腹部位置。三尊佛像均为印度风格的青色卷发，衣服的褶皱却都是如假包换的中国样式，仅有少数细节让人联想到印度风格。

位于中央的大佛：

编号1：释迦佛。双手交叉，手掌朝上，手心上端坐着一尊小型观音像，观音像高约20厘米（见图119）。

位于西侧的佛：

编号2：药师佛。整体姿态与第一尊佛像相似，左手放在膝间，手心向上，中指强烈向内弯曲。右手支撑在右膝上，姿势自然，手心向下。

位于东侧的佛：

编号3：阿弥陀。双手分开，左手放在膝间，右手支撑在右膝上，手心向上，中指强烈向内弯曲，其余手指不规则地伸开。右手拇指与食指之间拿着一小块木块（？）[1]。

每尊佛像背后均有一轮光轮[2]，光轮当中每一道光束表面上都绘有云间翱翔的神龙，尖角处均为珍珠。

三尊大佛像下，与莲花宝座位于同一个平台的左右两侧分别站立着一位光头的侍从。两位侍从都身着完整的僧袍，衣服左侧肩膀上带有搭扣。大量风格独特的衣服褶皱在两个前臂上一直延续到下方。

西侧侍从：

编号4：阿难尊者，两人中较年轻的一位。双手合十，放在胸前，做祈祷状。

东侧侍从：

编号5：迦叶尊者，一位长者。双手放于胸前，以一种我们基督教祈祷的方式双手合十，十指交叉。

两人目光都稍稍垂下，望着自己双手的方向。两位均为佛祖最为喜爱的弟子：阿难（Ananda）以及迦叶（Kashiapa）。

122

1　此处问号为原文作者问号，具体含义未知。——译注
2　此处应当指代"身光"。——译注

其他佛像

主佛坛横三世佛佛像下方平台中轴线位置端坐着：

编号6：观音。她并没有什么其他特别的名字。略微狭小的脸庞上露出和善的微笑。由五根尖角组成的佛冠[1]将佛像额头包裹在内，一直达到耳朵的位置，将耳朵的一部分遮盖起来。佛冠的五根尖角以及纤细的丝带都饰有简单的藤蔓。此外，位于中央的尖角上绣有一尊端坐的小型佛像，其余四根尖角以及每根尖角下方的丝带均绣有一朵小花，花朵中央有一颗果实。佛冠与额头之间露出一缕细小的、淡蓝色的发髻。

自佛冠越过肩膀向下有一条宽大的金色丝带，上面装饰着镂空的藤蔓及花朵。佛像身上的长袍与其上方三尊大佛像身上所披长袍十分相似。佛像双手上下重叠放置于膝间，手心向上。

佛像身披一条朱红色丝质长巾，长巾于胸前脖子下方的位置通过一颗搭扣系在一起，并由此向两侧垂落，越过大腿，一直脱落到莲花座的位置。自佛冠向后，搭落下一条同样是丝质的围脖。佛像两侧的石质底座上站立着菩萨的两位侍从。

西侧的女性侍从：

编号7：龙女。黑发，额头外露，衣着自然，并没有打结；衣服很长，一直向下垂落至脚的位置。双手放置在齐胸的位置，手中端着一个扁平的碗，上面有一颗红色的球（？）[2]。

东侧的男性侍从：

编号8：妙才。同样衣着自然，背后肩膀的位置飘荡着长长的丝带，大致与四大天王的类似。下方衣服高高系起，小腿裸露在外。光光的脑袋上仅剩的一缕头发被束成一根辫子。面部表情和善，双手呈祈祷状。有关这两位随从我在前文介绍大殿主佛坛时已经进行过十分详尽的描述。两位侍从与观音菩萨之间放置着一把具有中国古风的带手柄的扇子，扇面绣有绿色的神龙与宝珠。

中轴线继续向下，最下方平台紧挨着供桌的莲花座上端坐着：

编号9：白衣观音。漂亮的脸蛋十分瘦削，露出友善的微笑。双耳垂下，很有特点。头戴五佛冠，佛冠每一根尖角上都绣有一条神龙，逐向位于中央的小型佛像。小型佛像头后有一个发光的小型光晕[3]，这轮光晕通常被理解为镜子、太阳，或者有时也会被视为宝珠。佛冠

---

1 此处指"五佛冠"，又称"五智冠""五智宝冠""五宝天冠"等。——译注

2 此处问号为原文作者的问号，具体含义未知。——译注

3 此处指"圆光"。——译注

图120　普济寺天王殿韦驮像

下方边缘为一条纤细的镀金珠带，珠带与额头之间露出一缕黑色的发束（由此来强调菩萨人性的一面）。佛像作趺跏而坐状。环绕脖颈的珍珠挂饰一直向下垂落到胸前。左手支撑在左膝上，掌心托着一只小型的镀金花瓶；右手稍稍向上扬起，手持一段柳枝。

雕像的脖颈与肩膀覆盖着一条绣有紫竹的白色丝质长巾。长巾于胸前位置由三颗纽扣系在一起，下端一直垂落至大腿，仅露出双手以及身体的中间部分。一条同样绣有竹子的白色丝质面纱从佛冠的位置一直垂落至后背。

雕像底座呈八角状，八根尖角较为纤细，底座漆红漆，装饰有金色的雕纹。底座的八角均由带有前爪的狮头支撑。底座较狭窄处分别绘有八个佛教符号，带有藤蔓；底座各个侧面上的绘画按照顺序依次展现了：两头狮子在水中与蝙蝠玩耍、两头狮子把玩宝珠、两只仙鹤、一条龙、一头公牛、三匹马、一头鹿。

主佛坛西侧第一个开间一个简约、开放的木质佛龛中端坐着：

编号10：地藏观音。地藏菩萨被视为地狱中充满同情心的神明，或者是被视为地藏王——主管地下世界的佛——本人的化身。佛像身披一件长袍端坐在台座上，姿态与主佛坛的大佛相同，只是手掌上并没有托举一尊小型佛像。一顶五佛冠遮住了印度式的蓝色卷发中的一部分。两侧站着两位体积较小的随从雕像，与主佛坛处相似。

东侧第一个开间一个简约、开放的木质佛龛中端坐着：

编号11：千手观音（见插图19）。两只手放在膝间，两只手在胸口处做祈祷状，其他的手中持有各种符号、武器。其中两条胳膊越过头顶，双手抓住一个端坐在台座上的小型佛像。

123

佛像的台座仿佛从观音的躯体中长出。一顶五佛冠遮盖着有些透明的蓝色头发。整座观音像端坐在莲花宝座上，支撑莲花宝座的是一个非常漂亮的六角基座。基座各角由石狮支撑，每尊石狮均配有一颗红色的球，而这些红色的球构成了实际的支座。六角基座上雕刻有两条带状装饰，分别刻有不同的罗汉，当中几位还身骑巨兽，跨越大海。恰好中间的位置是这些罗汉到达了普陀山。此处的普陀山经由树木、云朵以及几位僧侣进行展现。

法堂殿内最西侧开间、定音鼓旁站立着：

编号12：关帝（见插图18-2）——战神，忠义之神。其雕像向前跨出，身披铠甲，头盔镶嵌有许多镜子，胡须由天然的黑色头发制成，其余部分通体镀金，且都是新近重新镀金。整座雕像非常传神。关帝右手略微向后，手持一把长柄兵器——一种戟。

与关帝像对称，内殿东侧角落的位置站立着：

编号13：韦驮——佛教的守护者。关于韦驮我们在前文介绍天王殿以及大殿时已经提及。此处韦驮头戴一顶精美头盔，头盔上装饰有大型的缨束；身披一件新近镀金的重型铠甲。雕像没有胡子，左手支撑在三棱形棍棒上，棍棒镀金，顶端带有一颗红色的球。飞扬的长袍、飘动的丝带以及整体的姿态使得这座雕像与观音像一样栩栩如生。

内殿东西两侧墙壁上悬挂着16个（2×8）罗汉的卷轴画像，都是上乘的水墨画。而大殿内展现的罗汉数量是对于中国人而言具有特殊意义的"18"。单就空间的立体效果而言，还是每边9个更为合理，因为这样的话中间就始终不会落空。在中国没有寺庙会放置16尊罗汉雕像，此处之所以这样做，大概是因为在通过浮雕以及卷轴画展现罗汉时却通常会展现"16"这个数字。佛祖最早的弟子总数恰恰就是16个。直至佛教传

图121　法堂供桌向上翘起的装饰部位

到中国，中国人才在这原有的16位弟子基础上又增加了两位，成为"十八罗汉"。这种处理方式正是为了迎合中国传统的数字"九"，而这个数字在中国的寺庙建筑中始终起着重要的作用。

殿内设施

供桌、祭器

殿内的大型供桌堪称杰出的艺术品（见插图17-1）。供桌上了红漆，装饰着极为华丽的人像。这些人像部分镀金，部分上了浅绿色和深绿色的漆。

供桌的前腿各由一只狮子构成，狮子前腿搭在一颗球上，后半身和后腿向上伸直，并由此支撑整个桌面。狮子坚实的后背好似山脊，面露怒色，眼睛是黑色的，舌头吐露在外。球边还有一只体型较小的狮子试图爬到球的上方。整组雕刻非常生动、传神。

供桌前侧的边抹上雕刻着几条在云间追逐宝珠的神龙，两侧的边抹上则分别雕刻着在云彩中飞翔的一只凤凰和一只蝙蝠。几处雕刻都技艺精湛，大部分都是从下方直接斜切而成。

正面的牙子上的雕刻分为三个部分。这些雕刻展现的故事一半源自宗教，一半为人间所发生的事实。祥云中间有佛祖的头像、房屋、华盖、树木、鸟。牙子的延长线位置的支架上刻有圆形雕饰以及人像（见图121）。[1]桌面尽头向上翘起的大型装饰，正面雕刻展现了"八仙"的形象。画面中央，八仙当中的四位借助一根粗糙的树干穿越汹涌的潮流。树干前端为龙头，尾端为松枝。树干及八仙身上飘出许多丝带和云彩。下方水中潜伏着一只大型水怪，一般呈现人形，身体蜷缩在一只贝壳或者是龟壳之中。水怪吹散云彩，一座凉亭显现出来。凉亭正是八仙所欲前往之地。树干两端各为一位女性神仙。

供桌两侧牙子上的雕刻与正面牙了上的雕刻相似，都是杰出的艺术品。有关这些雕刻的含义，请参见本章《四　天王殿与两侧长廊》部分。

供桌上放置着三件黄铜容器：一个香炉和两架烛台。供桌两端各放置着一个高大、美丽的陶瓷花瓶，通体为白色，瓶身上绘有绿色的竹子（观音竹）以及浅绿色、紫色的岩石。瓶中放置的花束早已枯萎。瓶底以及瓶口处均环绕着大量多彩的回形纹饰以及地毯上常见的繁星纹饰。这些纹饰都异常精美，效果鲜明。也许，只有通过亲身实地的观察、感受，才能体 125

1　此处照片过于模糊，难以辨别，故只能根据原文直译。——译注

会这些形式异常精美的中国器皿是如何在如此庞大的殿堂中给人一种整体的和谐感的。

几个玻璃烛台；几个内嵌干枯、镀金花束的玻璃球[1]；一个上了釉的碗，碗内盛有四颗陶土制成的桃子以及其他几件东西，这便构成了整个供桌上的摆设。

供桌前方设有讲台，为木质，漆了红漆。[2]讲台四周护栏栏板镂空，上面刻满了具有中国古风的线条。三侧护栏中央均嵌入了一个圆形的"寿"字（象征着幸福、长寿），讲台的护栏各个侧柱的柱头均为小型的狮子雕像。讲台上竖立着一把精美、沉重的"广东椅"[3]，为黑色，上面刻有大量雕纹。椅子前方安置有一张简易的桌子，摆放着人造白睡莲、人造花束、灯笼、蜡烛以及一尊小型的阿弥陀佛像。

讲台两侧各有一架一人高的锡制烛台，其上放置着一根巨大的蜡烛。整座讲台的前方摆放着一张小桌子（香案），桌子上陈列着一尊黄铜制成的大型香炉以及一个功德箱。功德箱供佛信徒投入香火的开口处被一段木片遮盖。供桌东侧有一处支架，架子上放着一面体积较小的鼓，架身上还悬挂着一个小型的钟。再向东一点的位置，一个四边形的架子上安放着一尊体型较大的木鱼及两根大木槌，架前摆放着一些坐垫。继续向东的六边形支架上安放着一面铜锣。

法堂内殿南侧的两个角落，东侧角落的韦驮像旁边，四角支架上悬挂着一口大型的钟；西侧的关帝像旁，一个坚固的支架上安放着一面大鼓。这两件乐器仅在极为隆重的庆典时才会使用，而通常一些小型的祭祀仪式都会用主佛坛旁那些体型较小的乐器。

法堂内殿陈设的另一大特色便是大量分布在殿内的坐垫或者拜垫（蒲团）。这都是一些体积较小的圆形垫子，有规律地排列在地面上，在进行佛事活动时供寺中僧侣使用。僧侣或是蹲坐在垫子上，行叩头礼；或是在垫子之间的间隙中，行进礼佛。拜垫中刺绣最美、带有莲叶图案的，是专门为主持佛事的僧侣（通常为寺庙住持或是代行其职的僧侣）准备的（见图85）。这个特殊的垫子通常放置在中轴线主佛坛的正前方、紧靠大门的位置。

当然这些拜垫并非法堂特例，其他一些大型的殿堂同样摆放着诸多类似的拜垫，特别是在大殿，而念佛堂、云水堂、禅堂同样如是。通常，每一处佛龛前方都会摆放一个拜垫，每当一位僧侣或是一位信徒进行上香、献祭的仪式时，都会在拜垫上行叩头礼。

1　根据原文直译。——译注

2　此处所指讲台可参见插图16、插图17及图1。——译注

3　具体指代何物未知。——译注

着色及匾额

从主佛坛东侧开间中，面朝千手观音佛龛望去，整座开间梁架结构和所有构件上的雕刻、绘画、装饰都一目了然（见插图19、图118）。殿内悬挂的匾额极大地增强了空间中的隆重感，牌匾上的书法技艺高超、令人赞叹，硕大的汉字更是平添了几分宏伟。这些匾额中，有的垂直悬挂在立柱上；有的横挂在房梁上，摆放得错落有致。匾额在着色上并不统一，甚至并非完全对称。这当中有黑底金字和红底金字的，也有金底黑字的。

较短的横匾自成一体，相互之间内容上并没有太大关联。匾额上书写的大都是佛教经典中的节选，或者是皇帝、知名学者的赠言题词。悬挂在立柱上的竖匾则都是成对出现，匾额上的文字也均是成对出现（也就是我前文介绍的"对子"），在内容、形式、意义上都非常注重平行和对仗，而这一点在前文介绍对子时也已经做了简要介绍。这些对子几乎都是为了寺庙中供奉的某位特定神明而做，当中还巧妙地结合了寺庙所处的自然环境和风景，就像我前文分析御碑亭诗歌时展现的那样。故而，这些匾额上的铭文以及御碑亭石碑上的碑文，不再仅仅是构成整座建筑外在形式的组成部分，其内容同样分属其中。在这里我简要摘录、介绍几处横匾上的铭文：

126

现亿万生

这里所指代的是"爱"与"慈悲"可以在生活中的任何情况下、在任意一个行为当中实现，这在每一个人的成长、教育过程中都是不可或缺的。佛教"横三世佛"所涉及的三位神明身上都浸透着这一品质，而也正因如此，此处才会将观音菩萨的像与大殿中的一样置于横三世佛像前。大殿以及法堂的其他佛像也都或多或少地展现了"爱"与"慈悲"表现的多样性。在前寺的大殿中，这种特殊的品质经由32个不同的形象进行展现；而在法堂殿内则是通过16幅罗汉像，也就是说，是前寺大殿中的半数。而在另外一座主寺佛顶寺中，我们将看到84幅菩萨的化身像。至此，我已经解释了上述箴言。

慈云垂荫

意为：菩萨庇护着百姓免遭危险。

慈云慧雨

普渡群生

即：菩萨在自己的渡船中穿越此生苦海，带领众生到达极乐的彼岸。

慈云普护

莲航普渡

法堂殿内部共有11块类似横匾。立柱上悬挂着10块（即五对）竖匾，其中三对悬挂于殿内第一排立柱（包括靠墙的两根立柱）上，剩余两对悬挂在第二排立柱上。下文将给出当中的四对对子并附上简要阐释。

127

法堂殿内对子（一）[1]
原　文

妙觉 慈悲

顿三空 成六度

出三界 混六尘

分三身 使六识

入三昧 显六通

于三摩地上 在六趣境中

量含万象 化普群生

1　此处断句均按照作者给出的原文。——译注

译　文

认识带来的美妙　　这大慈与大悲

规整三重的虚无　　成为六重的拯救
远离三重的世界　　与六重尘土结合[1]
释放三重的身体　　运用六重的知识
进入三重的夜晚　　显现六重的力量

对于解脱者而言　　在六重的
加深三重，对于　　存在当中

现象本质的理解　　改变众生

法堂殿内对子（二）
原　文

承乏　　　　　悯怀
浙东巡　　　　天下苦
安得慈云　　　愿分甘露
媲南海　　　　白四方

译　文

你错过了　　大地上的哀伤
向东方　　　她感同身受

1　原文中作者将"混"理解为"婚"。——译注

往普陀朝圣　　故而她将会

南海的云彩　　均分那

又怎会消除　　来自西方国度

你的疲劳　　　甘甜的露水

法堂殿内对子（三）
原　文

座上莲华　　　瓶中杨柳

涌出　　　　　洒来

西湖六月景　　南海万家春

译　文

宝座上　　　　宝瓶中

是莲花　　　　杨柳枝

莲花中　　　　露水滋润

奔涌出　　　　南海百姓

夏日西湖　　　仿若滋润

岸边美景　　　春天萌芽万物

129

法堂殿内对子（四）
原　文

莲花开　　　　贝叶[1]演

万里重洋　　　三乘真旨

音亦可观　　　佛原无我

1　棕榈叶。

遂教　　　愿合

鼍吼龙吟　　丹山赤水

都成妙相　　编结灵缘

译　文

莲花绽放　　神圣文字

越过重洋　　启示我们

绽放之声　　三重道理

如此曼妙　　佛之本质

教化万物　　正在无我

神龙吟唱　　海之壮丽

神龟吼叫　　山之华美

而这一切最终　　他编织连接起

化作壮丽景象　　神圣命运

　　第一副对子一部分涉及佛祖本身，佛祖向我们揭示认识的美好，并由此向我们展现整个 130
有关虚无的学说。因为，对于佛教徒而言，救赎存在于认识、知识当中。对子的另一部分则
是在赞美观音这位佛祖的忠实追随者，并将其视为佛祖在这座岛屿诸多寺庙中的特殊显现。
在这里，她正是那不辞辛劳、大慈大悲、充满同情心的神明化身。而更为特殊的是——正如
结尾所强调的那样——她同时还是通过重生[1]使自己永远处于变化当中的神明。佛教思想中对
于这种永恒变化的要求，也就解释了为何让这样一位女性神明作为佛教代表。中国价值观中
对于多子多孙的倾向必然也恰恰促进了观音在中国文化中的重要地位。

1　这里应当同样指新生。——译注

插图19　法堂东侧开间的"千手观音"佛龛

图122　法堂锡制吊灯

第二副对子左边部分的字面含义为"去浙江省东部朝圣（拜佛）"。而这里指的正是位于浙江东部的普陀岛。

第三副对子中提到了杨柳枝。通常，观音像前方的供桌上都会摆放一只插有杨柳枝的花瓶。这是一幅受人喜爱的著名图像（见插图1）：天赐的仁慈、佛法犹如甘露，观音菩萨用这甘露浸湿柳枝，借助柳枝洒向人间，为人间带来春天。此处的春天正是信仰之春、救赎之春。诗中将象征着佛教发源地印度、西藏的"西方"与象征着充满阳光、富饶壮丽的南方的"南海"形成对照，赋予了佛法本质以"实体"与"美"。前文大殿中的对子就已经对此有所呈现。

第三副对子的另一部分则将观音菩萨（这位周游四方、用浸满甘露的柳枝播洒和平与怜悯的菩萨）的生动形象表现得淋漓尽致。绽放的莲花将观音菩萨的美丽带到人间。位于浙江省杭州府的西湖正被诗人视为这美丽的化身。赞美西湖的诗词实在是浩若烟海，与之相关的传说更是不胜枚举。我们甚至可以说，西湖堪称中国风景中秀美的极致体现，而宗教又为西湖的美增添了一抹神圣色彩。对于中国人而言（当然其实对于外国人而言同样如是），如若有幸于春夏两季前往西湖观光，个中幸福着实是难以言表的。而"西湖"这个简单到不能再简单的名字也显示出，中国人甚至感觉无法用任何一个其他的词汇去形容、概括这份独特的美。

第四副对子则着重赞美世界之美、佛性之静。大自然中山川的"和谐"与生命中的"幸福"对照起来。莲叶绽开，发出清亮的声音，继而教化众生学会它的语言。由此，佛法的传播与随着莲花绽放而现身的菩萨变得密不可分。

灯 具

法堂中央第一间上方悬挂着一盏锡制的枝状吊灯（见图122）。吊灯由一圈形态相似的八个烛台围绕而成，烛台均呈葫芦状。吊灯中央下方悬挂着一只蝙蝠，蝙蝠口中衔着一小块木牌，木牌上刻着捐赠者的姓名。这件精美的艺术品四周环绕着四个圆形灯笼，灯笼上悬挂着大量灰色、紫色的珍珠垂饰。法堂殿内南侧开间东西两个翼部各悬挂着一盏小型的八角灯笼，带有珍珠垂饰，其灯罩都为常见的纸糊灯罩。

真正惊艳的当属主佛坛前方的长明灯（见插图16）。灯体本身很重，故而在固有房梁构架上额外嵌入了一根特殊的梁木，将之悬挂其上。通过一根绳索与一个滑轮，使得长明灯可以上下移动。精美的六角灯罩由木头雕刻而成。灯体中央悬挂着一个半球形的玻璃碗。碗中盛有灯油，灯油中可以看到一根不灭的灯芯。

幢与幡[1]

与大殿相同，法堂的部分空间同样装饰有法幢、法幡。这些布质、丝质的幢与幡，或上书箴言，或带有精美的纹饰。虽然这些幢、幡使得这座美丽的殿堂变得有些模糊，但却提升了整个空间的神秘感。

大殿十字交叉处两端的房顶各悬挂着一个小型的法幢a，点缀有许多较长的丝帛，在下方中央有一条，周身分布六条（见图123）。幢身为红色，其上绣有金色的老虎、神龙、花卉等图案。点缀的丝帛或为红色、或为绿色，其上均绣有一个金色的人像以及若干金色的汉字。每条丝帛下方都还点缀有四根较短的丝帛垂饰，带有红色、绿色、金色的刺绣。

与大殿相同，法堂殿内第一排立柱分隔开的三块区域同样挂满了垂饰（见图124）。位于

1　帷幕位置及其编号见图119。

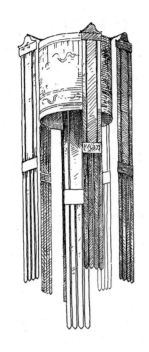

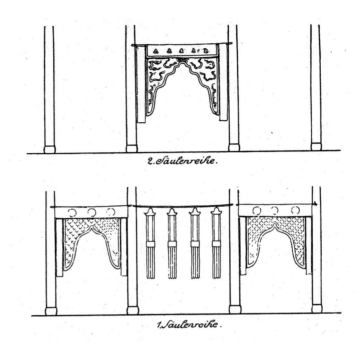

图123　法堂悬挂的法幢a

图124　法堂殿内的欢门、法幡

大殿正中的区域悬挂着四条不相邻的法幡，均被固定在上方一根竹竿上。法幡最上方悬挂处为蓝色，绘有柔美的白色线条。中央的连接部分为红色，绣有金色和蓝色的细致花纹和藤蔓。整个法幡上半部由三部分组成，下半部则由四部分组成。上下两部均为红色，绣有金色、蓝色的汉字。

　　三个区域中位于两侧的区域悬挂着欢门c。组成欢门的两块丝帛均由20厘米见方的正方形布块相互缝制而成，均绣有藤蔓、花卉、佛像等图案。当中的色彩变换几乎可以说是毫无规律可言，从深黑色一直到浅黄绿色，应有尽有。浅绿色的贴边上绣着许多黑色的符号；蓝色镶边包裹的主体部分为红色，上面绣有白色的圆形图案，内容均为人像。

　　第二排立柱同样划分出三个区域。正中央的区域即主佛坛的前方悬挂着丝帛制成的欢门d。此处欢门剪裁极为巧妙，丝毫不会遮挡观察佛像的视线。欢门顶端装饰有一颗金色的宝珠，宝珠两侧的红色丝帛上各绣有四条金色的神龙（也就是说总共八条）。八条神龙一齐在金色、深蓝色的云彩中追着这颗金色的宝珠。欢门边缘同样为红色，绣有金色的田野、蓝色的星辰。

132

最上方悬挂的部分呈深紫色，绣有五幅佛像，其中三幅为黑色、两幅为红色，佛像面部均为白色，全部端坐在金色的莲花宝座上，周围环绕着金色的小型字符。欢门两侧还设置有两条黄绿色的垂带，垂带镶边为橄榄绿色，上面用黑色撰写着若干箴言。

这些幢、幡以及大型匾额色彩的斑斓，殿内所有木制品无一例外带有的大量绘画、雕刻，身披金色、五彩长袍的佛像，法器充满艺术感的形态，从未令人失望的大气线条，相互呼应的细节处理，所有这一切都为法堂带来一种庄严、隆重的效果，并由此为那令人印象深刻的礼佛仪式建构起了和谐的框架。

133

十　配　殿

准提殿

法堂东西两侧对称地坐落着两座小型配殿，其建筑本身均乏善可陈。两座配殿均面阔三间，殿前设有宽敞的前廊。东侧配殿中供奉着被称为佛母的"准提"（我们也可将其视为观音菩萨的母亲）。"准提"正是印度人所谓的"Mârîtchî"，中国人则将之与天庭的王母等同起来。[1]殿前、殿内悬挂的箴言，含义上都与寺中颂扬观音大士的箴言相似：

惠照万方

神通自在

此外还有一副非常美的对子，下面我将对其进行具体介绍。

134

准提殿对子

原　文

三千宝慧　　百万慈云

1　Eitel: Hand-Book of Chinese Buddhism S. 97.

现珠　　　挥手

圆光　　　徧泽

周薄海　　被寰区

译　文

智慧宝藏不计其数　　慈悲之云数之不尽

化作珍珠　　　　　挥手唤来

柔和光辉包裹着　　珍贵甘露滋润着

整个世界　　　　　整个世界

关帝殿对子

原　文

长宵秉烛　　　万里寻兄

纲常　　　　　忠气

整饬　　　　　凛然

慑奸雄　　　　扶汉室

译　文

漫漫长夜　　　千万英里

手持烛台　　　追寻兄长

道德礼仪　　　忠心不二

严以律己　　　正气凛然

威慑着　　　　守护着

奸佞小人　　　汉室王朝

133 **关帝殿**

  法堂西侧坐落着供奉战神、关老爷、忠义之神的关帝殿。前文介绍法堂内殿时我们曾经提及这位关帝，彼时他与佛教的守护者韦驮分列殿内南侧东西两个角落，一起守护着佛教的国度。韦驮更多地被想象为佛法的守卫者，他抵御外界不良影响、对抗一切邪魔妖怪。关帝在整个中国都是关于忠君的化身，故而也被视为崇高的一种象征。不计得失、恪守德行，关帝是独一无二的榜样。中国人更是将其视为性格、品格、操行方面的榜样。法雨寺中则将其视为韦驮形象的一种补充。对于中国人而言，韦驮的形象过于抽象，其所能令人产生的联想主要局限在纯精神层面，仅仅是作为佛教世界的代表。与之相反，关帝这位三国时期（中国的黄金骑士时代，约220—265）的虎将，是一位有血有肉的神明、一位同胞、一位现实生活中的向导与榜样。单就现实生活而言，纯粹的佛教思想相较而言还是过于抽象。这一点恰恰

135 反映了中国人对于现实的追求。中国人甚至经常会将这位民族英雄与佛祖供奉在同一座寺庙当中，即便法雨寺这样一座纯粹的佛教寺庙也不例外。中国人正是这样不断地在佛教思想中加入本民族的信仰，将两种信仰巧妙融合，形成极为有趣的具有中国特色的佛教思想。

  关帝殿大门上方悬挂的匾额极好地归纳了关帝的精神——"正气常存"。

  关帝殿中还悬挂着一副对子（见原书第134页）。右边部分描写了关帝如何对待自己的结拜兄弟——皇帝刘备；左边部分则展现了关帝如何与自己的敌人曹操进行斗争。左边部分出现的烛台则影射着一件著名的轶事。一次，刘备的死敌曹操挟持了刘备的两位夫人，并将她们与关羽（关帝被视为神明之前的本名）锁在同一个房间，希望借此令三人通奸，从而离间关羽与刘备之间的关系。然而关羽并不为之所动，整夜掌灯立于门边。这当中所反映出的道德礼仪，用中国人的话来说就是"三纲"，即天、地、人，外在世界秩序的缩影，作为人类义务的基础；以及"五常"，即仁义、本分、规矩、聪慧、诚实，道德世界秩序的缩影。[1]

云水堂

  云水堂位于院五西侧第一座建筑二层，其一层为纪念堂、储物室及药房（见插图29-1、插图29-2）。支柱将整个区域划分为十间，各个开间内的划分更是形式多样。

  对于从其他寺庙、省份来此礼佛的僧侣，法雨寺展现了极大的好客之情。而这份好客之

---

1 "三纲"应为"君为臣纲、父为子纲、夫为妻纲"，"五常"应为"仁、义、礼、智、信"。——译注

图125 院五西侧的双层建筑，上层为云水堂

情并不仅局限于佛教僧侣，对于前来的道士，寺庙同样礼遇有加。不同的是，这些"异教徒" 136
（如果我们可以这样称谓的话）只能在寺中享受五天的食宿待遇。在那之后，他们必须再次踏
上旅程。当然，与此相应，道教对于佛教徒同样如是，佛教徒在道观中同样仅能享受五天的
食宿礼遇。与之相反，具有相同信仰的佛教徒原则上则可在寺中无限期居住。然而这些外来
的佛教徒有责任严格遵守寺庙的规章制度，同时，每隔一段时间必须参加一次佛学上的考核，
并依据考核结果决定该僧侣最终能否成为寺庙成员。通过考核得以留寺的佛教徒通常会直接
成为本寺的普通僧侣，成绩特别优异的则有机会进入等级更高的禅堂甚至是念佛堂。而在此
之前，这些外来佛教徒都居住在客厅，也就是我们这里所要介绍的云水堂——因为这些外来
者来往不定，正如飘动的云、流淌的水。

云水堂中共设有四间集体卧室，其中三间较大、一间较小，均可通过东侧走廊进入。卧室中均配有供多人就寝的宽敞的炕。在我于此逗留期间，这里许多床位都处于空置状态。然而，每逢大型佛事活动，在此住宿的人数基本都会翻一番。云水堂南侧一条狭窄的走廊一直通往外侧的茅房。相较于云水堂，茅房位置更低，两者通过一段露天的楼梯连接。位于西侧的窗户在现在这种冬季的天气都已用窗板锁住，到了夏天则又会再次打开以便通风。云水堂东侧为一段狭长的走廊，放置有大量长椅供僧侣坐下小憩、闲聊、阅读、打发时间。卧室中并没有单独设立佛龛，为此，云水堂大厅北面三间以及大厅东侧的通道一起被设计成一座小型佛堂，三个开间中轴线的位置各放置有一座坐西朝东的佛龛。此外，三个开间南侧、北侧的围墙处也设有佛龛。佛堂中摆放着一定数量的拜垫，房间中还悬挂着一些用作装饰的墨宝。西侧还设有为本寺高僧准备的三个单间，均可通过佛堂直接进入。这些高僧分散在寺庙各处，由此起到监管作用，特别是对于前来礼佛的客人或参观者。

禅　堂

禅堂位于厨房北侧、院六东侧，单层，面阔五间。中央三间构成大厅，两侧紧靠山墙的开间为僧侣的卧室。禅，意为打坐冥想、静思成佛，为成佛做准备。其全过程为：通过打坐的姿势消磨自己的生命，其间进行冥想、礼佛、诵读佛经，甚至以这种姿势睡觉。这便是所谓的"禅"。真正的圣贤是绝对不能躺下睡觉的。

当然，对于绝大多数僧侣来说，这都只是理论上的要求。虽然从外界看来，许多僧侣可以长时间（数小时）几乎一动不动地闭目端坐在周围的长椅上。然而，这种潜心并非全然真实，至少他们无法时刻抑制住自己的好奇心。特别是当有陌生人进入房间时，他们都不由自主地会用余光去观察一下。以打坐的姿势睡觉就更不用说了，因为这些房间中都设有供人夜里睡觉的炕。尽管如此，佛祖及诸位圣贤所给出的榜样仍是僧侣竭尽全力试图达到的理想。

137 类似的例子在中国宗教史上不胜枚举：虔诚的苦行僧常常长达数年进行最为严酷的苦修。为了修行，他们有的将自己封闭在洞穴之中，有的则置身于野外。即便是身处寺庙当中，他们同样不曾懈怠。后文介绍佛顶寺时，我们便会接触到一个实例。寺庙的铭文、诗歌中经常都会赞颂这些虔诚、为了修行甘心归隐、长达数年一动不动面壁打坐的圣人。当中最为著名的当属达摩。在中国，达摩被视为佛教僧侣之父。这里指的达摩其实就是印度圣僧菩提达摩（Bodhidharma），大约于公元520年来到中国，并最终被视为十八罗汉（佛祖的弟子）中的第

插图20-1　念佛堂上层佛堂

插图20-2　中轴线尽头、方丈殿二层——藏经楼

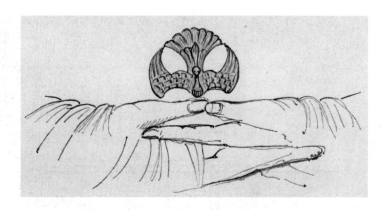

图126　禅堂药师佛手上的鸽子

十八位。

　　禅堂的功效即在于供僧侣潜心礼佛。正因如此，绝大多数禅堂主佛坛都会供奉达摩。禅堂也因此成为所有大型佛教寺庙中的重要组成部分。四川及中国西部地区的佛教寺庙中，禅堂主佛坛都必然供奉着达摩。而在法雨寺，达摩则被供奉在整座寺院最北侧中轴线的位置，紧邻本寺高僧卧室。故而这座位于寺庙最北端的建筑被称为"达摩殿"。因此，法雨寺禅堂佛坛上，玻璃佛龛中供奉的并非达摩，而是药师佛。其佛像最大特点在于上下叠放的双手上展翅的鸽子（见图126）。

　　正右方紧挨入口的位置放置有一把椅子，供前来监督的僧侣就坐。两侧墙壁[1]将大厅与卧室分割开来，每侧墙壁前方均置有三排条凳，每排条凳前方都摆放着一张桌子，共三张（两侧共六张）。桌面上摆放着经书以及一些礼佛必备用品，供在此礼佛的僧侣使用。将大厅与卧室分隔开来的墙壁由狭窄的木门组成，门下方为木板，上方为镂空的栅栏[2]，透过栅栏可以看到卧室中大型的炕。跨过条凳，穿过"隔断"，即可到达卧室内炕的位置。炕上，每个人都有自己的区域。其上非常有序地摆放着大量整洁的枕头、被褥、成捆的僧袍以及其他一些服饰。此外，每个床头位置上方的墙壁，都用绳索悬挂着一些其他的必需品。正是在这样一个房间中，所有僧侣分成两排，共同就寝。

1　此处实指"隔断"。——译注
2　此处应指"窗棂格"。——译注

图127　通往最北侧平台建筑群的扶梯

十一　法雨寺最北侧平台建筑群

念佛堂

　　念佛堂为法雨寺24位资历最老的高僧礼佛、就寝之所。这个数字不可再多。一旦出现空缺——不论是因为有人仙逝，还是有人转投其他寺庙——寺庙都会在云水堂的僧侣中（有时也在禅堂的僧侣中）安排一次考核。这些候选僧侣往往都已经在上述殿堂中居住、等待了很久。只有当中能力最强、德行最好的僧侣方可入选这24人的名单。进入念佛堂就意味着享有一定的特权。例如，念佛堂中的每位僧侣每年都会获得大约20美元的资金用来购置衣物或者是其他一些个人所需物品。但是另一方面，念佛堂中的戒律却也比对其他僧侣更加严格。念佛堂的僧侣必须极为虔诚，熟读佛经，做好年轻一代僧侣的榜样。这24位骨干高僧构成了整座寺庙宗教意义上的中流砥柱。着装方面，这些僧侣并没有什么特别之处。然而，对于这24位高僧的要求却着实更为严格，当然，也许他们也自愿如此。这些高僧只能在四月或者七月离开寺庙（不论是旅行还是短途的郊游）。即便如此，离开寺庙之前也必须获得寺庙住持的亲笔许可。寺中其他僧侣相对而言则可更为自由地进出寺庙，甚至可以说，基本上是随其所愿。此外，这24位高僧除却特殊的礼佛仪式之外还必须参与所有集体的佛事活动，即使是生病也必须经由住持的许可才能缺席一次佛事活动或是集体用餐。

139　　念佛堂共占地五间，与所处平台上其他建筑同为双层建筑。上下两层中央三间均为大型佛堂。两侧靠近山墙的开间均充当卧室。其中，一层的其中一间由四个单间组成，单间经由一条狭窄的走廊连接。单间空间较小，放置一张床后便仅剩摆放一张桌子和一把椅子的空间了。

　　位于一层的佛堂通常专供24位遴选出来的高僧使用，偶尔也供其他僧侣使用。位于中央的主佛坛由玻璃窗隔开，佛龛内除了供奉着三世佛坐像外，还供奉着一些刻有寺庙创建者以及之后历届寺庙住持名讳的纪念木牌[1]。由此，这座佛堂同时也起到纪念堂的作用，这在众多佛教寺庙中是绝无仅有的。寺庙中，所有僧侣仿佛一个大家庭一样不断延续。众所周知，佛教禁止僧侣结婚。然而，每位高僧或者其他一些资历较老的僧侣通常都会抚养一些男孩。他们教授男孩们佛法，将男孩们培养成僧侣。因此，这些被抚养的弟子中，很多人不论在精神意义上还是宗教意义上都可以算是高僧的儿子。高僧圆寂之后，往往由这些被抚养的弟子承袭高僧的位置。通过这种方式，传统得以直接延续，就像子承父业那样。即便不考虑这些抚养的实例，单就历代住持的接替来看，便可以体现一种宗教意义上不间断的传承。故而，这座位于念佛堂一层的大厅在某种意义上也是整座寺庙祭奠先祖的宗庙，起着类似于祠堂的重要作用。一般来说，这种纪念堂都会紧挨方丈卧室。当然，方丈自己的名字不久之后也会在此接受供奉。而在法雨寺，这个特殊的"祠堂"则仅仅是距离方丈殿较近，并非紧挨其卧室（位于其卧室的东侧），被安置在念佛堂这座特殊的建筑之中。

　　这些木质的灵牌大都经过精美的装饰：金色的雕框，红褐色的底板，其上书写着鎏金的汉字。灵牌中最为讲究的当属供奉该寺明朝时期的创始人——大智（见图130）。灵牌上书写

1　此处应为灵位或灵牌。——译注

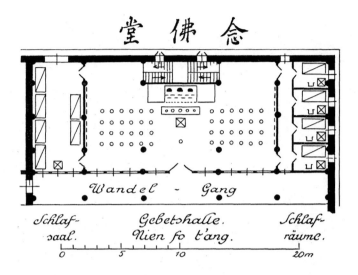

图128　上层：禅房及卧室

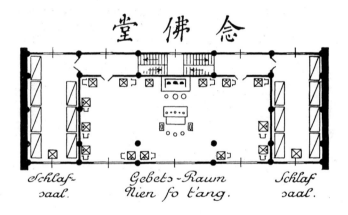

图129　下层：佛堂及卧室

图128、图129　法雨寺最上方平台最东侧的建筑——念佛堂

着"大智开山祖师"。

140

　　大自然最深邃的精神隐藏在群山之中。圣者皆居于深山，寺庙皆修建于深山之中，那位最先发现某座山所含精神的圣者，便会被视为这座山精神的化身。正是他将这份神圣向邻人

图130　法雨寺创始人大智的灵牌

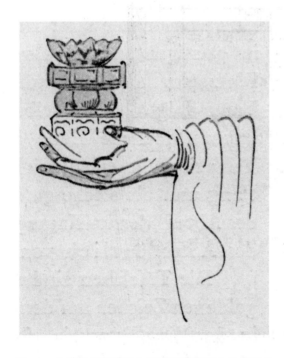

图131　念佛堂二层佛坛上阿弥陀佛像手中的金莲台

启示，也正是他揭开了这个秘密，向世人开辟了这座深山。故而，在中国，对于这类圣人常常都会赋予"开山祖师"的称号。起初，寺庙始终都是依山而建（甚至今天也倾向如此），山与寺几乎密不可分。例如在日本，直至今日，寺庙还被统称为"山"。这本来是源自中国古代的一种观念，现如今被佛教所承袭。

中国传统观念中十分重视保护、回避已逝住持的名讳。为了表示对于死者的尊重，并非任何人都可以书写甚至仅是誊写死者名讳。我当时的陪同翻译先生也不例外，虽然那是一位非常开明的先生，说得一口流利的英语，但是我最终也还是无法说服他帮我誊抄下灵牌上的文字。这些文字正是死者的名讳。诗歌以及其他一些铭文他却都非常乐意帮我誊写。同样的经历还发生在我之后的另一位陪同翻译身上——这位在德国天主教教育下长大的善良的天主教徒也同样如此。每当涉及死者名讳，他都有所顾忌、一时语塞；即便最后他按照我的要求做了，但明显可以看出他的良心备受煎熬。这正是中国人一种自古流传下来的观念，认为这样会打扰死者的灵魂——书写死者名讳即会引起死去亡魂的注意，并由此作为一个外人打扰了死者的安宁。这正如一个活人在未知会主人的情况下闯入他人房间，同样是被禁止的。因此，人们不能书写死者姓名来打扰死者安宁，令死者烦忧，因为名讳同样是死者灵魂的一部分。

　　大厅内地面上规则地摆放着拜垫。原本应为24个，正好与在此居住的僧侣数目相同。但是通常会根据具体需求增加数量。大厅里，高僧们每天都会打坐数小时，其间一动不动，口中念念有词。偶尔声音逐渐增强，之后又恢复到单音节的喃喃自语。他们口中不停地重复诵念"阿弥陀佛""阿弥陀佛"，与此同时还会伴随着持续的钟声及木鱼声。两侧墙壁上悬挂着16幅（2×8）罗汉的卷轴画像，画像上的罗汉都正在打坐，周围环绕着岩石与树林。

图132　观音菩萨手中的玉净瓶

　　一层大厅上方覆盖着木质天花板。佛坛后方有两扇门通往室外，一段双臂楼梯通往二层。二层中央，两间卧室之间的大厅用来充当高僧个人礼佛的场所（见插图20-1）。屋顶架清晰可见，地板十分简陋。后墙位置设置有一座十分独特的佛龛，玻璃后方供奉着三尊佛像。居中的是阿弥陀佛，蓝色的印度式卷发，胸部袒露在外，其上绘有"卍"字符，右手向外伸出，抬起的左手掌心托着一个位于分体底座上方的莲花台——金莲台（见图131）。

　　阿弥陀佛东侧站立着观世音菩萨，头戴菩萨帽（毗卢帽）；其左手持一段杨柳枝，右手持一只长长的玻璃花瓶，菩萨正是用这只瓶子收集法的甘露（见图132）。这露水是那温和的夜晚在清晨的沉淀；是那日月同辉的时刻最为精致纤细、带来幸福的雨水——法雨之水。杨柳枝则用来将这甘露洒向人间。

　　西侧站立着大势至菩萨——一位获得权力、占有权力、有能力拯救人类的菩萨。大势至菩萨同样头戴菩萨帽，双手持三根长长的、含苞未放的莲花，象征着他手握拯救的权力。然而这个权力只有在莲花绽放之时方可使用。

　　大厅中央处，供桌前方两侧摆放着两只锡制麋鹿。造型上却实在有些俗气。两只鹿扭头望向中央，口中均叼着一段结有两颗长寿桃的树枝，枝头一端均为一只蝙蝠——幸运的象征，另一端均为一个油盘，油盘中央为一根摆放蜡烛的尖钉。

　　大厅中四周墙壁边摆放的礼佛桌营造出了独特的氛围。这些礼佛桌共计14张，大概是受限于空间太小，不然肯定会为24位高僧每人配备一张属于自己的桌子。现在，他们不得不轮流使用。这些年事已高的高僧有时盘腿蹲坐在椅子上，有时端坐着，有时则跪在椅子上面叩

图133　达摩殿前方的游廊与法雨寺第二高僧

图134　大客厅前方的游廊

首。他们双手合十，诵读着经文；这些分成数卷的经文均摊开摆放在他们的面前。桌子的使用率始终都很高，这些虔诚的高僧始终潜心于念经诵佛，外界事物丝毫无法影响他们。也正因如此，我才有幸在一次他们诵佛的时候拍下了他们的照片。桌子上均摆放着一座小型佛龛，供奉着佛祖的画像；一个盛有鲜花的碗（现在里面盛着的是水仙）；一座香炉；签筒；以及哪儿都少不了的茶杯。所有这些构成了一幅非常庄严、肃穆的图景，这些虔诚的老者安宁地、无声地、全身心地沉浸在佛法之中。在这里人们可以感觉到（在其他任何地方都不会有如此强烈的程度）寺庙带给人的宁静、祥和；远离凡世的喧嚣，全心全意献身于佛法之中。

游　廊

　　念佛堂一层正前方为一处与大厅同宽的前廊。这座前廊整体非常简单，为单坡屋顶覆盖的一段开放游廊。经过中间短暂的隔断后游廊继续延伸，穿过整个最北侧平台。平台上其余四座建筑前方的游廊均比此处精美许多。当中最为讲究的当然是位于中轴线上、地位最高的达摩殿前方的游廊（见图133）。此处的游廊顶部均由木质月梁组成。其梁枋斗拱处均有大量彩绘和雕刻，其上绘画色彩斑斓、明显镀金。游廊顶部的规格依建筑物的重要程度而异。精美程度仅次于达摩殿前游廊的是位于珠宝殿前的游廊，其各部分构件规格上相较于达摩殿前的更为小巧、质朴，但是构件上仍然有大量的彩绘、镀金。大客厅前的游廊上方仅有一根简单的褐色梁木，上面既无彩绘也未镀金（见图134）。位于平台西边最外侧卧室前方的游廊顶部则更为简洁。这些木架结构与木质穿顶相同，在华中、华南的寺庙中（当然主要还是四川的寺庙中）都意义重大。这当中极好的一个例子我们已经在前文描述有关玉佛殿前廊的顶部时介绍过了。法堂前的游廊同样仅有一根大型的木质横梁，另外一个例子则是后文即将提到的佛顶寺大殿。

达摩祖师殿

　　达摩祖师殿面阔七间，一层中央的三个开间为供奉最为著名的僧侣——中国佛教僧侣之父、精力充沛的云游者——达摩的大厅（见图136）。前文中我们已经提到，一般寺庙都会将达摩供奉在禅堂当中。这里，则在大厅后墙上悬挂着一幅精美的达摩卷轴画像，画像两侧还挂有其他绘有鲜花、写有对子的卷轴画。

201

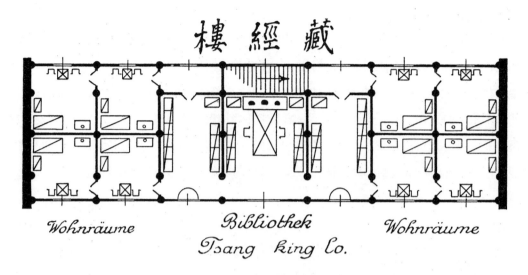

樓 經 藏

Wohnräume Bibliothek Wohnräume
Tsang king Lo.

图135　上层：藏经楼及卧室

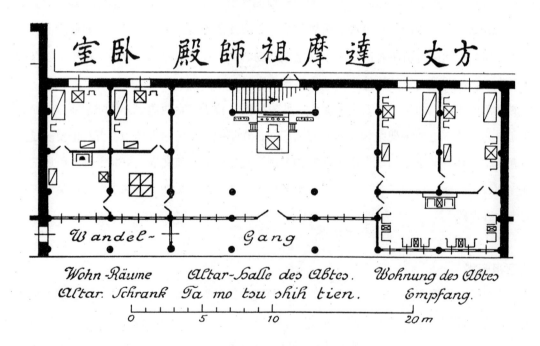

室 卧 殿 師 祖 摩 達 丈 方

Wandel- Gang

Wohn-Räume Altar-Halle des Abtes Wohnung des Abtes
Altar. Schrank Ta mo tsu shih tien. Empfang.

0 5 10 20 m

图136　下层：佛堂及方丈殿

图135、图136　位处法雨寺中轴线上的达摩祖师殿

达摩殿内对子
原　文

金石千声　　楼台先曙

云霞万色　　莺花早春

译　文

金色石头演奏音乐　　清晨曙光最先踏上

千层声响　　　　　　高耸楼台

云朵闪烁　　　　　　云雀花朵

色彩无数　　　　　　最早知春

对于这副对子的阐释有如下几点值得注意：中国古代常会通过敲击珍贵的（这里用金色代表）、独特的石头产生声响，作为礼佛时的音乐。诗中将音乐与僧侣礼佛诵经的声音联系在一起。礼佛的方式是如此繁复多样，正如不计其数的人之间个体的差异。每个人都用自己的声音向佛祖祷告。尽管如此，佛祖依然可以（其大慈大悲仿佛取之不尽的云朵）通过象征恩慈的色彩使得每位向他祈福的人都得到满足。[1] 佛教徒用声音向他祈求，他便用数不尽的色彩渲染这个世界。每位虔诚的佛教徒，佛祖都将令他们以各自的形式得到幸福。然而，谁若可以登上高台，比其他人更加接近信仰的神力，佛祖的佛光相应也会更早地照耀在他们身上，就像云雀与花朵最早感受到春天的美妙一样。诗中右侧的"花"与左侧的"云"让我们想到了其引申义——"天花""法雨"，也就是说，影射了这座寺庙的名字。

这是一首极为巧妙的诗，诗中不仅涉及了达摩殿所处平台独特的地理位置（在法雨寺中海拔最高），关联到了殿中供奉的圣僧达摩；还堪称精妙地通过完美的对仗，将法雨寺的寺名与佛法本身紧密地结合在一起。即便从中国诗歌审美角度出发，这首诗也几乎可以称为完美之作。

1　此处依照原文直译。——译注

图137 卧室中的窗栓

145 　　这些卷轴画前方、贴墙放置着一张大型供桌，桌面上摆放着一些常规的器皿及几只花瓶。供桌两旁为雕刻精美的镀金挂架，架上插着一根经过人工弯曲的稀有木棍，其外形犹如某种形式的根。这应该类似于达摩手持的云游手杖，多节且弯曲。这种手杖几乎在所有方丈殿或者是达摩殿中都必不可少。达摩这位曾云游整个中国，甚至徒步前往印度的神僧，不论是在这座寺庙、这座岛屿还是在整个中国都是僧侣效仿的榜样——一位倾其一生的朝圣者。此处的达摩殿还被称作"新法堂"。

　　佛坛前方有一个专门为住持设置的诵经台，诵经台上置有桌椅。通常，住持就在此就坐。每逢大事发生，住持都会在僧众面前诵读佛经、讲解条例（某种程度上的宗座权威［ex cathedra］宣言）；或者在此向僧众讲解寺庙的重要事务。这个设立在位于方丈卧室旁边的佛堂中、专门为住持准备的诵经台在其他大型寺庙中也十分常见。一般来说，每年仅有两次大型佛事活动会在此举行：一次为庆祝达摩诞辰，另一次则是纪念达摩成佛之日，也就是达摩的忌日。佛堂东面连接着方丈卧室，房间中设有两间卧室，每间卧室均配置了床、柜子、几张桌子、几把椅子。房间南侧还设有一间会客厅，与两间卧室等宽，一部分与殿前的游廊相接。会客厅中配有一张大型的坐炕、四张桌子、八把椅子，全都贴墙放置。会客厅中悬挂着一幅当代住持的画像，出自一位数年前来此拜佛的杰出艺术家手笔。住持本人较难接近。我在此逗留期间仅获一次机会与他简单攀谈几句。这位住持应是一位博学却又与世隔绝的人，谨遵佛教各种戒律。

佛堂西侧设有四个房间，其中一间用来放置存放袈裟的衣柜。旁边一间同样摆放着一个大型柜子，除此之外房间内还设有一处供奉着阿弥陀佛、观音、大势至菩萨的佛龛。两间里屋供与方丈最为亲近的僧侣使用，某种意义上有点像方丈的秘书室。

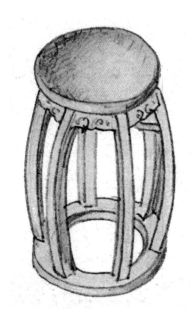

图138　方丈卧室的矮凳

经过一段单臂楼梯即可前往达摩殿二层。二层与一层规划相同，大厅两侧各有四个房间，也就是说总共八间卧室（见图135）。位于中央的三间整体构成一座藏经楼，几乎所有大型佛教寺庙都会在相同位置（在整个寺庙建筑的尽头）设置这样一座典藏佛经的处所。

八间卧室均配备有床、柜子、佛龛、桌子、椅子，在此居住的有藏经楼的管理人员、几位德高望重的僧侣，偶尔也会安排给外来僧侣。整座藏经楼通过立柱之间的墙壁划分为三部分，提供了一个很好的放置精美书柜的空间。宽大、平滑、漆色精美的木板刻着大型的汉字；精美的黄铜饰片更是为这些书柜带来了美妙的效果。这些书柜中总共存放了84 000本书。这个数字正是一个完美的佛教藏经楼所必备的藏经数量（见插图20-2）。藏经楼三个房间中最中央也是最宽敞的一间被设置成一座小佛堂，同时也用来充当阅览室。佛坛中央一张雕刻精美的镀金椅子上端坐着释迦牟尼：体态丰满，双手合十，标准的蓝色卷发；胸部一部分袒露在外，所着衣装均做工精美。其东侧端坐着文殊菩萨：光头，蓝色络腮胡子。其西侧为普贤菩萨：同样为络腮胡子，下巴处有一撮簇状胡须，穿着严实。三座佛像面前放置着一个雕刻精美的阿弥陀佛木雕。木雕由红木制成，置于一座莲花佛坛之上。佛坛前方放置着一张长桌，

146

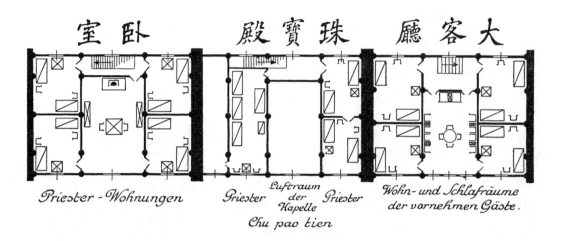

卧室　　　珠寶殿　　　大客廳

Priester - Wohnungen　　Priester　Luftraum　Priester　Wohn- und Schlafräume
der　　　　der vornehmen Gäste.
Kapelle
Chu pao tien

图139　上层建筑平面图

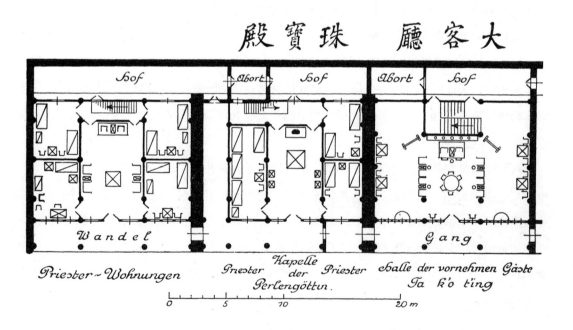

珠寶殿　　　大客廳

Hof　　Abort　Hof　　Abort　Hof

Wandel　　　　　　　　　　　　Gang

Priester - Wohnungen　　Priester　Kapelle　Priester　Halle der vornehmen Gäste
der　　　　Ta k'o ting
Perlengöttin.

0　　5　　10　　　　　20 m

图140　下层建筑平面图

图139、图140　最上方平台西侧建筑群

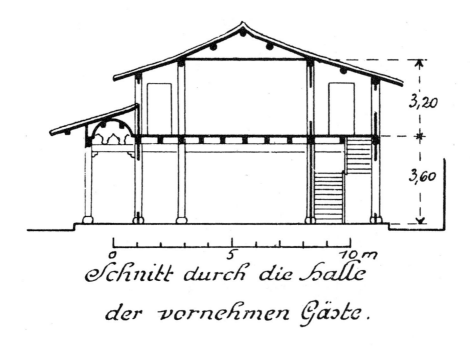

图141 大客厅截面图

长桌上摆放着一尊西藏风格的铜塔。铜塔的一格中，一尊体型较小的释迦牟尼佛像端坐在莲花宝座之上，右手指天，左手指地，这是经典的佛教手势。铜塔东侧端坐着一尊镀金观音像。观音右手放在右膝上，手中握着一根莲花花茎，莲花上还挂着小水珠；左手另外一枝莲花花茎搭在右肩，肩膀上坐着一只孔雀。观音所在的佛台周围环绕着一条神龙，张开大口向上望着菩萨。长桌前方边缘放置着一个扣紧的木质香盒，香盒上雕刻有孔。藏经楼中并未燃烧明香，而是放置一些带有香味的木棒用于替代，均产自广东。此外，桌上还摆放着两个烛台和些许经书。

　　这是一处真正适合僧侣研习佛法的场所，是一个美丽、颇有气氛的地方。这里，得道的高僧们静思冥想，让自己远离寺院中的喧嚣。恰恰在这整座寺庙中轴线最高处的位置上，他们沉浸在佛法的奥秘当中。他们从结实的书柜中取出许多珍贵的经书，热情地向我讲解。同时，他们非常以自己的藏经楼为豪，就像我们当中的每个人都会有这种自豪的感情一样。然而，他们忧虑地表示，其实他们没必要向我讲述他们的佛法，因为我压根儿不会相信。但随

147

大客厅内对子

原　文

空明妙谛	坚忍真修
不着一尘	可历万劫

译　文

铭记于心[1]：	坚强忍耐，
万物皆空——	真正努力
世间尘埃不能触碰	可以消除
你的丝毫。	无数劫难。

后他们又指出——正如许多中国宗教上的有识之士所达成的共识——从根本上说，整个地球上所有的宗教，其思想上都十分相似，只不过表达方式不同。佛教学说可能是当中最为慷慨的，单就其整体结构而言非常适合将所有其他宗教的学说化为己用。

自达摩殿继续向西是一座专为到寺来访的贵客准备的卧室（见图139、图140）。整座房间共分三个开间。与整个平台其他建筑相同，这座房间同样为两层建筑（见图141）。整个一层构成了一间独立的、设施华贵的会客厅。会客厅整体依照中国古风建造。后墙处设有供两人席坐的宽敞的炕（见图143），两侧放置有四张桌子、八把椅子，与划分开间的轴线平行（一种对于天空四方以及八仙的隐喻）。更远处靠近边墙的位置摆放着一些桌椅。专为极为尊贵的客人准备的圆形饭桌摆放在中轴线上。会客厅的窗边设有上菜桌，作为大型饭桌的补充。后墙上悬挂着卷轴画以及箴言墨宝，前方摆放有一张长桌，桌面上布置着花瓶以及其他一些珍贵的器具。长桌两侧放置着异常精美的大型竖镜，镜子本身应为欧洲制造。客厅内所有家具均由黑色实木制成，应当是广州制造。这些陈设均来自于一位天津高官（同时也是著名方丈化闻的一位学生。对这座寺庙而言，化闻方丈居功至伟）光绪十九年（1894）的捐赠。

148

1　原文直译为"纳为原则"。——译注

图142　备有宁波风格床榻的卧室

图143　大客厅一层的大型会客厅

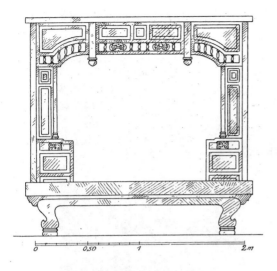

图144 大客厅内床榻正视图

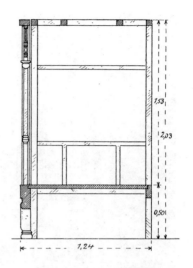

图145 床榻栏杆横截面

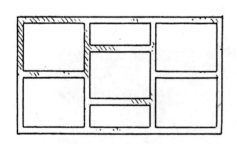

图146 床榻上用来放置蚊帐的木架结构

悬挂在后墙上的对子请见本书（原书）第147页。阐释如下：

对于这些大部分来自于俗世的客人而言，男子气概、保持忍耐是生活上成功的先决条件。这副对子的右半部分所揭示的正是这样一个道理。然而，诗歌中为这些通过坚韧性格克服的生活困难冠以佛教色彩浓重的"劫难"一词，使得两者得以结合。对子的左半部分同样如是。总而言之，这副对子将我们俗世的现实生活与崇高的意境结合在一起，而达到这种崇高的境界则需要我们摆脱自己一切不纯净的状态。这个巧妙的安排使得佛教的拯救与尘世间的具体行动力得以调和，这首诗不可不谓为大师之作。

149

大客厅二层拥有四间卧室，每间卧室均配有两张床。此处卧室主要为来访者及其仆人提供食宿，有时也用于许多非正式的接待。后方狭长的院中设有茅房，院侧面与一间小型厨房相连。小型厨房将大客厅与东面的方丈殿分隔开来。

图147　屋脊上一块装饰

珠宝殿

珠宝殿为三开间，分为上下两层，西面紧靠大客厅（见图139、图140）。其上下两层侧面两个开间均充当卧室。位于中央的开间纵穿两层，可以清晰看到屋顶架。下层，一座十分珍贵、雕刻精美的镀金佛龛中供奉着一尊小型的观音像（见插图21）。这尊巧夺天工的观音像绝对称得上是寺庙众多佛像中的珍品，不仅在中国人当中闻名遐迩，即使在外国人当中也极为出名。装有玻璃的佛龛中放置着一个由非常珍贵的香柏木制成的小型罩子，罩子同样装有玻璃，玻璃后方的莲花宝座上端坐着这尊大约12厘米高的观音像，十分小巧。雕像右膝稍稍上扬，所着长袍以及躯干应该都是纯金打造的。然而，胸部及下半身裸露在外的一部分都由同一颗大型珍珠制成。珍珠虽然形式上很不规则[1]，但是色泽极佳，应该有3厘米多高。这真称得上是一颗价值连城的宝珠。

主佛龛内，放置小型观音像的小佛龛后方竖立着一座镀金的铜塔。铜塔下部无法得见。上部，四根像柱支撑着一尊高约60厘米的观音像。像柱本身均为端坐在莲花宝座上双手交叉的佛像。整座佛龛不论从内容上还是当中完美的木雕艺术来看，都堪称巧夺天工的艺术品。而将如此美妙的艺术品安置在这样一个空间狭小、地理位置偏僻的殿堂中，却是极为恰当的。因为需要通过努力去寻找这样一个特殊的房间，最终才能在如此庞大的寺庙建筑群中发现这样一件珍宝（见插图21）。整座佛龛都按照宁波工艺制造，风格优美。宁波精湛的制造工艺也 150 体现在当地众多与此类似的精美佛龛身上。同时这座艺术之都也自豪地认为，中国最美丽的建筑都是借助于其建筑风格以及木刻艺术才得以闻名遐迩。

1　原文此处还有一个形容词"矩形"。——译注

卧　室

位于平台最西侧、同时也是整座寺庙西北角位置的是一座小型的三开间建筑。建筑同样分为两层，当中的房间专为寺庙第二高僧以及其他几位高僧设立。上下两层中央开间均为配有坐炕的客厅。其中，上层客厅中还设有一处佛龛。每层均设有四间卧室。在此居住的高僧均劳苦功高，故而借此幽静之地远离佛事高峰期的喧嚣。

第四章

庙中与岛内的宗教生活

一 船员的祭典

这天，一艘巨大的中式帆船驶入了普陀山的码头，几乎所有海员们都是冲着岛上寺庙而来。他们事先预约了为期一整天的祭典。这艘船来自厦门，船老大是一位精壮的男子，外形有棱有角，冷静而严肃，是个真正的海员，而非那类衣冠楚楚、出海经商的环游商人。船上约有25~30名海员，均为男性，几乎倾巢而出。为了即将进行的隆重的酬神祭典，他们已经支付了60美元。他们常年往返于台湾海峡、上海、福州以及广州。每年，几乎所有沿岸渔民、海员都会以这种方式来此进行一次祭拜。

例如有一次有规模约100艘船只的庞大船队在庙宇附近的海湾停泊。船员们不停地在甲板上来回奔忙。海滩边设有一处调度站用来管理船只停泊。大多数船员都会选择在我上文介绍的法雨寺中进行祭拜。不同于华丽帆船上船员的隆重仪式，家境贫寒的香客通常满足于购买一捆香，然后四处找寻佛坛，在其前方叩首、进香、再叩首。这样的生活确实很热闹，但是太过流于形式，缺少应有的庄严，不若豪华大船上的船员们那般虔诚。不过话说回来，穷人又如何能大肆祭拜呢？

开头提到的厦门海员的祭祀十分值得关注，下文即将根据我的观察从以下三个部分进行描述：

谢神

上供，在大型香炉中焚香

晚上向地藏王菩萨献礼

谢　神

谢神礼开始于上午九时。门后左右两侧早已摆好了放置各色乐器以及其他祭器的长桌。长桌后方各站着三位僧人吟诵佛经。因为已能背诵，他们不再需要目视那冗长的佛经。乐器在祈祷中鸣响，一面鼓立在靠近东边桌子的地上。除了观音祭坛上的两束烛光，庙堂中其他摆设没有变化。下垂的吊灯像往常一样在庙中间亮着。

每位船员均奉一捧香，鱼贯而入，走到位于中央的圆形拜垫前。祭拜者需面朝佛坛和佛像，先双手持香向上举，虔诚地保持几秒，再屈身对拜垫跪下，最后起身。祭拜者需照此流程行三次叩首礼。接着祭拜者躬身走向观音像前的铜制香炉，插下之前点好的几柱香。其他菩萨的所有香炉前均要进行这样的仪式，直到拜完韦驮菩萨为止。25位船员均如此行礼，其间僧人诵经之声贯穿始终。礼毕，整个庙堂中由于焚香，萦绕着难以描绘的浓烟。那些完成进香的船员百无聊赖地望着身旁的僧人，四下张望，他们自然对所念经文一无所知。他们大概只知道这些僧人正通过经文将他们美好的愿望传达给相关的菩萨，使得他们可以得享佛恩。所有的一切中，没有一个细节不是充满神圣的：嬉笑、闲谈、喝茶均不可容忍。相反，船员们极力保持严肃，从那散发的气场中可以感受到，宗教的意义对他们来说非同寻常，正如他们眼神中所透露出来的那样。除此之外，他们为此支付的60美元也着实足以让他们认真起来。寺内，其他看客在四周好奇地走来走去，时不时交头接耳。这当中有恰巧来此的陌生中国人、我、我的翻译以及其他一些暂未司职的僧人们。但这并不会影响到他人，因为对于中国人而言，仪式成功即可。至于外在表现的虔诚、内心安宁与神圣的气氛，通常并没有人会在意。在中国，宗教活动的首要目的在于完成既定的仪式，之后才是唤起内心的信仰。人们可以从实用角度来理解祭拜仪式，甚至可以将它描述成一种"交易"：付出劳动，筹备仪式，供奉神佛，以期神佛能帮助自己。因为祭拜要祭祀僧人来举行，所以就有了代理的意味，而祭拜便成了僧人们的本职。重点在于完成祭拜仪式，至于谁来完成，并没有太大差别。从仪式的后续就能看出来，这种代理方式不会妨碍整个仪式已被赋予的深厚意义。

祭拜祷告的仪式就这样持续了约两个小时，到十一时才结束。放着供品的供桌在之前仪式进行时已被摆上礼堂。

插图21　珠宝殿佛坛

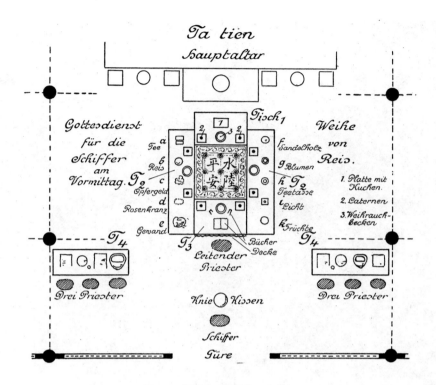

图148　船员祭祀仪式，上供[1]

上　供

仪式第二部分大约于十二时开始（见图148）。已备好的供桌放在中间，与其他桌子一起组成祭台。

船员可以随船自带献给菩萨的供品和供米。每天，尤其是遇到风暴时，虔诚的船工都会取些谷粒投入水中，以期安抚情绪不定的大海，也使自己的内心归于平静。这是船上十分重视的习俗，它不仅适用于海上航行的船只，江河中航行的船只同样如此。每天早上都有起航

1　图中德文对应的汉译如下：Ta tien 大殿；Hauptaltar 主佛坛；Gottesdienst für die Schiffer am Vormittag 上午的船员祭典；Tisch 桌；1. Platte mit Kuchen 一碟糕点；2.Laternen 灯笼，3.Wehrauchbecken 香炉，a.Tee 茶，b.Rew 奖赏，c.Opfergeld 贡金，d. Rosenkranz 念珠，e. Gewand 袈裟，f. Sandelholz 檀木，g. Blumen 花，h. Teetasse 茶杯，i. Licht 灯，k. Fruchte 水果，Bücher 书籍，Decke 罩子，drei Priester 三个祭祀僧人，drei Priester 三个祭祀僧人，leitender Preister 住持祭祀的僧人，Kniekissen 拜垫，Schiffer 船员，Güre 隔离带。——译注

前的船只进行类似仪式。中间的供米桌上刻着一行铭文"水陆平安",即:人们在水路和陆路上皆享平安。这不仅从字面上显露出对水陆行程平安的祈福,同时也表达了对引申为其他生活处境中普遍安宁的美好期望。其绝妙的双重含义对于中国人来说十分讨喜。

北边位置上的那组人对着主佛坛,坛边紧挨着的一张被垫高至1.3米的桌子上摆放着:

1.一盘装满糕点、坚果和水果的碟子,

2.两盏立着的四角灯笼,每盏灯上都有四个边柱(Eckpfosten)、玻璃移板和在内部点着的灯,

3.一个供奉用的铜质香炉。

桌子前方正中绣有神龙和其他装饰的红色丝质祭台罩从桌边垂下,向南展开了大约50厘米。一张正方形的桌子大小适中,高80厘米。桌子中央的边缘,人们用五谷摆出一条环形的宽带子。为使桌上盘子的暗部能被人们看见,饰带已被一个僧人麻利地用手掀开,一边露出白米饰带的线条。一小堆米在饰带内被堆成九个圆环,米堆的圆环中间有一盛油的小铜盘,灯芯在其凹处燃着。九个圆环把桌子划出四块,上有汉字"水陆平安",汉字是用五谷熟练地拼成的(文字意思已在上文解释过)。

中间的桌子是由同高的桌面合并加宽得来,它们的长度也相同(此页上被标注成T_1^1、T_2)。中间供米桌角落各有两根插着长蜡烛的烛架,烛架间放置着香炉。此外,桌上两侧各有 154
五个垫有红绸的小碟子,上面分别摆放着:

a)两罐茶叶,

b)米,

c)先前不放东西,之后会放供金,

d)念珠,

c)叠好的袈裟,

f)檀香,

g)插在花瓶里的花,

h)一杯茶,

i)彩灯中的灯,

1　T_1即图中的$Tisch_1$的缩写。——译注

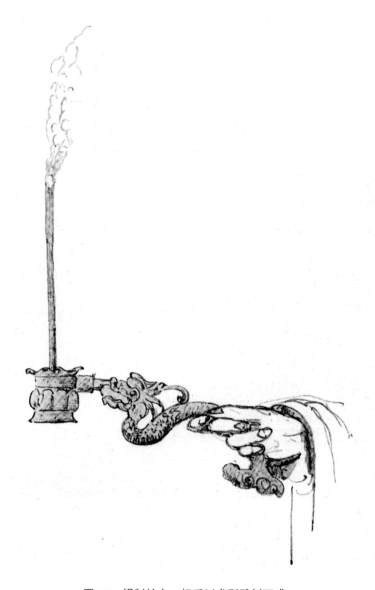

图149　锡制烛台，把手以龙形雕刻而成

k）小而圆的金色水果。

银纸制的银鞋状元宝放在每样物件间，在仪式之后将被烧掉。

介绍完这组，可以看到南边立着一个与T_1、T_2等高的桌子T_3立于两个呈直角的祭台间。

总共八个烛架、四个香炉围住的米桌，构成一个小小的"宇宙"。香炉中，香一直燃着，轻烟袅袅萦绕室内。可惜，如此华丽的布置却不允许拍照记录。位于最前方的桌子中间摊开摆放着一本大开本的经书，旁边还散放着一些小开本的册子。华丽的祭台罩垂在桌子正面，罩子为福州手工制品，以红色为底色，上绣观音和她的两个侍从。

领诵经文的主持僧人站在台座的末端，面朝佛坛，手持一个引人注目的雕刻烛台，烛台上插有一柱燃着的香。南边，领头的船员把另一个一模一样的烛台双手端在胸前，一动不动，虔诚地站在靠门的一个圆坐垫后（见图149）。

仪式的不同部分均伴随着六位僧人的吟诵歌唱。他们站在两张长桌T₄之后，同时还负责演奏入口处的乐器。庄严的高声唱诵中，在对同一词语的单一快速的喃喃吟诵中，轻快的木鱼声穿插其间。铃声表示停顿，鼓声突出高潮。激烈的序曲突然插进了单人独诵，鼓声停了，低吟声也转入小合唱的柔板。所有尖锐、特殊的诵唱都统一融入快速、单一的诵经声所确定的基调中。佛教徒从激越的感受、愉悦的欢呼、苦涩的不幸中脱离出来，回归极乐，回归佛之涅槃。据中国佛学理念，想要得到这凝重而淡泊的平和，所需要的并非激情和欢欣，而是断然决绝的平静。于是这特别的音乐在这重语境下有了意义。它开始显出的枯萎和麻木越积越深，让我们的品味并不能适应，但是经过长时间的聆听，我们将获得一种对谈般的感知，因为曲调几乎一样，使得听众们可以再次进入虔诚的状态。

在第一部分祭礼中，很长一段时间主持者都待在南边末位，一次次拜倒，自始至终手持烛台与船员们一起磕头。显然，其中对菩萨的赞美、对其美德的感恩大体上已表达足够。之后，伴随着与之前不同的明快音乐，主持者缓慢且庄重地踱到另一侧，开始焚烧供奉的银元宝。每次，他都转回他的位置，然后缓慢且庄重地着手下一步。完成了所有新贡品供奉之后，船员们供上贡米，也宣告室内仪式终于告一段落。

紧接着室外开始了另一项仪式。所有船员都走到门前宽阔的平台上，朝南面向一鼎巨大的铜香炉。数不清的各式各样、色彩缤纷的纸钱和银元宝堆成的山，都将在此焚烧。主持僧人与领头船员一起将这些或是单个，或是由线穿成一串和一包包印着少量虔诚箴言的方形香纸一起投入香炉进行焚烧。香云与燃烬的纸屑从炉口飞散而出，袅袅上升，越过精美的炉身，到达象征对于虔诚善举最高酬答的炉顶宝珠。与此同时，一些人从大炮筒中射出花炮，以期通过这种强劲的炮声有效地肃清游荡于空中的恶鬼，保障一切庄重肃静。这部分仪式大约持续三小时，并于三时接近了尾声。

155

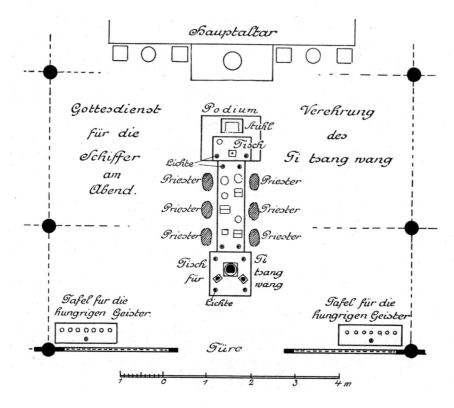

图150　船员祭典，朝拜地藏王[1]

地藏王庆典

　　仪式的最后一部分是祭祀主管地下世界的善神——地藏王，约开始于晚上六点半。地藏王为拯救恶鬼淫威之下的善良灵魂而立足阴间。他掌管着黑暗与权力，船员们因畏惧而向他祈福。人们心中关于死亡、怨怼、灾祸的邪思无时无刻不在黑夜中蠢蠢欲动，所以对地藏王菩萨的崇拜由此而来。

　　主佛坛前进行着另一项布置。一把椅子、一张桌子、两盏灯、一些神圣的标志和书籍被放在一个小型讲经台上（见图150）。它们连着南边一张长而窄的桌子，桌上置有乐器、祭器，

1　图中德文对应的汉译如下：Podium高台、Stuhl椅子、Tisch桌子、Licht灯、Priester普济寺僧人、Tisch für ti tsang wang 供地藏王的桌子、Tafel für die hungrigen Geister 为饿鬼准备的板。——译注

桌角摆放着四只烛台。奏乐的僧人们三人一组，站立着，奏乐祈祷。这之外，靠近门的地方设有一张方桌，桌子中间摆放着佛龛，内有由巨大华盖保护着的、端坐于宝座之上的地藏王佛像。他戴着五佛冠（毗卢帽），就是那种人们常说的有尖角且参差不齐的菩萨帽，身边伴有两个童子。桌角装饰着四只烛台。桌上还有两顶与地藏王佩戴的帽子相同的毗卢帽，这是在庆典中领头僧人坐在高台上时需要佩戴的。

西南和东南紧挨庙堂南墙的两张长桌上摆放着为"饿鬼"准备的菜肴。那些对地藏王表示不敬，甚至对其进行嘲讽的人，或是那些未能入土为安、享受祭品的灵魂，都将受到无数劫难，成为"饿鬼"。因此，向这些可怜、有罪的饿鬼表示同情亦是一种善举、一种慈悲。用这份慈悲感动地藏王，才能将这些罪人从地狱永恒的诅咒中解救出来。正如我们先前介绍钟楼时提到的，地藏王和观音有紧密的关联。

缓慢单调的祈祷唱诵一直伴着仪式主体部分，六位僧人跟着主持者不停地磕头。他们都拿着地藏王身后桌子上摆放的合尺寸的帽子，鞠躬数次，并在仪式举行之后入座讲经台，戴上帽子。随着祈祷和唱诵的深入，阴间标志性的判桌出现，僧人们作为凡人的代理者向着宝座传达人们的控诉、辩护以及对于慈悲、救赎的期盼。根据中国人的观念，这种代理性质的谢神在谢神礼中有着非同寻常的作用。另一方面，神明也认同人们通过这样的方式谢神、祈祷，船员们感觉自己的任何罪责在仪式之后都将得到宽恕，从而安心地离去。

二 一位中国女富翁的祭礼

在此我将叙述一件关于一位宁波女士的故事，极具代表性。

1907年夏天，一位富有的中国女士同她的子女来到岛上祈祷。其成年子女中有两位受过很好的英语教育，所有人都给我留下了非常好的第一印象。这位中国女士的丈夫在过去曾侵吞他人钱财，他死后这些钱也没机会归还原主。很可能他们从未试着把钱物归还原主，又或是原主已经放弃了这些补偿。无论如何，这位女士因此感到压抑，她试着通过供奉5 000两银子（约合15 000马克），举行盛大的仪式，以在观音处求得解脱。岛上数量众多的僧人（大概超过1 000人）每人都手持燃灯，加入主寺僧人的行进队伍。普济寺中焚烧了大量香烛。僧人们一个紧挨着一个，在巨大庙堂里长长的队伍中、在坐垫间围成一圈，就像平日祈祷时一样唱诵着祷文。每个走向大殿的人都会从一些僧人面前经过，并从一个大箱子中得到一条白毛巾洗手洗脸，从盆子里得到20分钱和一个铜板，箱子里的钱源源不断地补充着盆中的钱。之后僧人们穿过另一边庙堂的座位，穿过西边的门，按着同样的顺序走出去。他们不停地在整个仪式里念着"阿弥陀佛""阿弥陀佛"，在途中每人都把手里的香插进数量众多的香炉。仪式之隆重实在是令人难忘。

三　一位僧人的日常工作

僧人的一整天都很忙碌，鲜有人能和我以及我的翻译长时间谈话（见插图22）。因为要去参加祭礼，僧人总是对这无法持续的谈话表示歉意。对此我坚信他们每次都情有可原。他们中最忙的当数会计主管，这位僧人脸大且圆，体胖而且矮小。与大多中国人一样，他或多或少总透着种天然的友善，精力充沛，任劳任怨。当我要前往住处旁边的房子，或者返回我的住处时，总能经过他所住的院子。天气好、出太阳时，他偶尔会在门外的椅子上坐着。但大多数时间，他总是勤勉地伏案窗前，投身于他的大账本之中，记下一笔笔支出和收入。他对比着这些账目，然后誊抄到其他账本里；那些账本将会用抛光上漆的木封皮归置在一起，然后保存在宽敞的柜子里。

需要说明的是，一座拥有200多名僧人、接待成千上万香客的寺庙在运营过程中会产生巨大的工作量。这一切的背后还离不开泥水匠、木匠、粉刷匠和其他手工业者的辛劳，于是除去僧人，这里又多了100多人。道路需要翻新，仓库需要进补，区域需要预约，下属寺院和下属僧人的薪水需要落实，所有这些账目的登入或转账，零零总总都需要账务处顾及。这些都与我们欧洲的企业如出一辙，只是这些僧人如同大多数中国人一样在运营中很少表现出商业气息，涵盖广泛的生意都仿佛是不经意间完成的。人们总能保持友好，并表现得好像他们只是在操心微不足道的小事一样。但实际上他们整日工作，没有很长时间来消遣、休息，他们所有的工作量一点儿也不比我们少。

大量的香客（其中有独自来访的显贵，有烧香团，有浪迹天涯的行脚僧人）维系着寺庙中一成不变的生活，却也为僧人们带来了大量工作。寺庙的开支巨大，虽然我无法得知其体数目，但可知的是，每年冬天，上僧中的一位总会为准备夏季活动而带着约合一两万马克的资金去上海和宁波进行采购。以此标准我们便能估算出寺院的支出。平日里，单是米的消耗就有两到三担。每年三月到七月大批香客涌入时，米的消耗量则会增长到七担甚至更多。而

图 151　家境贫寒的女香客和她的儿子栖身于一座石窟中

图 152　水牛

寺庙附近只有少数的田地可以产米以及蔬菜，而蔬菜在整年中都是不可或缺的。为了耕田，岛上饲养了一定数量的水牛。除了猫、狗之外，水牛基本成了这座岛上唯一的家畜，对我们而言，这或多或少有些新鲜。因为僧人食斋，故而没有圈养供食用的家禽、家畜。厨房里更不能有一块食用肉类，连香客也只能吃素食。对比中国其他地方，岛上居民赋予了水牛一种神圣的含义。不需要知县规定、不需要社会解释、不需要从社会福利的角度来制止，没人想过要去屠杀这神圣且有用的动物。沈家门对面的小岛（也是普陀山的一座邻岛）上为普陀山的主要耕地，面积超过300摩尔干[1]。此外，许多香客和船员也会送来米、蔬菜、油以及调料。寺庙的主要收入源于以下两方面：一是香客捐款，二是香客购佛香、贡纸、经书和其他开光纪念品所产生的消费。

四　僧人膳食

院五东侧建筑二层为大型膳堂，又称"斋堂"或者"斋楼""斋塔"。两个大型纸质灯笼上写着"斋楼"两字。

159　　僧人的三餐都在这里解决。紧随早课之后的早餐始于早上五点，午餐始于上午九点半，晚餐始于晚课后的下午五点。

上午九点半的午餐之前没有诵经仪式。开饭的信号为敲击挂在厨房过道外的乐器。下面我将按顺序逐一描述这一庄重仪式。

1. 厨房前廊的两根柱子之间置有一个大型木鱼，厨房长先间断敲击木鱼三下，接着快而轻地敲十到十五下。这声响是在知会住在寺院西侧南边云水堂内的僧人们可以出发了。僧人们肃穆庄重，身披袈裟，其中一部分还戴着僧帽。他们排着长长的一路纵队行进过来，通过大殿北侧的露台，拾级而上到达厨房过道，右转，再下台阶以进入昏暗朴素的食堂，在中间的位置入座。他们视线下转地静坐着，双手交叠着藏在宽大的袖子里。

2. 上述僧人队伍差不多全部进入斋堂之后，厨房长便会敲响木鱼旁的铜锣给出第二个信号。他先用木槌重重地击打铜锣三次，随后在铜锣中心轻敲三四下。此次信号用于知会住在

1　摩尔干（morgen）系旧时德国、荷兰、波兰等地的面积单位，根据时代和各地情况而不同，1摩尔干相当于2 500～3 500平方米不等，就本书成书时的德意志第二帝国时期而言，1摩尔干相当于2 500平方米。——译注

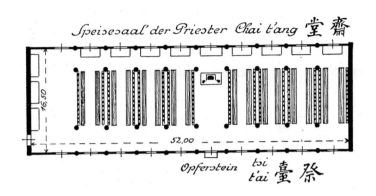 

图153　大型斋堂平面图，饭桌、配菜桌、中心佛龛和祭台的位置安排　图154　膳堂中轴线，窗外的祭台

最北侧平台东北角念佛堂的僧人。相似地，他们也庄严肃穆地排成纵队行进过来，跟之前的同侪一同在食堂里就坐。

3. 休息几分钟后，厨房长再次用木鱼给出第三个信号。这时召唤的则是在同侧走廊周围，厨房北边膳堂的僧人们。在门边等信号的僧人早已就绪，他拉起门帘并扎紧绑在门后。后来的僧人们以同样的方式进入大厅，就坐。

4. 现在所有人都安静下来，开始祈祷冥想，这种状态会一直持续到最后一位僧人入座。

整座大厅共分十片区域。每片区域都配备有相对的两条长凳、两张桌子（见图153）。如此，僧人们就能在所属片区域里四目相接，用眼神交流。桌子只有一边可供人就坐。东边每条过道的尽头都有张放置着两个大桶的配菜桌。一个用来盛饭，一个用来盛菜。每条过道、每片区域都配有一后勤人员，在大家集体静坐时，他们走来走去，用桶里的饭菜填满每个僧人座前的钵。第六排座位，东边尽头的中间，有张桌上放着一个小小的佛龛，上有小佛像一座和燃着的香烛两支。朝西边窗口的中部，一个上僧面朝佛龛，立于开着的窗前。

5. 尖锐的打击声。虽然十分短促，但这一声响总是沉重而突出。这一声响几乎是强迫地将主题转化至礼佛。重且短地一击木鱼，又一声信号，众僧清唱起哀歌。他们在唱诵中重复着少数相同的句子。上僧在唱诵开始时关闭窗户。唱诵大约持续五分钟。其间手捧小木桶的后勤人员走来走去，填满僧人们面前摆放着的钵。

6. 又是一个信号，万籁俱静。一位小僧童从钵的中间舀出米饭，递给窗边上僧。上僧再

160

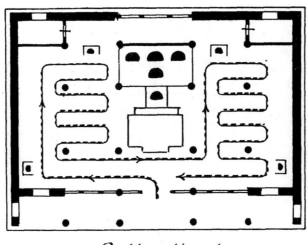

图155　午餐结束后法堂内的谢神礼示意图

次打开窗户，把一定数量的米粒放在从窗台板下延伸到屋檐的祭石——祭台上（见图154）。这里时常飞来几只鸽子啄起米粒，它们常驻在此，好似已习惯了类似仪式。此后，窗户便一直保持敞开状态。

7. 又是一次声响。所有人的姿势、挥餐具的弧度都相同，他们开饭的姿势熟练且颇具艺术性：用右手拿菜碟，挥出一个弧度后放在右手边；同样，用左手拿饭碗，把饭碗放在左手边，之后才拿起筷子开始吃。他们拿东西的一举一动，每个手势、每次摆放都历经精准的训练以求完全一致。这好似精细操练过的宗教礼仪。他们进食时也十分肃穆。

8. 最后的几分钟，所有人都一动不动地坐着，眼睛向下看，保持肃静。他们接着整齐地排长队走向举行简短谢神礼的佛龛。一个领路人走在队伍前端，后跟有两位上僧，队伍尾端是三位持乐器的僧人，他们分别手持着两个摇铃和一个小木鱼。

简短谢神礼的安排如下：

1. 步行穿过中门后，队伍前列先转向左边，再转向北边（见图155）。接着，相对而行的

身披袈裟的僧人

跪着祈祷的僧人

戴风帽着冬衣的僧人，风帽
行遮风挡雨抗寒之效

含掌帽

头戴合掌帽的僧人，每顶
帽子上都有僧人们的名字，
手持时须呈祈祷状

平天冠

头戴平天冠的僧人，此僧帽
因其平整的顶部得名

头戴平天冠的僧人

插图22　法雨寺僧人

队伍穿梭于小坐垫中间，一阵巡回后，所有人集合于斋堂西半边，用沉缓之声，赤诚唱颂着"阿弥陀佛""阿弥陀佛"。巡回仪式于室内进行两次，木鱼声和铃声尖锐之响，小且突出。所有人的手都缩在袖子里。

2. 大摇铃被击打出清脆的声响。到这里，队伍还是继续保持之前的节奏行进，不同的只是歌声、摇铃响声、木鱼敲击声开始变得轻快活泼。僧人们把手掌交握置于胸前，呈祷姿。

3. 第二响。一半僧人朝西立在他们的座位边，另一半僧人还在绕圈走，一直持续到他们都按顺序在东面的位置站定。

4. 第三响。所有人面向中央。

161

5. 击鼓。所有人转向北方跟着音乐磕头三次，不诵经。

6. 所有人结队有序地离开斋堂。

执行4～6步期间，一位上僧在中间的大拜垫前磕头。接着他面朝门，目视所有出门的僧人，跟随最后一位离开斋堂的僧人离开。

晚膳的开始时间并不固定。每人找到位置坐下后就能进餐。仪式在晚膳前便已开始，膳毕所有人都会回到自己的寝室。

并非所有僧人（只是僧人中的大多数）都必须参加集体用膳。身居要职的僧人（比如寺庙管理层）以及阅历丰富的年长僧侣（比如方丈）通常会另开小灶，或者享受和其他高僧单独吃饭的特权。这类似于我们欧洲的修道院，在修道院里总有各种理由来规避一些规定。

某些特殊时期，僧人和寺院的香客们有机会享受到丰盛的膳食，甚至是加餐。比如新年以及我在法雨寺内度过的腊八。这年腊月初八是公历1月12日。人们在这天庆祝释迦牟尼修成正果。这里的日历上总有确切的一天对应每位佛修成正果的日子，这些日子与他们得道有关，要特别地庆祝。一到特定节庆日，寺院会支付特餐的花销。怀着特别心愿的富人常常在宗教节庆时出钱承担特餐的花销，款待僧人，大体来说，他们自己也能得益。为了实现心愿，富人往往要支付一大笔钱。我在福州时也经历过一个非凡的纪念日，一个有钱的男士为祭奠几个月前驾崩的先帝，先后举办了为期14天的祭典。僧人们整日祈祷，每次都有加餐款待。那次祭祀花费了那位富有的文人一大笔钱。相比我们国家的情况，这在中国并不罕见，甚至可以说更为常见，人们出于个人福祉，为了表现大体上的虔诚，会向寺庙捐资以及设立基金。

五　作者日记节选

1907年12月31日，周二　我们从沈家门出发，航行两小时后于上午十点靠岸，风帆转毕，船就停在了新扩建的石码头上，我们将船向前固定。与我自宁波出发的同行僧人找来了附近寺院的挑夫帮我运送行李。我本想在普陀山第一座主寺——"前寺"落脚。但其间遭遇困难，故而决定转而落脚法雨寺。路上我们碰到了许多僧人，当中有几个试图向我们化缘，大部分都很忙碌，甚至与工人一起劳作。这里的石子路有两三米宽，路面铺设很好。这里森林极美，路上有树，树木下层还有灌木。一路上风景不断变化：山峦中建在山崖上的寺庙、白色的沙滩、拍击突起礁石和海岬的海浪。行驶着的帆船赋予平静的海面以生机，离帆船更远的地方，一艘轮船正庄严地向更远处开去。

我所居住的是一间寺庙内新近装修的大开间，它由欧式的玻璃窗、门、金属件和木地板装修，并且配有台灯、盥洗盆以及宽敞舒适的床。我们欧洲的文化就这样渗透到了庄重肃穆的建筑当中，渗透到了古老的中国传统之中。僧人们友善地接待了我，我们一起喝茶，吃坚果、糕点，并一起进食了俭朴的佛教徒午餐：蔬菜和米饭。下午时分，我在一个和气的司库带领下，通过他尚可的讲解对寺庙有了大体认识。寺庙丰富的底蕴以及无数的艺术珍品使我震惊，这些艺术品涵盖了木雕、佛像、织物和装饰品。所有艺术品都给人以管理得当、井井有条的印象。

天空降下了持续且骇人的大雨，开始只是绵绵细雨，随后慢慢变大，抽打了整个夜晚。我那来自上海也兼做厨师的男随从和我的翻译盛——一个能说南方话和一口流利英语的广东人，他们的靴子都湿透了，也染了风寒。每人吃了两片奎宁片。

1908年元旦，周三　我把自己裹在罩衫和皮袄里，从我那有张宁波床的房子里走出来，正是在宁波床铺上，我度过了新年的第一个夜晚。那小小的寝室的白墙、两张床、油漆过的桌椅都让人觉得舒适，即使在没有暖气的寒冷冬日也适宜人居。倾盆大雨停了，撒下湿冷之气、狂风，留下了变幻着、相互追逐着的云朵。接待室里有早餐供应，已由看上去像是有着强盗般凶神恶煞外表、内心却十分善良的男随从端上，我们坐在一张圆桌上进餐。虽然餐具匮乏，但是饭食可口。寺庙为我安排了一位年轻随从供我差使，他一直给我上茶并给我的同伴们上菜，有教养且十分驯良。这些可怜的人没有什么保暖衣物，一直饱受寒冷折磨。

162

231

1月2日 今天和往常一样。即使有罩衫和皮袄，夜里我也觉得很冷。早上是最为难熬的，我几乎不能把手指从口袋中伸出来。寺庙朝北处没能被山的半圆形完全包围，所以无法阻挡那凛冽的北风。今天我着手对寺庙南边进行研究。德高望重、饱读经书的大和尚领我参观学习，他作为讲解员兴致极高。对于那些我想要了解以及从未在中国涉猎过的知识，他都通过自己的理解给出了阐释。于是我总是麻烦我那精力充沛且聪明的翻译。我钦佩他的客观、服从和自制，因为从他的表情我已经感觉到，他认为我的那些问题冗长而且又不得当。我总是麻烦他，但他总不厌其烦地为我解答。让我很不开心的是，这一整天都没有放晴。但夜晚让人叹为观止的星空算是补偿。

1月4日 由昨晚迷人依旧的星空，我推断今天必有好天气。确实如此。从早上开始，整整一天都伴有阳光和蓝天。一下子就变得暖和起来，甚至可以说是热了起来。今天有日食，在夜晚时分开始。早晨我就从一个来自上海的学生那里听说了射灵僧人（后羿射日）的故事。那个学生身材矮小，脸上长痘，懂些英语，来寺里是为短暂地拜访管理层的僧人。从昨天开始他就成了我的朋友以及亲密旅伴。在我拍照片和画画的时候，盛先生已经溜走了，他却一直耐心地包容我。我对这座寺庙的兴趣越来越浓，因为人们可以在这里亲眼看到真实、生动的宗教仪式。这里既有真实的生活，也能看到人的欲求，至多只在精神层面上宗教的本质有所衰退，但宗教自始自终未曾消亡。今天厦门船员们筹备的私人祈福活动令我印象深刻。为了求得他们所爱戴的女菩萨的慈悲，为了表现个人的感恩，60美元对这些人来说并不算太大的数目。僧人们就此异常勤劳，从早到晚进行祈祷，愉悦地投入其中。针对全部不同种类的仪式，僧人们必须学习不同的祈祷种类、规则和形式。在我看来，这真的算是一门学问。说真的，我们欧洲人不能完全地融入这里，因为我们对佛教浅显的理解和墨守成规的看法是不足为道的，当前即使是哲学研究也只能将佛教理解为七印之书。船员们很在意地想要知道他们的祈祷是否到位，是否能与他们的投资相称。他们的愉悦完全来自敬爱的观音所赐的恩惠。这些硬汉竟会如此虔诚，着实让人感动。几乎所有船员都会每年来此，他们在众多寺庙中找到其中一座，做同样的事。当我的翻译在欧洲语系的语境下无法给出详尽说明时，我不得不放弃我所想了解的宗教仪式中某些事物的企图。这些中国人难以理解，而浅显的解释远远不够。我们需要确认精准的过程，知晓个中关联，认识那些形式和仪式的原因。而这些中国人并不擅长把握因果联系。——可惜今天那位充满智慧的大和尚去上海了，他是为筹备即将到来的香客集会而进行采购的。

163

1月5日，周日　今天天气同昨天的一样美好。日照下温暖得不同寻常，人能得空生活在这里确实是一种乐趣。念佛堂有许多年长、成熟的僧人，让我印象深刻。每个人不是在祈祷，就是在静坐，或是一个人独坐于大厅正中的桌边。这些友善沉静的人们唤起我心中的共鸣。此外，这座房子建得十分实用。人住在采光通风良好的楼上。心灵的平静和集中都源于整体。这让我对于内在之真、对于中式集体生活都有了种全新而深刻的印象。它们深深地根植于风俗中，随着内心的变迁，求索着无尽的时间。或是说至少试着寻求无尽的时间。在这里我最深信不疑的就是，他们真正信奉着自己对外宣称要信奉的信仰。今天，将一些佛教画交到我手里的图书管理员表示，他因为我不信佛而十分忧伤，他觉得我既然不信佛，那就实在没有要这些画的动机。这听起来多少有些宣传的口吻。更进一步：这些僧侣们是市民宗教和自然宗教的载体。因为民众没有时间来供奉和祈祷，于是他们就雇佣僧人。这也是僧侣的职责所在。那些描述僧人们懒惰且冷淡的批判在这里完全是空穴来风。

1月6日　今天糟糕极了。从清晨就开始持续不断地下雨。风大，阴冷，寒风穿透了厚实的衣服和皮袄。甚至在室内我都必须穿厚衣服和皮袄，真的很佩服我那只穿薄衣服的翻译和随从。但是他们也会不时感到寒冷，发抖打颤。甚至据随从所述，他整天都受冻发烧。我怀疑他没有吃我给他的奎宁片。他去看过中医，在寺庙一间布置精美的药房里。问诊并且对症下药花了他3美元。中国人无论如何都不相信西药。——在这种坏天气下待在这儿实在太无趣了，堪比野外演习。——今天在法堂有个祈祷仪式。所有的僧人已经坐在他们的拜垫上，不过更多的人朝着北边对着佛坛跪着。他们双手合十，持于胸前，他们的拇指并拢前伸着，长时间随着简单的旋律重复吟诵着若干词语。这旋律很容易令人联想起我们教堂的唱诗。一个乐手演奏旋律，但我想，他在人群里藏得太深了。钟声五到十秒一响，成为持续不断的伴奏。铜锣的敲击声负责场景变换，在第三响时全员起立。人们磕头三次，每次都会停顿许久。领唱的僧人每次先单独做一遍。当160位僧人同时伏地时，他们就如同颜色各异的圆形包裹，好一派虔诚之景。人在佛面前显得如此渺小，尽心尽力表现着他们的诚服。单独成排的僧人都紧挨着各自拜垫，面朝领唱者。大厅两侧各有八排，每排十人。这里管理严密，井井有条，无人敢发一声牢骚。一位年长的僧人于右后角的位置上监控一切。他时不时走到年轻僧人所在的最后一排，严厉地纠正他们的驼背站姿。对此我的整体印象是：纪律严整，无人嬉笑。

1月7日　凄寒的早晨。刺骨的西北风到处追逐云朵，我双手发冷，中国人更是如此。然

164

而时不时，仿佛魔法一般，会有阳光从云间射出，掠过寺庙的建筑、白墙、金色屋顶、绿树、山峰以及灰色的磐石，"点亮"了上方灯塔耀眼的白点。这景象不仅令我感到亲切，而且仿佛一个可靠的守护者、一座圣城的中心。建筑中的现代元素，台灯、玻璃制品以及其他欧式物件，对我来说不再那么地与佛教以及中国文化相斥。因为我所看到的通过这些元素造成的表象的改变，它们的文化内核其实从未改变。——对于寺庙的运转以及僧人，我的尊重与日俱增，他们从未给人糟糕的印象。中午我和两位僧侣进行了长时间的谈话，他们异常自由、开明、自信，堪称完人，令人无可指摘。他们对铁路政策有一定的了解，还问我，我们德国人是否在建设铁路之初并未获得北京、香港铁路的许可。对此我予以否认。他们还好奇是否如其所闻，北京的大图书馆里有许多中文书，对此我给予了确认。——在膳堂的正餐让我通过平面图对其中的建筑和摆设一目了然，虽然这里建筑方式简单，但摆设得大气且实用。

1月8日　今天天气晴朗，云分散着，在难以描摹的湛蓝天空中互相追逐着，依然很冷，勉强可以绘图。我完成了寺庙的鸟瞰图，能在纸面上分辨建筑的大小，这令我惊喜。夏天，这里能同时容纳七八百名来此祭祀的香客。这个数字来自于床位和建筑的数量。——我的翻译对工作漠不关心，整天和我一起带着厚书和折尺在庙里东游西荡，打扰大家。他很蹩脚，没能掩饰自己的意兴阑珊。确实，几乎所有僧人都有许多事情要做，偶尔才会有一个人看我工作，稍作停留。——饭后有两个僧人来拜访我，他们待了差不多两小时。当中一个有趣的僧人在北京待过两年，同时也和喇嘛们保持着联系。佛教徒总会跟这些喇嘛保持良好关系，因为他们大都在宫中司职。他还遍访了中国各地其他重要的佛教胜地，僧人总爱云游四方。他对摄影很有兴趣。当我告诉他最近法国人发明了彩色照片时，他陷入了一阵狂喜。这些人都生活在自己世界的断层之中。——傍晚时分，我登上了靠山顶的平台。视线所及是法雨寺庞大的寺院建筑群，它被如画般美丽的绿色树木包围，坐落于山谷之中，遗世独立，十分壮观。在宽阔的峡湾之中停泊着一支有百艘帆船的船队，刚刚还在阳光的照耀之下，一会儿又隐入了在西边的岩石山尖之后。再极目远眺，还有更多扬着风帆的帆船正越过海浪向东去，一座座灯塔矗立在普陀东边的许多小岛上。这是一幅美丽安详的画面。再将视线投向南边的群岛，数不清的岛屿镶嵌在海面上，它们离得越远就越像风景的背景，绵延十数排，令人向往，向往在那些隐藏的岛屿之中探究岛屿世界的隐匿生活。

1月9日　今天是个好天气，暖阳，无风，万里无云，蓝天令人欢喜。我、我的翻译以及两个为我担设备的挑夫一起攀登佛顶山。令人振奋的是，通过舒适的石子路我们就能登上山顶。途中我时不时停下来，陶醉于视线中镜面般清澈、延伸平铺的大海，仿若斑点的帆船在波光粼粼的海面上摇曳着。普陀山的周围还有数不清的岛屿，唯独北边只有零星几个不多的岛屿散布在远方。东边是那无尽的大海。这景致中，岛屿星罗棋布，在有阳光照耀的中午以及星辰闪烁的晚上相耀成趣。景色焕发着活力，唯有神圣的岛屿才会让我们陷入千年沉思。

接下来，把目光落到近处。目下所及尽是悬崖上黑白的沙砾、山峰、在山谷间流动咕咚作响的小溪、灌木、青草和常青木。两头有着锋利牛角的水牛正在斜坡处悠闲地吃草。我们在半路上一个阴凉的院子里歇脚，之后又继续旅程。迎面走来许多僧人，他们手持旅杖向其他的寺院走去，应是为了彼此会晤、交流心得见闻。之后，我们来到一处开裂的石堆。石堆由许多巨石组成，我们不得不绕路。但我们没有立刻启程，而是选择阅读巨石上的铭文。这些铭文都是由无比虔诚的人刻在石上的，听上去就像天人合一。他们和佛是我们的引领者，有了他们，我们就能感到满足。我们在大太阳下阅读了这些。——一个穷困的妇人和她的儿子们在爬山的途中乞讨回乡旅费，我施舍了一些给她。他们住在路边的一个向外敞开的石窟里（见插图28）。山峰下，许多堪称绝美的墓冢坐落在昏暗幽深、树木常青的小树林中，坐拥敬神的海景。视线所及是岛屿、群岛和无尽的大海。只有在中国，墓才会被安置在如此好的地理位置，享有如此深邃的气氛。

之后，我让翻译带着宁波天童寺住持的推荐信先行一步前往佛顶寺。到达佛顶寺时，我受到了寺庙代理住持热烈的欢迎和盛情的款待。在享用了小碟分装的甜品后，我们一起用了正餐。数不清的蔬菜搭配米饭，真是一餐丰盛的斋饭。与寺中友善的僧人交谈实在是一大乐事。——夜幕很快便要降临，我们不得不又匆匆上路。黄昏的余晖中，我们再次回到寓所。镰刀般的月亮在夜里洒下澄澈的银光，我的目光望向远处的高山，在那里我真的度过了愉快的一天。

1月10日　阴天，但很暖和，我和我的翻译及挑夫一起向南进发。寺庙附近的杂货店中，我矮小的麻脸朋友也加入了进来。他是位热情乐天的年轻人。他对自己能够帮到我感到自豪。——不一会儿，西边山谷来了一队船员和僧人，他们扬着旗帜，伴着轻音乐前行。他们身后是一个有开放式支座的轿龛，一位穿袈裟的僧人在里面，小尊观音像摆在僧人面前的小桌上，一同摆放的还有神圣的器皿和焚着的佛香。这是船员为将观音像请到船上所进行的仪式。这队人迅速地消失在我们的视野中。空中还回荡着他们的音乐，紧接着，音乐也一并消逝了。——在商贩聚集的村落我们见到了很多稀罕物，然后又继续前往太子塔。这儿的僧人

166　本应负责地讲解些关于历史和佛教的故事。但比起我从其他僧人那儿听到的，这里僧人的讲解实在差强人意。我总感觉少了点什么，从宗教的角度来说，没有特别多的内涵。同时盛先生已在前寺准备好了住宿。和昨天一样，先是一些甜品，然后是丰盛但无荤腥的主菜。一位俭朴的僧人接待了我们，但远没有昨天的僧人那般热心及专注。——我完全沉浸在大殿的壮美之中。——回程途中我注意到一座由一个上海的药剂师出资建成并让僧人一起经营的寺庙（见图13）。其主殿外墙已经用玻璃窗代替了绷紧的中式纸糊几何窗花。新技术的打压让老式样逐渐退出历史舞台——从局限于窗户表面的样式到建成新的门面，要花多久呢？直至深夜天气都很暖和，于是我开着门在门边工作。天空极其透亮，行星闪亮异常。

1月11日　大清早我就被急促尖锐的喊叫吵醒，响声间隔极短，是从附近的农家小院传过来的。因为我也不知道这到底是什么，听着十分难受。谜团揭晓，原来这里有一家生意繁忙的米面店。整篮的米粉要用浑水放在一块有洞的石头里搅拌，再尽全力拿大木槌加工潮湿的面团。三四人轮流抢槌，每人差不多12下。一人蹲在石头边，在每槌之后调整面团位置，将它摆正。他极快地紧随每槌之后，咕哝一下或者短促地叫一声来表示自己摆好了。他刚刚将手撤回，下一槌便随即到来。挥槌的男人发出可怕的叫声作为信号表示可以换人了，我觉得这叫声刺耳极了。这个中国人通过对韵律和节奏的把握，掌控一切。在旁边院子里的三大张桌子边上，坐着约25个男人，他们在捏一条很长的年糕并在上面盖上寺庙的印章。很多僧人监督着这一切。这一切都是为了中国新年所做的准备，而今年的春节就在三周之后的2月2日。——我还想在此多待一段时间，但没有带够钱，于是我派盛先生去仅列住持之下的二和尚那里谈判，我想给他一张上海用的支票，或者让一个使者在宁波取钱，旅费由我承担。最后他选择了后者。——几天前我派厨师去沈家门买几只鸡以便可以吃到些鲜肉。虽然这些鲜肉价格不菲，但最终还是成功地被装在有遮盖的篮子里悄悄带进寺庙，藏在一个房间里。自然，僧人们私下里知道这事，这养鸡杀鸡的暴行要好好保密，他们容忍着我。

1月12日，周日　今天很暖和，阳光直晒时甚至有点热。盛先生抄下了所有的铭文并逐一翻译。这些事他非常熟练，基本表明了个中大意。然而一旦碰到他自己无法翻译的部分，多数情况下他也不想让僧人们向他解释。我也不知道究竟是因为这些僧人全都没受过教育，或是他们当中有些受过教育，只是教育水平比盛先生低些？我很踌躇，不能论断。可能是真的吧，最上乘的知识也无法超越这些神圣的铭文。在中国，现在谁能真正参透这些中文？这其实是项传统，须有对此有所了解的人把它传承下去。从这些中国人里找出这样的人，真的好难。

1月13日　通透的阳光，十分温暖。下午遍布的浓雾笼罩至山顶。但这儿还相当温暖。湿度也很大。不断有人到我这儿来，希望我医好他们的病痛。他们当中一个耳漏，一个腿肿，其他人都是些内科病。可惜我帮不上忙。今天，寺庙药房的大筐箩里放着不同种类的草药、树叶和果实，被放在太阳下烘干。于是整个院子里都充满着香气。就像其他所有圣山一样，普陀山也因其疗效卓著的药物而闻名。——下午，大殿有一场大扫除。人们用水和特制的干叶子把锡制的烛台和法器清理干净。他们肯定地告诉我，这些器皿无需通过酸就能清理干净。总共有八个男人紧张地工作着，由此可知有多少法器摆在这些大型殿堂内。——黑暗中，我于最西边最高的建筑内拜访了二和尚及他的舍友。共八人与会，他们喝茶抽烟，滔滔不绝。所有人都具有强烈的求知欲。他们让我向他们介绍德国，介绍我们的军队、阶级、管理方式、教育和考试制度。但不变的是，他们总会提回中国。有些话题也和僧人本身有关。他们从手头的历本学到了若干名字和日期。我介绍的一种可驾驶汽艇最令他们最吃惊。——我的随从今天准备了美味的五香鸡片和米饭。虽然这已是我三天以来吃的第七次，但我还是觉得这真是太棒了。咖啡和面包已经吃完了。现在是时候减少开支了。

1月14日　阴天，比还算温暖的前几天要冷。——我的工作接近尾声。但无论如何我都需要理解这些文字和它们所描述的作品，从而揭示其中内涵，及其所传达的无尽构想、信仰以及艺术。一座这样的寺庙就像一首完整的诗歌。从头到尾，其基本思想赋予了构造以严肃、重要的意义，哪怕是最简单的构造也同样如此。——今天来的大帆船又带来27名船员，正如十天前来自厦门的那批船员，他们以同样的方式进行了祭典。这些船员都是些有棱有角、孔武有力的大汉。他们就像我们欧洲的海员一样，笨拙地走来走去，还出于好奇心，差点推倒了我正坐着绘图的小凳子。接下去的下午，他们坐满膳堂的四张桌子，饱餐一顿。今天寺里也一如既往繁忙地迎来送往。无数的香客来此祭拜，同时对我的存在感到好奇，不知如何是好。——现在是时候结束一切继续向前了。对此我已急不可耐。

1月15日　晚上下了大雨，到了早上，雨依旧下个不停，十分寒冷。——寺院里聚满了船员，他们的好奇心让我不得片刻安宁。一整天他们都在呈送贡品。僧侣们的朗诵声、一声声击打声和空气中佛香的香火味都从寺庙的院子里弥散到室外。——下午我和我的随从一起在海滩上散步，一直走到海浪里，海浪像恶作剧般与我们玩耍。约一海里远的地方摇曳着百艘帆船组成的船队。暮色淹没了大海和远处的岛屿，伸向远方。夜幕逐渐降临时，我又回到了寺庙。——今天晚上一如往常，寺庙内举行着供奉地藏王的大型仪式。

1月16日　太阳照了一整天，清风拂着白云，把它们沿着天际吹高。澄澈到无法描绘的空气中带着丝丝凉意。——早上很快过去。告别之旅我选择向南登上山岭，山岭位于前寺北方，可眺望法雨寺全景（见插图6）。上方佛顶山灯塔耀眼的白色构成了一道风景。稍左一点，小道之下，岩石映衬着昏暗的、坐落有方丈墓的树林。东北方向可以看到岛屿的岬角和一些呈网状分布的小庙宇，小树林勾勒出了动态的轮廓。中间高山的山脚下，是林子里我落脚的寺庙。这小建筑有着白沙泥粉刷成的外墙和灰色的屋顶，看上去似乎正敬畏地臣服于宏伟大殿的耀眼金色之中，如同忠诚的仆人对他们尊贵的主人那般。东边山脚下位置，金色的沙滩将大海与岛屿分隔开来，汹涌的巨浪溅起白色的浪花。一些帆船还摇曳在前方的海湾里，但其他大船队已由此驶离了。更远处，船队从沈家门出发沿着航线由西南风推着航行。百张风帆轻柔地为它们指路，渐渐消失在海平面。然而，总会有新的帆船补充进来，使这无尽的纽带永无断裂。美妙的大自然啊！哪里都比不上这里更能让人理解大自然蕴意的无穷，它始终是那般强大，那般不容忤逆。——是夜，一轮满月将月光倾洒在庭院，将庭院照耀得银光闪闪，银光中又泛着星光。我登上最高处露台感受着这片银色的宁静。

第五章

佛顶寺

插图23　佛顶寺第一重殿东侧两位天王（对照原书第53页）

插图24　佛顶寺大殿主佛坛

插图25-1　梁、枋

插图25-2　佛顶寺大殿内侧走廊雕花月梁，锡与碎布拼接成的灯笼

　　佛顶寺为普陀山第三座主寺，坐落于全岛几乎海拔最高的山峰上，位于那被称为"天灯"的灯塔西北边。自法雨寺向西北走，这位于山口另一端的景象令人叹为观止。寺庙北端仅由一处小山丘庇护，于是总会有冷风不断摧残这座寺庙。但它又地处一处古老而又郁郁葱葱的美丽林子中。走近时即可预先感受到这树林之美，在开裂裸露的山崖崖顶、佛顶山西边的斜坡之上有两座美妙的僧人墓。整洁的石板路尽头，暗绿色林子间的佛顶寺近在眼前。绿树掩映之下露出的唯有大殿的金顶。向北望去，大海闪闪发光，海面上有不计其数的岛屿、礁石。向西望去，又是无数岛屿，其实它们都属舟山群岛。在进入寺庙前，右手边的密林之中藏着许多墓。在路尽头的南面，山坡上建着些整齐的建筑物，它们属于一座小小的寺庙，而这座寺庙是佛顶寺的附属庙。

　　我们朝左转、往西走，穿过狭窄的小门——这建在钟楼以及庞大简洁的照壁边上的小门显得别具江南特色。之后我们来到了寺院的中轴。寺院占地面积不大，但人们在它的建筑过程中倾注了大量心血。当很多富裕香客随缘乐助时，它比不上另外两大主寺，因位置太偏，寺院的收入不是很多。看起来香火钱大都用来对寺院进行修缮。

图156　佛顶山顶部佛顶寺附近的树林

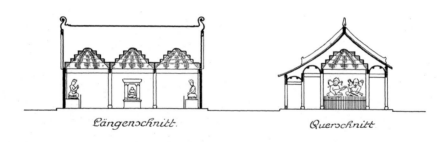

Längenschnitt.　　　　　　*Querschnitt*

图157、图158　纵、横截面

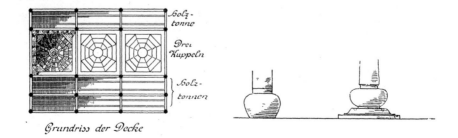

Grundriss der Decke

图159　屋顶平面　　　　　　图160　柱础

图161　天王殿屋顶，四色八条纹

一　天王殿

　　入寺时，我即被建筑的条纹琉璃屋顶所吸引（见图157至图161）。从屋脊到檐口的回纹状 170
雕饰隔着八条宽条纹交替出现，颜色为白、黄、黑、绿（见插图23）。琉璃瓦均来自南京。殿
内雕像也无一例外地同寺院中的其他建筑一样，做工精良，部分雕像自然且优美。瓷质弥勒
佛像后是韦驮像，韦驮菩萨单独立于一个支着光环的精致支架前方。四大天王像被很用心地
上了漆，他们脚下踩着小动物如小乌龟等。四大天王像前站着的雕像有着孔武有力的脸庞和
娇小的女性身躯，十分有特色。从建筑学的审美角度看，这个大殿真是十全十美。大殿布局
对称，面阔三间，北面封闭，南面向内通往庭院，有前廊。三间的顶部都被木质回纹状雕饰
和木材的圆柱覆盖着。有许多鞍和插片的横梁与托架展现着精妙的木雕工艺。中间一间上方 171
每一个十字交叉处都有一个八边形木架穹顶。八边形自四边形延伸而来，穹顶本体由三组斗
拱构成。这真是个好办法，前置的梁架与相邻的走道连接着，走道上方同样布满弧形月梁，
十分宏伟，突出了神像的重要性。房顶的每根主梁被漆成不同的颜色，多式多样却风格统一，
好似一直延伸没有尽头，使人感到熟悉且舒适。上面刻了字、有装饰性屋梁结构的结实的系

图162 佛顶寺的庭院与大殿

图163 大殿，香炉旁边能看到祭坛和贡柱（参见原书第70、71页）

梁十分引人注目，它们被上了漆，在交叉通道里支撑着拱顶。值得注意的是柱子的底座（柱础）。柱顶则支撑着延伸出的系梁。

二　大　殿

佛顶寺大殿毗邻位于寺院入口的天王殿。大殿没有前廊，向内延伸，有橡木和壁板做成的雅致环形拱顶（见插图24、插图25）。上漆的系梁表面布满了纹饰，精美绝伦。中殿直接通过一个看得到的屋顶架和坚固的弓形屋顶线连着前廊位置。这上面的支撑系梁也上了很精致的漆，这样就不会遗漏分段和线条。无数的间隔插片，以及用把手和支架填充着所有屋梁构架的系梁，它们在结构上真的用处极大。如此便开辟了一片极大的空间，内部陈设封闭、明了，营造了一流的艺术效果。中殿北侧，两座位于两侧的佛坛各占一间。此外，北边以及山墙前均设有长方形基座，基座上安置着许多佛像。此处十八罗汉均采用坐姿，全身镀金。除此之外，基座上还陈列了24尊附有精美彩绘的立身佛像。这就是所谓的"二十四诸天"，在讨论"二十四孝"时我们已经对此有所了解。[1]第一横间两端立着韦驮和关帝，屋顶上垂下很多美丽的、满是装饰的锡灯。韦驮佛像前的铭文上书"永护法门"。

大殿屋顶形式较为简单，仅有一层，从正脊到主殿，一直延伸至前廊位置。虽然构造简单，但却有着中国特色的山墙，南侧檐角大幅上翘（见图162、图163）。垂脊上安置着许多动物雕像，仿佛要爬上屋顶似的。笔直的正脊被四个汉字分隔开来，两端设有吻兽，为龙形，没有尾巴。四条向下的垂脊尾部同样为龙首形状。整座屋顶均覆盖着黄色琉璃瓦。

佛顶寺并没有前寺、后寺均有的法堂。当然，佛顶寺内的僧侣数目同样不可与另外两座主寺相比。

三　大悲楼

大悲楼面阔三间、分两层，紧挨大殿，几乎可以说与大殿相接（见图164）。底层一个石质基座紧贴围墙环绕殿堂一周，基座上放置着许多玻璃佛龛（一种"佛龛列"的形式），基

1　此处应为作者误解。——译注

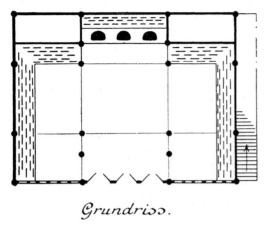

图164 大悲楼底层环形分层排布的佛像

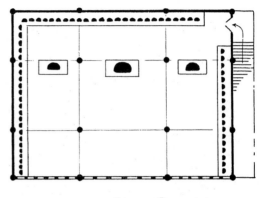

图165 大悲楼顶层，八十四大悲像

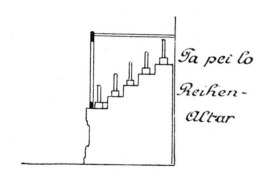

图166 大悲楼底层摆放纪念木牌的
层型祭坛截面图

座平台上摆放着许多刻有细小铭文的木牌（见图166）。每块木牌上都刻着一位捐赠者的名讳。据本寺僧人所言，将名讳刻上这种木牌至少需要捐赠500两银子。这里足有数百块类似木牌，因此可以推断，其所需的资金数额巨大。当然，也有可能是这位僧人为了让我捐出相应数额的银两而故意夸大其词——但是他们没有成功。中殿末端向内延伸，形成了类似于壁龛的效果。北侧木牌前方端坐着采用坐姿的三尊佛像。唯一的玻璃柜和佛坛由雕刻花纹繁复的镀金装饰镶边镶嵌而成。

这建筑中最精美的房间位于二层（见图165）。此处供奉着观音大士的三种不同形象（三身），以及84个化身。二层每个开间均设有一处佛坛，中轴线位置的佛坛上供奉着"如意观音"。"如意"意为"对应的""相等"。"音"代表着"声音"。"观"，如我们所知，是"看"

173

248

的意思。这个观音的意义是：你的祈求像声音、韵律一般。观音能看到这"声音"，即为她接收着你内心的祈求。[1]东侧开间供奉着"浮海观音"，意为浮在海面上而不会下沉的观音。"浮"也表示着她真的会出现在现实生活中，浮于我们所停留的生活之海上。西侧开间端坐着"送子观音"，即为人送去子嗣的女菩萨。除却上述三尊观音形象，84座小雕像摆放在沿着殿中内墙环绕一圈的台座上，它们被称为观音的不同化身。

四　八十四大悲像

八十四大悲像分别对应84条与观音相关的经文。这84座塑像代表着多样性，女菩萨通过她们在大慈大悲中帮助不同处境的人。因此这座建筑也被叫作"大悲悯之筑"或者"大叹息之筑"。因为人世间的苦难同雕像数目一样难以计数，但慈悲为怀的菩萨总会帮助我们渡过难关。十年前，一位宁波艺术家独自在庙里完成了这些雕像。从部分看，她们美丽且自然。当有香客乐助香金时，她们还会再被镀金。此处有木刻的书，以故事的形式记载着观音全部的84个化身，以及相应的经文。我也从庙里得来了一本这样的书。

我从窗台向北望去，看到了难忘的一幕（见图167）。一位僧人坐在一堆巨大的砖块中，半是冥想，半是打盹，他时不时艰难缓慢地调整一下四肢，看起来疲惫极了。这僧人隶属佛顶寺，一直以这种方式生活在此多年。他正履行一个誓愿，这样遗世独立、不说一字地坐着，试着通过完全入定来远离尘世喧嚣，全身心投入到礼佛生活中，并期望借此成佛。一会儿，174这砖堆上又来了另一位僧人，坐在他旁边试着与他对话，他并没有答允。这就是著名的"恶的引诱"，恶意想把人带离圣洁，返回到世间欲念。中国人，尤其是僧人特别喜欢在日常的现实生活中重复这样的历史事件。

一个为贵客所设置的大型客厅占据了寺庙西部。客厅设施精良，顶层配有多间会客厅和客房，客房中均设有三张床铺。偶尔，这里会拿出两到四间房间，整租给那些同游、需要住在一起的家族或者大型商务型客人。有一位富有的中国人多年来多次以此方式租住这些客房，每年夏天他会带着自己大批家人、大队仆役在这里待上几周。向外延伸出很长的单坡屋顶覆

---

1 通常"如意观音"被理解为符合（人类的）追求。"意"为"音"与"心"的上下组合。这两种解读方式都如出一辙。寺庙中的僧人向我们解释了这个有关"观音"的文字游戏。

图167　苦行僧与尝试者

盖着底楼的回廊。

　　这里还未设置大型寺院必备的藏经阁。首先，设立藏经阁需要募资。一些中国人已捐出了一笔数目可观的善款。此外，去年怡和洋行（Jardin Matthisson & Co.）[1]的一位买办募了约合9 000马克的3 000两银两。一旦凑齐资金，二和尚就会前往北京。他将以方丈的名义得到皇上的接见，并且请求获得购买圣书的许可。这些经书都由皇宫保管印刷。整个藏经阁的建成需要84 000卷书籍和11 000两银两。事实上据僧人的记录，其中大多数银两都进了协调官员的

1　此处系作者拼写有误，应为"Jardine Matheson"。怡和洋行由两名苏格兰裔英国人威廉·渣甸（William Jardine, 1784—1843）和詹姆士·马地臣（James Matheson, 1796—1878）于1832年7月1日在广州成立。现为总部设于香港的怡和集团。——译注

口袋。

　　寺院方丈在我逗留期间刚好去了宁波和上海，估计要到新年才会回来。僧人们给人感觉十分友善，他们值得敬爱，就像在法雨寺服务热心的僧人一样都十分照顾我。自然，得益于一封宁波天童寺方丈给的介绍信，我才得以获此礼遇。在中国，这种推荐信比在我们欧洲的更具影响力。

第六章

墓与碑文

一　僧人墓

　　僧人或曰和尚，几乎都无一例外地选择火葬。一般僧侣死后，尸体会先在棺木里保存一段时间，而后照惯例，在棺木中进行火化。其他一些高僧，也就是那些在善堂或念佛堂身份显赫的"高僧"、圆寂的"圣僧"或者极其虔诚的苦修者，都会竖立在棺木中。在四川峨眉山我便经历了在山顶举行的第一高僧的葬礼。人们将他以坐姿放入一个简洁的、迅速组好的四角箱子里，箱子上有一扇开得很低的小窗。祈祷仪式一直在尸体前方进行着，尸体被放入一个临时搭建的祭坛正中的位置。八天后进行火化。对僧人尸骨的保存和火化通常在一个黏土制成的骨灰缸里进行。中国所有省份生产器皿的工厂都有生产这种最高达1.5米的骨灰缸，分销各地。最为著名的产地位于湖南省湘江的一个地区，大约在省会长沙府北边。这样的骨灰缸大多上着棕色的釉，纹饰均表达着对解脱和死亡的诠释，如"龙门"与"宝珠"便意味着僧人通过死亡超越了自身知识的局限，达到圆满。装有身体的容器将会在一个小房子的里面或者前面被烧掉，作为炉子的这所小房子通常位于寺中僧侣的公墓附近。距离法雨寺五分钟路程的地方也有一处（见图168）。小房子很结实，由砖瓦砌成，屋脊呈亭子状，被冠以一个由黏土上釉的攒尖顶。内顶为拱顶，上设缺口以排烟。这样的小房子只留给特别的人，而其他的人就被置于露天火化。火化场在一个炉子前，总是三四个棺材一同火化。这样的炉子也和佛寺有很大关联。墓地选址环

图168　法雨寺和尚火化处

177　境优美，通常在一片林子中间，或者也可以说是森林本身构成的墓地。有时在这样的火化房边上直接盖着一座由围墙围着且架设穹顶的特别房间，它的墙内连着壁龛以展示小的骨灰盒。这算是最简单的骨灰盒殿。

资历较深的高僧通常在死后便直接在棺木中火化了。一般僧人则需要放在棺材里等着轮到下一次集体火化。这样的火化一年中只进行两次，也就是在人们常说的三月的鬼节——清明那天，和标志着冬天到来的冬至那天。

中国人十分了解该如何保存尸体。虽然情况各有不同，但很多时候尸体都无法立即下葬。通常如果穷人客死他乡，那么他的亲人须先筹钱将尸体运回家乡。还有可能找不到风水好的

178　时间、地点进行下葬，又或者本季或整年都不适合丧葬。对于有钱人而言，通常问题在于他们的墓尚未完工。还有一些情况则与死者的意愿本身有关，这种情况下经常会整年都不下葬。中国中南部有无数空地和临时入土的棺椁，其实只是用扎在一起的稻草把尸体粗略地围起。特别在广州，保存尸体的方法已通过著名的"死城工程"被熟练发展为一门艺术性的系统。在有长廊以及数不清的祈祷室的宽敞寺庙里，常常数十年来保存着数千棺材，直到死者最后入土为安。由此可见，僧人也会出于各种原因而不急于举行葬礼。

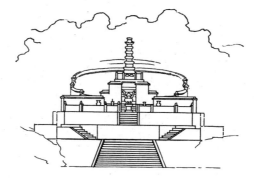

Haupt-Ansicht.

图169 法雨寺僧人公墓剖面图

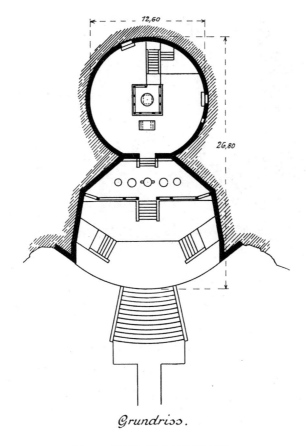

Grundriss.

图170 法雨寺僧人公墓平面图

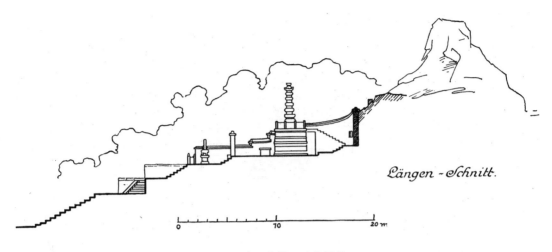

图171　法雨寺僧人公墓横截面

图172　大型墓室上方的宝塔

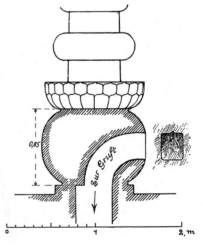

图173　有通道的塔基，通道通向墓室

　　集体火化后，火化尸体的骨灰和骨头被收在一个小布袋里，每个和尚的遗骨均是分开的，之后被共同安葬在一个公共的墓室中，其气氛极为肃穆（见图174）。

　　山谷末端，山间小溪持续地跳跃在两座高山山顶间，这两座山的形状像极了狮子宽大的脑袋和身体。北边山峰的山脚下有个造好的露台，但它倾斜着任由自己倒向一片上升的山地。

图174　法雨寺僧人公墓

通过侧边轴的台阶，就是第一个平台，平台上有五个石制祭器。一切都被环抱在这高山之上、密林之中。我造访时正是树木落叶的时节。秋天把灌木和落叶染黄风干，毫无生机的地衣都一起长在被风化了的花岗岩上（见图169至图171）。这是将死之人和逝者的写照。透过树枝和树叶，远远地能看到小溪斜流穿过墓前。此处流水有特殊的使命，保护着亡魂的世界免受外敌侵扰。远处，覆盖着密密麻麻的植被的斜坡底下，路上的林荫道的每一边，在稻田的后面，金沙滩都延伸开来。海浪倦倦地拍打海岸，激起白色的浪花。更远处的海湾中几艘停泊着的帆船摇曳在海面上。近海的岛群勾勒出这片风景，但我的目光不由自主地穿过它们，向无尽的远方望去。云朵汇聚结成团状，激烈的冷风令它们追来逐去。然而，墓还是风雨无阻地守护着死者，在狂风中守护他们死后的那份宁静，就像它在美好的夏日给予他们安宁一般。这儿的龙如此幸福地拥有了整个自然——群山、幽谷、小溪、田野和大海，于是龙脉和缓平静。在这儿有真正天人合一的和谐。这儿的龙，是有着大慈大悲之心的自然之灵，是人类灵魂的同伴。

179

图175　大型僧墓塔底座的装饰

图176　大型僧墓塔底座的装饰

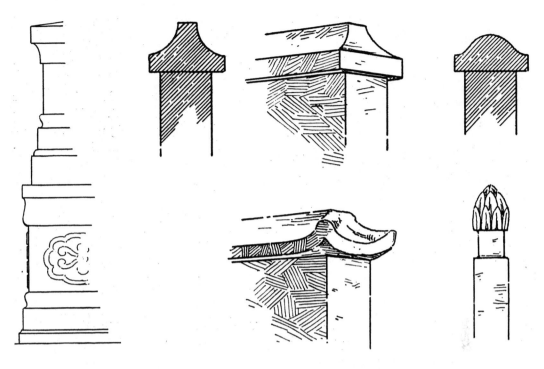

图177　大型僧墓的
　　　 塔基图案

图178　大型僧墓的墙头盖板和两侧石墙末端

图179　法雨寺旁的平台、带基座的宝塔以及祭台

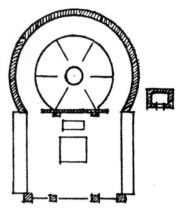

图180　普陀岛东侧边缘的僧人墓　　　　　图181　僧人墓平面图

　　这便是首选之地，然而佛教徒却还享有着高于大自然怀抱的庇护。真正的、年长的中国人会回到佛身边与佛缔结契约，将自己安葬于地下。佛教徒心中想的更多的是他们的主——那高于一切、端坐在天空之上的佛。他们对佛的信仰非常虔诚，并且力求死后仍能得到佛的信赖，从而获得解脱。因此，僧人的骨灰被葬在神圣的佛塔之下。

　　佛塔立于正方形的高台之上，由环状的围墙包围。塔中凿出了作供奉之用的壁龛。一段特别的台阶通向高高的基座平台，平台围墙上雕着与解脱相关的雕饰（见图175至图178）。围栏望柱均聚拢于细长的柱头（见图172）。塔身修长，由圆环分为五个部分，并被冠以屋顶式样的弧形柱头（见图173）。佛塔的底部由球形石头构成，其中切出了纵深通向墓室内部的小型通道。过世了的僧人遗骨便埋葬于此。一段绳子将装有骨灰、骸骨的袋子滑入墓室后，另一端用斧头斩断，骨灰袋就此远离尘世。通道的开口处可以明显看到用来升降绳索的刻痕。

　　丧葬仪式十分庄重。炉烟缓缓升入天际，僧人们身着精美的袈裟站在墓周，焚香充满了整座林子；在神圣祈祷的诵经声中，在远古音乐的鸣声里，葬礼顺利完成。

　　特别重要的高僧都会拥有自己独立的墓。寺庙的第一代方丈在本朝约康熙帝登基时就去世了，他被单独葬在直接毗邻寺庙密林里一座小小的墓地中。在凸出的柱基里藏着他的骨灰，由此竖起了俭朴庄严的塔。那位差不多在30年前对寺庙进行大规模翻修扩建的著名方丈和另一位有功德的僧人一起被葬在这儿附近。每人都有一座自己的塔，他们的遗骨被封存在塔基。

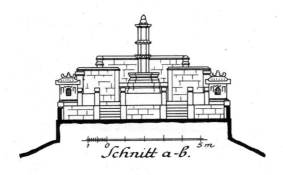

Schnitt a-b.

图182　佛顶山山顶东边的僧人墓外观

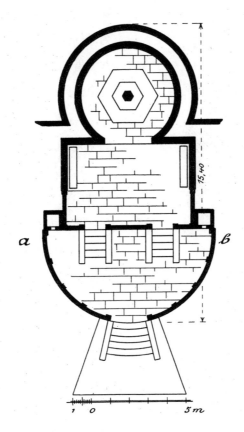

图183　佛顶山山顶东边的僧人墓平面图

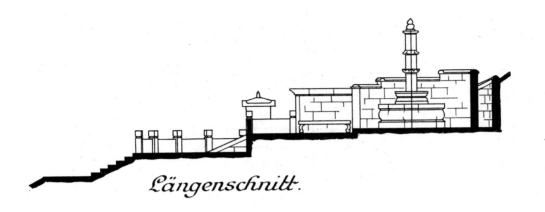

图184　图182、图183所示僧人墓截面图

图185　图184所示墓塔塔基剖面图，骨灰盒的
形状与摆放位置均为推测

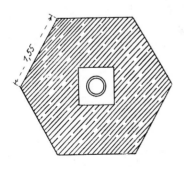

图186　图184所示墓塔塔基平面图

除此之外，另一座墓里还有第三座空塔，仅为对称性而建，未来可能有第三位僧人的骨灰凭借其翻修寺院时立下的功绩得以被置入其中，只是现在这位僧人仍健在。

其他墓的形式基本都与宁波田野中见到的墓地相同。在一座小丘前方设有一片区域，其栏杆望柱上装饰有石狮，刻有铭文，区域中设有供人祭奠的平台。每座小丘中，死者都在棺木中长眠，尸体并未经过中式火化。一些特殊情况下，部分僧侣可以选择这样的安葬方式，但其条件为他要预先支付所需款项。富裕的和尚才能承担这样的安葬方式，事实上这也非常不符合佛教的教义。但时不时寺院还是允许这样的丧葬方式，因为根据中国式的思维，死者只有被放在棺中埋入地下才算得上是入土为安，这种思想在中国的佛教团体中还是有些分量的。

僧人墓冢的精致程度并不尽相同，这点也无需诧异。佛教清规戒律规定僧人完全不能拥有财产，另外，佛教还规定了僧侣间完全的平等性，但这通常都被人忽视。这些在一个集体中几乎是无法具体实施的。注重实际的中国人善用事实说话。他们完全意识到，神所要求的是可以独立分析的。当抽象的宗教理论和戒律与生活的需求无法统一时，他们就会把这种情况归入未知的例外，从而对前后不一致进行妥协；这些妥协都有很强的目的性，也是为了能自我满足。于是过得更好的僧人都有一定的方法积攒财富：从早先从事的职业中所得到的，从他们俗世的家庭中继承所得到的，或者从其他捐助中集资的，通常来说是通过这样一些方法。这些幸运儿能付得起其他人无法承担的东西。对此他们有更多考量——这对穷人真是天方夜谭（tout comme chez nous）——因此，这些时不时会涉及一些固有的风俗。就像这些图片所显示的一样，他们被安放在棺材里，并且在修建精良的墓里下葬。

通常，墓正面都修建有一座平台，上设供桌、石质容器、休息用的长凳、用来烧纸焚香的香炉（见插图26）。大部分坟丘均由围栏环围，有些也会被严实地盖起来并冠以石珠（见插图27）。其背面从来不缺风水学上十分重要的环形护墙。平台之外，以山凹处为界，全是护墙（见图180、图181）。这些墓大多离道路不远，构成了诸多寺院、佛塔旁引人注目的焦点，并为这座小岛带来一抹真挚友善的气息（见图198）。

最宏伟壮美的僧人墓地位于佛顶山山顶，隶属于全岛第三座主寺佛顶寺。同这寺庙一样，大量的墓群藏于寺院附近的密林，林中种满了橄榄树、樟树、阔叶树、松树和柏树。墓地大多数是建着塔的平台，上有低矮供桌，没有其他附属品。这墓群因其布局及悠久的历史而显得很有气氛。

除此之外，最为美丽的两座坟墓位于密林沙丘斜坡边上。那里可以看到宽阔的大海以及舟山群岛无数的岛屿，这些岛屿仿佛"摇曳在海面上的扁舟"或"沉落下来的云朵"。这里安葬着两位道光年间（1821—1851）[1]的高僧。也正是在这个时期，岛上各处均增添了许多壮丽的墓碑。这两座墓虽然细节方面各有不同，但整体布置极为相似。一条道路或是从侧边、或是从正中通往墓前平台，平台南侧呈多边形或半圆形并由石制矮墙环绕。通过一段两排的台阶（中间有间隔）即可到达祭台，进入祭台的中间位置。祭台上只有一些供人休息的椅子和长凳，环形围墙有一处断裂，也就是我们称之为"墓"的那部分。墓中央为一个六角或者八

1　道光年号终于1850年。——译注

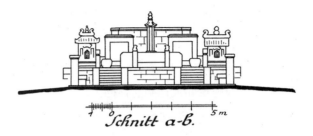

图187　佛顶山山顶西边僧人墓外观

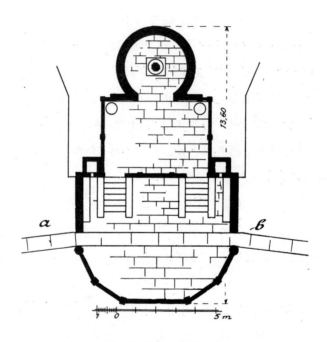

图188　佛顶山山顶西边僧人墓平面图

角底座支撑的葫芦状宝塔。骨灰盒放置在底座内部的墓室里。整片设施中单个部分均为平台状，围墙直接与岩石相接。位于东侧的墓还设有一处由另外一面外墙组成的保护墙，由此两侧环形墙中间便形成了一条通道。在宽阔的墓前平台和狭窄祭台的角落设有两处焚烧佛香、纸钱的小房子。墓地总体构造十分简洁，少有装饰，惹人喜爱。外墙柱的柱顶构造十分巧妙，

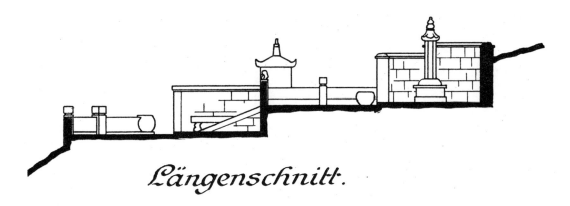

Längenschnitt.

图189　图187、图188所示僧人墓纵截面

图190　墓前平台上放置的石凳

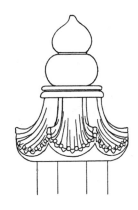

图191　八角底座上方墓塔的葫芦状冠饰

图192　外墙柱头

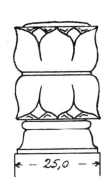

图193　外墙柱头

图194　另一座墓围栏望柱的荷叶状柱头

图190—图193　图187—图189所示墓地的细节

没有阴影投影。即便是在阳光照射下，墓也使人觉得庄严肃穆（见图182至图197）。

185 　　中国人有种观念，即山是所有事物的先祖，所有生命源自于山中。人死之后，躯体融入宇宙，唯有灵魂升华至空中。这些灵魂所幻化的具象图景便是那天空中牵引着的白色云朵，在山巅移动，之后消失于虚无。死者葬于近山顶的山坡上，因为这才是他们真正的故乡。他们的灵魂在那白色云朵之上。因此，装饰墓碑的铭文当中的一部分正是以上述思想为内容的。下文我将给出当中几处实例。

　　两座焚香室炉门处各环绕着三句铭文：

186

多宝藏

（此处藏宝甚多）

　　　　财收无限宝　　　　　　　　　给散有余财

　　（收集和接受无限的宝物）　　（拥有可以给予、分配给他人的多余财富）

　　这香炉其实就是死者的珍宝室。香炉中燃烧的纸钱正是带予他们的财富。烟从空中弥散出来，是故去之人的停留，是他们灵魂的停留。

　　左侧铭文强调，人先要把一些东西留作已用，然后才能把剩下的送给穷人或是去世的灵魂。这是很好的现实。右侧铭文讲的是，当人把自己多余的东西送给别人时，就表示他善于经营，如此细心谨慎就能为自己身后的人留点什么。思念死去之人并为他们寄去礼物是种敬重；礼物须由生者支付，这也鼓舞生者更加勤勉。这种敬重不论对死者还是对生者来说都是至宝，如同右边铭文所阐述的，与礼物的贵重与否无关。

　　另一边焚香室有如下箴言：

后土祠

（土地爷的感应寺）

　　　　豪气拥名山　　　　　　　　　威灵镇海岛

　　（勇敢的灵魂使人坐拥名山）　　（圣洁的高贵扎根于这海岛）

　　这标题差不多与土地庙（供奉大地之神的庙宇）意义相同。在中国，大地之神备受尊敬，

图195　立有墓塔的墓、墓上的圣坛

图196　墓前露台、通道、石凳，东边的焚香室

佛顶山山顶西侧僧人墓

图197　佛顶山山顶西侧僧人墓

于一片和谐中照料着这海岛的平和。诚然，人们可以说，土地的神或者后土的神是统一的。在与小岛有关的语境之下，这铭文却具象地指向了墓所在的小山丘，指向了死者的灵魂，展示着这岛上无尽灵魂的海之世界。[1]

　　右边铭文意为，死者的灵魂在此显现，与岛屿（或者说岛屿土地、后土）的灵魂结合在一起。文中"山"的意象指岛屿。这些安放的灵魂、位于山上的墓就像那无尽苦海上的一处岛屿。

　　左边铭文将死者灵魂想象为聚拢在一起，影响岛屿整体风水的因素，需要付出善举进行调和。

　　把两边平台隔开的护墙上有三句精美箴言：

1　有关"后土"，参见Grube: Religion und Kultus der Chinesen, S.34.ff以及Chavannes: Le Tai shan, Appendice: Le dieu du sol dans la Chine antigue。

图198　佛顶山山顶的墓林南观

图199　佛顶山东侧僧人墓的前方平台及低矮的护墙

188

幻化空身

（生命是一道谜题，身体尽是虚无）

皓月印清波 　　　　白云归碧岫

（明亮的月光照耀着清澈的海浪） 　（白色云朵归于碧色山岩）

189 　　三句箴言合在一起汇成了令人震撼的圆满：对死者的思念、对虚无以及有关生者如何继续生活的思考，令人深感于高山之孤寂、海上墓地之秀美。身体如谜一般改变着自己，身体的终结最后对我们来说还是个谜。只有一点可以确定：身体会归复虚无，就像字面上称呼的——"空身"。现在一无所剩，仅有那白云、那心中的意念之象汇成的薄雾在山顶上环绕着。它们从山顶发源，在山间环绕；还有那宁静的大自然，月影在平静的夜里温柔地倾洒于浮动的海面之上（见插图28）。按照中国人的基本观念，月与海、云与山的交互使得大自然成为不可分割的整体。不论是内容、形式，还是墓地所在的绝佳位置，这些精美的铭文所示之诗歌都堪称大师之作。

　　另一座邻近的墓地上的一副对子，为理解上文所说的有关"虚无"以及"空"的思想提
190 供了很好的补充。对子中采用了一个特别的名称——"空想"（即虚妄的想法）：

山头一片云 　　　海上三更月

（山顶只有一朵云） 　（三更月亮在海上）

　　另一块石碑上刻着方丈弟子以及朋友的姓名，是他们出资建了这座墓。
　　一块位于两座墓之间的石碑上刻着：

净境

（这地方是纯净的）

二　风　水

　　选择一处合适的、带来幸运的位置对于寺庙、住宅、坟墓以及许多事情而言都意义重大。单从字面来看，"风水"两字分别对应"风"和"水"，所指的正是建筑与其周围环境之间的

关系，即风与水对于建筑的影响。修建一座寺庙或是墓，在山脚下或至少是山丘下的位置会比较有利。山的轮廓最好能让人想到神兽，如麒麟、凤凰、龙，又或是狮子、老虎。人之所以产生这样的联想，绝离不开对自然的深情。中轴线要尽可能朝南，但因为还要顾及一些特殊坏境，所以偶尔也有例外，比如宁波运河东边的许多墓都位于两条运河交汇处。虽然此处十分宽广，各种排列方式都不成问题，但这里的墓地的排列却没有形成自南向北的一条中轴线。这是因为，依据风水论断，两条运河的交汇改变了主方向。法雨寺的僧人墓即为一个按照风水选址的恰当实例（见图174）。它的选址顾及了对好风水的要求：墓建于一座山峰下的山谷中，山的轮廓能让人联想到一头狮子。山谷向东敞开，一条小溪从中穿流而过，源头为佛顶山上的一处山丘。东面的视野里全是大海，墓和海之间没有任何视线干扰。整座山谷遍布茂密的树林。僧人说，从风水的角度来看，这个位置极佳，龙脉稳定而平缓。如果墓的风水好，死者的家族也会兴旺。由于僧人都需要放弃自己出身的家族，整个寺院正是他们真正的家族，所以把僧人墓选在如此风水宝地也同时促进了寺院的繁荣兴旺。

对于中国人的风水观以及中国人与风水相关的各种感受，许多欧洲人都已经表示过自己的看法，然而遗憾的是大多为带有偏见的误读。就此我和法雨寺的二和尚展开过十分具有代表性的谈话，在谈话中他作为中国人鲜有地敞开了心扉。为此我将在此处特别分享这段持续数小时、作为口述证明的对话内容。在生活中，可靠的口述如能根据所表达的内容来反映内心信念和当今现实，就等价于许多古老的资料源，或是等价于那些和当今现实已无关联的文学资料，此处记录的这些正是如此。

僧人叙述的大意如下：

> 土、水和风与人的灵魂是一样的，它们不仅是人灵魂的写照，还是灵魂本身，或者更进一步说，在土、水、风中含着灵魂，灵魂是它们的一部分。

> 地球呼啸地转动，如此迅速，从不间断，不容倒逆。世界的显像、人类的感知同样如此。这正是人的灵魂。大地幻化为岩层、山峦、地壳，展现在我们面前。然而这种转变从不间断。同样的岩层汇聚起来便会造成极大的差异，正如同一片土地不同位置的土壤肥力也会极为不同。人类的自然本性同样如此，表面上，不论外界发生怎样变化，都有一个看起来固定的状态，然而实际上，这份自然本性一直在改变，不断地在适应新的影响。

> 人类的自然本性像水那般，一会儿平缓、安静；一会儿，当暴风雨来临，又变得暴戾

无情。灵魂既是大海，又是那凶猛的河流、那湍急的山间小溪。灵魂同样是这些快速猛烈地流过山谷、一去不返的水流，而这些水流终将注入大海。同样地，人死后也会沉入无垠的永恒之海。

风有时狂暴，有时轻拂，有时静止。它吹向哪儿，便走向哪儿，一去不返。它吹向那广袤的大自然——那诞生一切又收纳一切的大自然。风，就这样猛烈地吹着，驰向死亡。灵魂亦是如此。

人死便会安葬在最为亲近自然的地方。一颗平和、淡泊、愉悦的心就此祈求，可以安葬在山林的静谧之中、在山崖的一边，远离风的侵袭、水的滋扰。墓地周围隐含的一切不安均须剔除，因为死者只想如此安宁地在此长眠，就像他在世时漫步那般。

人们会将那不安的灵魂埋葬在与自然并不和谐的地方。这样他在死后也有机会辗转、思考、怀疑。

因此，风水的考量基于死者的特质。负责确定死者下葬时间和地点的智者和风水师都会预先在死者家族中确认其特质。这些特质关乎之后墓地的选址。

假设死者是个好人，什么样的位置会被选中、什么时候的风水好？所有力量都应处于平衡状态，附近山的轮廓应呈现龙形，从两边向中间聚拢，宝石（此指死者的灵魂）便可收纳于此。这当然是最为理想的状态。墓北应有一座山阻挡疾风。所有与风水相关的因素都应当配备，且各个因素都应各占其位，相互间处于和谐统一的状态。同时，所有这些因素之间的和谐关系还应当借由天上的星宿（尤其是那些对死者生前有着重要意义的星辰）进行表述。[1] 地下的土壤必须是干的，山的层级必须和缓，这样墓才不会因渗水或是石块掉落而受到损毁。这里须享有静谧和谐。

这些知识堪称一门学问，基于对规则的参悟，基于经验，尤其基于对于大自然的感悟力。大自然如我们一般鲜活地存在着，它同样拥有灵魂，它的灵魂包含八方内各种神秘的元素，空气、土地、水和日月星辰都在其中。风水正是这些元素之间的关联。这其中最为重要的，便是相信大自然的千种力量相互之间都存在某种特定关联。自然的圆融不易描述，为此人们不仅要研习自然，还需有特别的天赋，有着说预言那样的预知能力。因此风水一直是神秘学，这门艺术只有极少数的有能之士才能掌握。

192

1　Edkins: Chinese Buddhism Chapter XXI.

我面前这位僧人显然是这方面的有能之士。对于其预言能力，我在第一次造访时便已有所感受。他为我的两位同伴（我的翻译和随从）做了长篇、严肃的预言。但他向我表示歉意，因为他很难为一个欧洲人预言。不过后来他还是针对我的面相和手相做了预言。他广博的学识、敏锐的洞察力可以说是显而易见的。当我请求他就风水做一个说明（也就是前文所分享的说明）时，他几乎陷入了狂喜，沉醉于风水的世界之中。他在窄凳上盘起腿，像一尊佛一样坐在那儿，但他健谈的特质又使得他有异于佛的形象。看着他会让人感觉，他的学识、感悟都仿佛艺术的图画一般闪现在他那充满智慧的双眸中。对他而言，将所有这些要点非常逻辑地进行表述实非易事。遗憾的是，因为转译，我只能费力地拟出这总结，而对他精妙的感悟已丧失了。但是我至少对风水有了新的证明，证明了这些僧人对风水有一定力度和深度的感知。

三　石　刻

如我们所见，以卷轴、横匾或是对子形式出现的铭文对于建筑而言是不可或缺的一个组成部分。它们同样隶属于建筑学的研究范畴。它们向人们诉说着建筑的格调和灵魂。因为对中国人来说，肉眼可见的自然、岩石、树木和水都一样拥有灵魂，艺术作品则是这些灵魂的一种表达方式。确实，这些自然景象从广义上来看就是建筑艺术的一部分，所以也适用于建筑，以至于在中国处处都能看到被凿刻在岩石上的铭文。它们出现在圣地、庙宇以及历史古迹的附近，最常见的还属名山。整块岩石表面延伸得很广，其上覆有大型汉字以及长诗；它们所描绘的均为具有故事性、宗教性的事件。以相同方式出现的还有祷词、富有哲理的箴言以及经典作品的摘录。这些铭文艺术价值极高，而这种经典的艺术形式也是中国早于其他国家所特有的，那时亚述和波斯的石刻还赶不上中国的石刻。而运用这种雅俗共赏的铭文几乎成为一种风俗，也成为确立中国文化自身强度和独立性的基石之一。

铭文数量最多、名气最大的圣山当属位于山东的泰山。单是研究泰山上的这些石刻就足以让我们对中国哲学有一个大体的了解。论及铭文数量，普陀山紧随泰山。几乎每条路上都有经文和诗歌陪伴着行者，其中还不乏许多藏文。因为普陀山在喇嘛和蒙古人心中也是极著名的礼佛圣地。普陀的名字就脱胎自布达拉——位于拉萨的山，或者说至少这两者间都有同样的来自神圣佛教书写的起源。

插图26-1　普陀山上的僧人墓

插图26-2　墓板上拱末端的狮子

插图27-1　普陀东沙的僧人墓

插图27-2　普陀东沙的僧人墓

Priestergrab am Gipfel des Fo ting shan.

插图28　普陀山山顶的僧人墓

图200　通往佛顶山上方的阶梯

图201　凿着铭文和佛像的岩石，位于阶梯处，阶梯通向一座寺庙

一些特别的岩石堆甚至被用为建造小型寺庙的选址（见图206、图207）。经文很好地修饰了岩石，充当着寺庙良好的风水因素；有时一段楼梯引向岩石上端，其上方表面又装饰着另外一句箴言。还有一些岩石中被凿出一些壁龛，嵌入木板；壁龛内凿出佛像，有时为一座，有时为佛像群（见图202）。但在普陀山，这些石佛相比中国其他地方的并不具备鲜明特色。这些岩石周围从不缺供人休息的石凳和绝妙的经文。路几乎都由铭文装饰着，在最高的、通向佛顶山的高地上，中间建有一座小而开放的过路亭，名曰"半路亭"。它曲线的内侧平面内装饰着七篇经文（对应着大熊星座中的七颗星星）：

朝　长[1]

（永恒的早晨）

一旁的岩石上凿有一座小型佛龛。佛龛中有三尊小神像，它们是备受爱戴且总重复出现的中国神祇，所谓自然三体的化身——天、地、水。"天官"，比"天的官员"更好的解释是"天的管理者"；"地官"，地的官员；"水官"，水的官员。古老的民间迷信贯穿于佛教环境中。边上的铭文也都充满佛教色彩：

195

三官殿

（三位官员的宫殿）

永镇万安邦　　　　　有路无尘地

（赐予土地长久的和平）　（有路的地方没有尘埃）

右侧铭文关联着经过真理之地到达智慧之光的路途，这里佛顶山山顶灯塔的比喻指代佛光本身。一条从尘世开始、没有尘埃的道路，如同这条从这里启程达到岩石山顶之路。于是，通过愉悦的方式，这关于心灵和美德世界的譬喻成为看得到的真实。同时左侧的铭文则与普陀以及佛教生活有关。

路的起点写着"一路福星"，意为整条路上有颗给人带来幸运的星星。

1　此处无图，猜测与对联"海水朝朝朝朝朝朝朝朝落，浮云长长长长长长长长消"内容相近。——译注

图202 祷室内的石佛

图203 通向佛顶山上坡楼梯的拱门，
内侧平面有铭文"朝长"

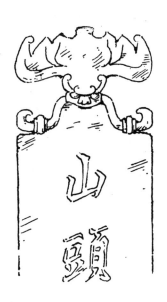

图204 凿着铭文的石板

图205 三官殿的石质圣坛

这又是一处对于山顶灯塔的影射。

岛上数量众多的铭文中我只复写下部分短的铭文。大量的石刻被印下来收录在我提到过的《图书集成》中。

别有天地

（这是一个特别的世界）

与世俗告别，你踏上一场人世的逃亡，打开一片新的天空、一片新的土地（普陀是其标志）。

海天佛国

（海和天是佛的国度）

普天共戴

（整个世界都由他庇佑）

梵音禅域

（佛音是潜心之城）

寻声救苦

（菩萨寻内心真实之声，拯救人于苦难之中）

196

超凡入圣

（引人由尘世走向神圣）

即心即佛

（佛就像你的内心一般）

你的心，即你存在的内在，即为佛本身。你自己就是佛。这思想可以溯回我们近百年间的哲学。

云扶石

（云朵支撑着石头）

一个悖论。云中蕴藏着法雨、佛法[1]，它们有力地支撑世间万物，像石头一样重。这概念

1　原文如此，可合为"佛法之雨"。——译注

图206　石刻

图207　表面附有铭文的巨石

符合事实，石头出现在环绕着的云雾里时，就好像在休息。

海上仙山

（海上有一座神仙山）

山高日升

（爬上知识的山顶，你能看到天上佛）

当来成佛

（来的是时候，佛为你显圣）

慈渡汪洋

（慈悲带你跨过无尽之海）

因心见相

（你的心映出他的样貌）

这是寺庙入口处照壁表达的思想，同时也是大殿中观音像身后光轮中的镜子所代表的思想。你正好能看到圆满神圣的境界，而你已为之做好准备。

渐入佳境

（你会一步步达到最高的位置）

又是个双关。因为人能到达山顶、到达灯塔，也能达到神性。

如同在寺庙建筑物内的铭文，所有这些石刻铭文均以最令人愉快的方式联结起人与自然、人与宗教的纽带。山巅之美、自然之壮、晨昏天空、佛性宗教与中国古代的观念，一切的一切都把自己的一部分投入进来，在此获得诗意的表达。在这里关于"海"的意象重复最多。观音全都在她的舟楫之上施行拯救，庇佑着躁狂的大海，这理念先于其他理念对应着这座岛，这也是人们最喜爱的想法。这座岛在中国宽阔的大海中被远远地向前推着，唯有它被称为"菩萨的舟楫"。

198

慈　航

一桅虚弱的小舟，

驶离安全的港湾，

家的港湾平静和缓，在天气和喧嚣面前，

小舟梦着，睡了

天空护着你，你这小舟，

在海可怖的宽广之中。

死亡在黑色风暴中飞驰而过，

没有星，带你去目的地。

打断了。哒哒的爆裂声，

船儿在浪里舞蹈，

夜幕临到船夫，

生命之忧也随之而来。

他对着死神的面容祈祷。

瞧，万分危难之际，

有慈航向他靠近，载着慈悲的菩萨。

她温柔的手持着小舟，把它降下

在潮湿的墓地，

慈航带他安全地送达

永恒的彼岸。

第七章

返　乡

日记节选

1月17日，星期五　在普陀山的最后一个早上！时光无情地向前推移。作别时，有最好的天气，阳光明媚，白云朵朵。虽然内心有万般不舍，但我真的不得不踏上归程。虽说现阶段的工作已基本完成，但广阔的中国还有更多的任务等待我去完成。于是我要离开这座幸福的岛屿，这座让我对中国的艺术和宗教有所认识的岛屿。

翻译、随从以及挑夫已将行李提前运走。我在寺中简单食用了些米饭、蔬菜充当午餐。我在寺院内和僧人以及我的麻脸小随从告别，在去船上的途中我和其他人告别。慢慢地，我与这片和睦的、逗留了三个多星期的土地渐行渐远。现在是下午，虽然太阳已经暂时消失在东侧高山背后，但气温依然很高。我时不时地往后望向寺院，它毅然、平静地坐落在山与水（海湾）的臂弯中，在暗色的密林环绕之中。看到它黄色的屋顶露出来，就像白色灯塔上的一盏长明灯发着光，投射出光亮，我再一次深深地感到了自然与宗教的和谐。

一路上，我通过平缓的山谷、越过平坦的丘脊（丘脊继续向东便化作峻峭的山崖直冲入海），途经许多庙宇和无数铭文。这些铭文将人引向位处偏僻的寺庙。接着我又穿过了满是小店的小巷，小店里陈列着为虔诚香客准备的开光纪念品。之后又越过前寺南侧的荷花池，穿过了拱桥上那座简单的凉亭。还登上了一处小山丘——从那里望去，岛内的风景让我无法转移视线。过了前寺，

图208　舟山群岛

就仅剩下一些位于码头附近的小型寺庙还在向我诉说着这座小岛的神圣。初来时，它们是神圣和艺术的前奏，而如今它们则是这名为"普陀"的交响乐的终章。

200　　普陀山西南侧山峰悬崖处显现出一座大型寺院内的房间，它的平台嵌在岩石间，这是为香客准备的等候殿，殿内有石凳和一些经文，入口附近有个点着灯火的轻型木架，这火为暗夜中前来的香客照亮了来路。而此处的灯火也是那佛顶山山顶灯塔上灯火的前兆，灯塔上的灯火是那代表着佛祖真理的永恒之光，也是菩萨大慈大悲的明证。——石防风堤（由于涨潮，只有一半露在外面）的尽头已经停靠着小舢板，只用一分钟的时间便将我渡到了大客船，客船在一旁卷着浪花的海面上摇晃着。尚未待我站稳，船便已经起锚，风帆升起，航程中猛烈的南风将我吹离了这座可爱的小岛。数量众多的行李被塞在了帆船内部的甲板下。那里蹲着三个中国人，即我的翻译、我的小随从和一位为收寺金和我同去宁波的寺庙僧人。他们蹲在那儿，躲避傍晚袭来的寒风，而不久前的中午，这里还是如夏天一般炎热。主桅边的风帆旁坐着一个船员。船尾另一个船员在用缆绳捆扎风帆，因为在风里扬帆很难。另有一位船员负责掌舵。无数竹质横拉杆制成的全新大风帆在风里很是灵活，帆船不停歇地行驶，这座中国造船艺术品仿若一只无惧狂风的海鸥。

转头回望，海岸、房屋渐渐消失，但远处，小岛上的远山在中间和北边冒了出来。在深谷和山叠处，在那秃山之上，有一座寺院隐秘地驻于密林深处；在不和谐的蓝灰色曙光中，一座座灰暗孤山的背景连续地交换着渐渐远去。但人还能分辨出沙滩和峭壁边喧嚣的海浪。之后，它们也消失了，小小的灯塔沉入了灰暗之中，只有在最高的山上的那座灯塔的模糊白光还陪伴着我们。我们的目的地是沈家门，它在最大岛对面的东南角，是舟山群岛最东边的主要海港，为发往宁波的航线的终点。同时，它也是去往中国台湾、中国南部和日本的航线的起点。数不清的船只天天从这儿出发。从普陀山看，我经常看到它们在沈家门附近岛屿排成长列，然后远远地消失在东边。现在我们一遍遍地经过数不清的船只，看它们在风中与我们无声地擦肩而过——出游的小快艇，装满货物的双桅船，在两根桅杆之间竖着帆的三角帆船，还有那艘满负荷、有高高船尾、开得极慢的巨大三桅船。它们像我们大航海时代引以为豪的战船，但式样更完善，看起来更轻。

在海上，四周包围着岛屿，这给人的感觉就像是身处一片内陆湖，有零星低矮的礁石从水面上耸起。人们给暗礁冠以白色的三角锥，以此标记出危险的礁石。驶入港口，我们在岛上陡峭的岩石尖上换船，在这上面的礁石上有一只小船停在那里，我们进了沈家门港。沈家门其实是个200～300米宽，3海里长的海湾，人很难把它与河湾区分开来。虽然降水极其充沛，但这里还是提供了一处出色而安宁的锚地。几乎就在岛内山后的岬角（如果可以这样叫的话）后面，在两座山岭间，海的后面有一座敞开的深谷。近乎水平的上山脊线切开了半圆形的山丘。规律、平缓、波浪形的山坡互相挤压着。在它们之间有一片平坦且表面呈锯齿状的盆地向下通向沙滩。盆地上面，几乎就在沙滩边上，有座村子。这图景令人心生疑惑，它好像荷叶的一半，像那种有奇怪边缘的饱满叶片、中间下降收拢的荷叶。这座村庄因此得名"荷叶村"，这是有关天人合一的中式幻想。珍贵如珍珠般的露水在荷叶的根里闪光，是赋予了其生命的生命之光和仿佛超自然的馈赠的神秘之光，它们好像被捧于神圣之手中。这座幸福的村庄就像荷叶中间的一颗圆满的珍珠，而岩石如同荷叶、关于荷中珍宝、关于佛、关于济世，这些都给予了村民永久的标记。

没几分钟，我们从熙来攘往的帆船间来到了沈家门，在曙光中它还未能让人清楚地辨认出来。我们走上小轮船"会宁轮"的船舷。和其他类似的轮船一样，"会宁轮"每天都常规往返于宁波与舟山群岛。行李很快便转运完毕，甲板上已经为我准备好了一间客舱。中国的服务人员住在临时寄宿处吃点小吃，从现在起到第二天这艘客船就是我一个人的了，启程时间也已定好。我可以不打扰一个人地跨过这又长又宽的甲板，从船头走到船尾。很多时候我在中国都有种感觉，即一切皆属于我，都是我独有的享受——现在我就觉得，我正身处在私人游艇的甲板上。

美妙的一晚。山鞍那头，落日最后一抹红霞微微露出，朦胧的满月静默却又不容抗拒地上升。最近的小岛上，或近或远的小山包围着港口和海湾，仿佛一个围猎场里充盈着月光。周围的景致清晰地现出，相较之下，远岸、群山和港口就显得模糊，港口被隐在帆船堆之后，于月光中间或露出面容。岸上低矮昏暗的房子亮着光，隐隐向外透出声音，那是工作抑或休

201

闲的声响，是这儿市井百姓永不停歇的杂乱声响——轻歌声、奏乐声、笑声、呼唤声、聊天声，以及寺庙铜锣低沉的调子和钟声。如同所有中国城镇特有的夏夜时光，这东方的中式奏鸣源自于愉悦的工作、无忧的生活、善良的朋友以及满满的饱足。其间，礼炮声发出巨响，烟火破空，火光在须臾间把一切点亮。因为现在是月圆庆典，在岛上海员的心目中，满月一直是他们极其亲密的朋友和旅伴。山谷的阴影之中，一条长长的、始终随着光和灯笼变幻的光线从山脊上移动着下来，像一条山谷里的蛇向村子游去。这是一队要去女海神庙上香的礼佛队伍，他们要还愿，要表示感谢，还要进一步地祈求更多好运。村里还有其他进香队伍点着灯，也向同样的目的地走去，枪鸣声、喇叭声、焰火和烟花紧随左右。

天上零星的白云偶尔将月亮藏在身后，它们紧紧相拥，沿着深遂而黑暗的云堆互相追逐，继而投下更宽广的阴影。下方几乎无风，但上方的云堆还在不停地快速迁徙，登上南方远山的山脊，接着消失在北方山脊附近。它们在很大的范围内来来去去，永无停歇。它们中只有一小部分能向上超脱、超越，这描绘出一种充满雄心壮志的追求，追求那无法抗拒的、深入人心的、统一的圆融。

202　　中国人那深刻的自然哲意，那与对自然的热爱、与宗教紧密相关的艺术，以及他们那统一的文化还能持续多久？这美妙且孤独的图景将要消逝在来自欧洲压倒性的进步力量中，将要消逝在我们现代的个人主义和撕裂中。它们还能在我们军队的炮火和文化侵袭中持续多久呢？我们究竟带走了多少他们文化的内涵，又带给了他们多少外在的改变？何时他们才能重新建立起新的价值体系、哲学观、宗教观，创造出新的艺术形式？这一切都是我们自己也尚未整体拥有的事物。这是多么暴虐啊，当美好而尊贵的旧时代要为粗暴的进步让路，去通向未来的一个新理想之时。我们最后所能期望的，只是这些旧文化的废墟至少可以为新建筑的建造有所贡献，让旧的文化至少不会消失殆尽。

一个民族或是一个人，如果想要证明自己具有较高的文化，就必须拥有一个独立的、充满艺术性的世界观，以及思想与创造、感觉与生活的协调并行。可以说，崇高的文化之光在中国依旧闪耀，文化的太阳也依旧高悬在它的最高点上，但同时，它也被已给这民族带来巨大财富的进步之乌云所笼罩，被其夺走了灵魂。不久的将来，会有一个新的文化理想出现，并最终得以贯彻。到那时，如今的时代就会被看作是一段衰落的文明，就像我们对埃及、巴比伦、希腊或者对墨西哥文明所做的那样。我们这些当世的存在者必须清醒地认识到，我们今天还有机会去认识这样一段文明，去研究这样一段切实存在的文化，明天也许就不再有这样的机会了，因为我们很快就将亲手毁掉这段文明。

那些云又分散开来，它们只是单独地飘着，最终不能再阻挡整片天光。极好的月色下，星星在模糊的蓝色地平线上闪烁。风完全歇了下来，是夜，气温适中，宁静的月光谜一般地笼罩着一切，让一切都沉睡其中。

村子里的扰攘和纷扰减弱了，但并未完全消失。它们成为互相混合着的一体，展示着深夜生活的些许。有时甲板上的计时沙漏发出尖响，一些晚班船从旁掠过，寻它们的锚地。村子里和船上的灯光渐渐暗了，平和降临在这静谧的岛中海湾。

1月18日，星期六 清晨时分我仍然能看到月亮，它的余晖还未消失在西方。此时此刻，太阳也从东边的山上升起，它铺开红霞，展现出令人畏惧的壮丽。六点多时，第一批中国乘客出现了，渐渐地，在随后航程的一个个停靠点里，人数越来越多。这些身着厚实衣物、手提无数篮子和包裹的客人占据了整个甲板。七点前，我们异常准时地驶离了狭窄航道中的锚地。早晨已经很暖和了，中午甚至可以说有点热。风不再吹，能享受到的唯有航船间的海风。我差不多一直待在外面。我的舱房本是为这些中国客人准备的公共休息室，此时已经被我的行李塞满，房费也从原先的50美分涨到75美分。刚开始，没有人进入我的舱房。之后有一个人带头，很快就有其他人立马跟上。现在到处都蹲着心满意足的中国人，他们喋喋不休，开着玩笑，抽着烟，吃着东西。一桌丰盛的饭菜已为我的翻译、小随从以及寺庙派出的采购员摆上了桌，菜钱理应从我宁波的账上扣除。但考虑到我多付的船费，无论如何这顿饭都应该免费。甲板上的货物大多都是装在篮子里的鸡，或是已经风干但是依旧新鲜的肉。

这是趟穿越舟山群岛的壮美旅程，炽热的阳光、晴朗的蓝天下，群岛一直在微笑。右边是定海，也就是群岛首府所在的大岛；左边总有新形成的小大岛屿、礁石以及环绕着的湖一般的海湾和狭小的支流。支流水流较急，所以小小的"会宁轮"很难立身。偶尔可以瞥见浩瀚的大海。村庄、城市、裸露的岩石、森林、庙宇以及斜坡上划分整齐的田地、种着圆形茶树的山丘，它们交叉相间，黄、绿、蓝，色彩缤纷地排列着。小型的中式帆船、货船、客船、帆船以及划艇让海面变得生机勃勃。我们的小船甲板负重过大，每次急转它都会严重地倾斜，并颠簸得让人害怕。于是船长大声呵斥，说甲板上人太多了。但是他没有施展权威来强行命令这群人下到船舱里去。中国人不乐意发号施令，他们相信，一切都会自己走上正轨。这确实还不错。就在起航前，我们在水道里和一艘正要起航的、装饰完备的白色海关巡逻船交换了三次表达致意的汽笛声。我们途经入海口的岩礁与山峦，在港口镇海长时间停留。同之前第一段航程的两个停靠点一样，这里的人们也过着勤勉而富有生机的生活。涨潮时的风暴加快了我们的航行，沿途我们还经过了延绵海岸线数十里的储冰室。地平线上，山峰从宽广的平面上拔地而起，将宁波环围起来。下午两点，我们在宁波靠岸，而这也正是我们三周前开始寻访供奉着大慈大悲观世音菩萨的圣山之旅的起点。

203

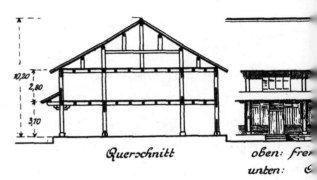

Querschnitt

oben: fre~

unten: G

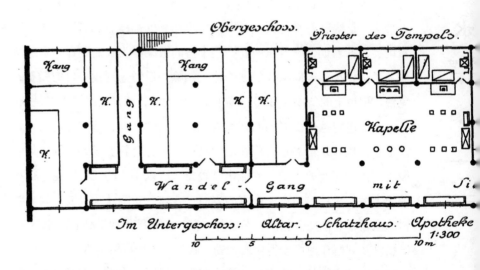

Obergeschoss.

Priester des Tempels.

Kang

Kang

K.

Gang

K.

K.

K.

Kapelle

K.

Wandel- Gang mit Si~

Im Untergeschoss: Altar. Schatzhaus. Apotheke

1:300

10 5 0 10 m

插图29-2　云水堂

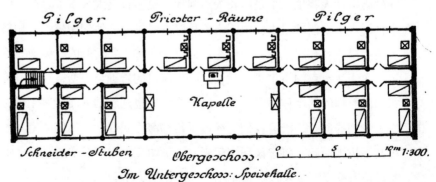

Pilger　　　Priester - Räume　　　Pilger

Kapelle

Schneider - Stuben

Obergeschoss.

Im Untergeschoss: Speisehalle.

0　　5　　10ᵐ 1:300.

插图29-4　院十三内客厅

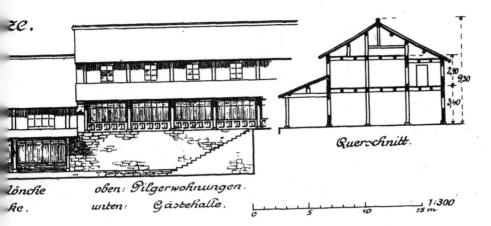

oben: Pilgerwohnungen.
unten: Gästehalle.

Querschnitt.

2,10
9,50
3,40

1:300
0   5   10   15 m

插图29-1　院五外观

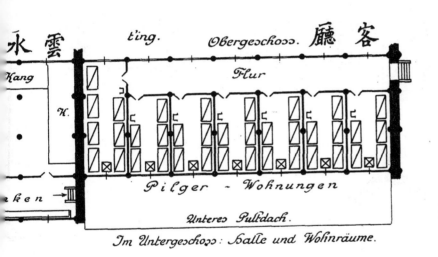

水雲　t'ing.　Obergeschoss.　廳客

Kang

Flur

K.

Pilger - Wohnungen.

Unteres Pultdach.

Im Untergeschoss: Halle und Wohnräume.

插图29-3　客厅

插图29-1至插图29-3　院五东侧建筑（对应文本为原书第32—34页）；云水堂（对应文本为原书第135—136页）

插图29-4　客厅，为香客准备的客房，卧室位于膳堂—食堂的上层（对应文本为原书第33—34页）

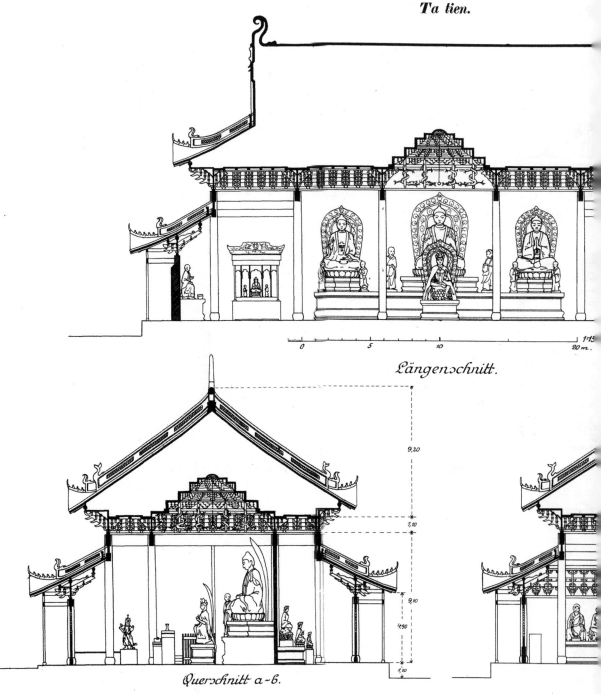

Die grosse Gebetshalle.

Ta tien.

Längenschnitt.

0   5   10   20 m.

1:15

9,20

1,10

9,10

4,90

1,10

Querschnitt a–b.

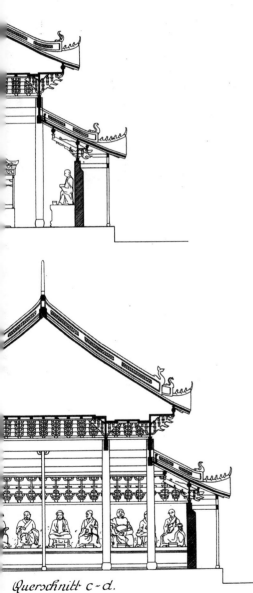

Querschnitt c-d.

插图30　大殿

（相应文本参见第三章第六节，原书第67—91页；

大殿平面图参见原书第68页和72页；佛像名称参见原书第85页图84）

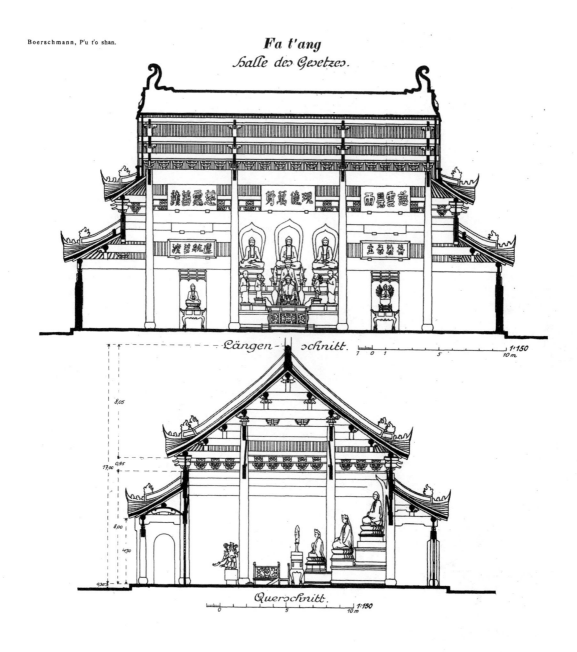

Fa t'ang

Halle des Gesetzes.

慈雲普護　觀德萬卿　慈雲慧雨

選佛場　普濟眾生

— Längen-schnitt. 1:150

Querschnitt. 1:150

插图31　法堂

（相应文本参见第三章第九节，原书第111—132页；
法堂平面图参见原书第113页；佛像名称参见原书第121页图119）

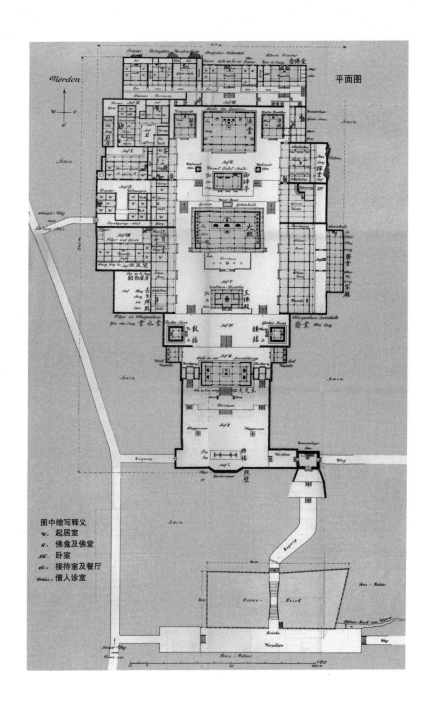

插图32 法雨寺寺院全图

（相应文本参见第三章，原书第28—150页；寺庙设施简介参见其中第二节，原书第31—38页）

译后记

作为第一位对中国古建筑进行细致全面考察的德国建筑学家、摄影家、汉学家，恩斯特·约翰·罗伯特·柏石曼（Ernst Johann Robert Boerschmann，1873—1949）在西方有关中国古建筑和中国文化的研究领域都堪称声名卓著的里程碑式人物。

1902年，柏石曼作为建筑顾问随德国远征军首次来华，在华期间他被中国古建筑独特的艺术形式和文化内涵深深打动，继而萌生了对中国传统建筑进行系统性研究的念头。而当柏石曼亲眼目睹了战争对于中国古建筑所造成的不可逆转的毁坏之后，便最终下定了决心，尽快展开相关的学术研究。在印度东亚宗教研究专家P.约瑟夫·达尔曼（P. Joseph Dalmann）以及国会议员卡尔·巴亨（Carl Bachem）两位先生的协助与推动下，1905年2月柏石曼向德意志帝国政府提交了极为翔实的相关研究项目申请。该项目于1906年8月获批，柏石曼也以帝国驻北京公使馆建筑学顾问的身份第二次前往中国进行考察。

1906年秋至1909年夏末（清光绪三十二年至宣统元年），柏石曼跋涉数万里，穿越了彼时中国18个省份中的14个，对中国各地古建筑展开了全面的实地考察。在考察过程中柏石曼拍下了（部分通过购买）数千张中国古代皇家建筑、宗教建筑以及富有地方特色的民俗建筑的照片，并手绘了大量地图、重要建筑的平面图以及建筑细节图，最大限度地记录了当时中国古建筑的真实风貌。在诸多建筑已然被毁的今天，其所收集的史料均已成为研究彼时中国古建筑极为珍贵的原始材料。此外，柏石曼还编录、翻译、阐释了传统建筑中出现的大量碑文、诗文和匾文，力图挖掘传统建筑背后所隐含的宗教思想和文化内涵，开创了以文物和古建筑为切入点研究中国文化的全新文化学分支。基于两次考察所得资料，柏石曼连续出版了六部[1]有关中国建筑的专著——《中国的建筑艺术与宗教文化》（三卷本）、《中国的建筑与景观》、《历史照片中的旧中国》以及

1　其新近出版的第七部著作作为其遗作《中国的建筑艺术与宗教文化》第三卷《宝塔》第二部分"中国宝塔"，2016年已由柏石曼研究专家哈特穆特·瓦尔拉芬斯（Hartmut Walravens）编撰出版。Walravens, Hartmut (Hrsg.): Ernst Boerschmann: Pagoden in China: Das unveröffentlichte Werk "Pagoden II". Harrissowitz Verlag. 2016.

《中国建筑》，这些著作使其成为欧洲相关领域无可争辩的权威。如其所著的《中国建筑》一书，详细介绍了中国传统建筑中的城墙、园林、亭台、楼阁，由宏观至微观，其细节甚至深入到了古建筑表面起装饰作用的雕刻。该书还配有珍贵的老照片和手绘的精美建筑图，生动全面地展现了中国传统建筑的独有之美。尤其值得惊叹的是，该著作的成书时间甚至比梁思成开始编撰《中国建筑史》还要早十几年。作为一个西方人，柏石曼对于中国传统建筑所倾注的近乎虔诚的学术热情，甚至令许多中国人都深感汗颜。尽管如此，国内却鲜有柏石曼著作的译本，目前仅有两本从英文转译的《中国的建筑与景观》（中国建筑工业出版社，2010年）以及《寻访1906—1909：西方人眼中的晚清建筑》（百花文艺出版社，2005年）。

本卷《普陀山》出版于1911年，为其三卷本《中国的建筑艺术与宗教文化》中的第一卷，同时也是柏石曼结束中国实地考察回国后整理出版的第一部有关中国建筑的论著。其余两卷分别为《祠堂》和《宝塔》。其中第二卷《祠堂》以氏族宗祠为主题，详细介绍了中国祠堂建筑背后蕴含的伦理道德与宗教思想；第三卷《宝塔》则可能是迄今考察中国宝塔建筑内容最为翔实的一本专著。单就这三卷所择取的研究对象来看，不难发现，这套书以中国古代不同的祭拜场所为主要研究对象，将宗教祭典作为探究中国传统文化的切入点，采用欧洲学术思维范式探究了中国传统精神文化的精髓——传统宗教观与哲学观。

《普陀山》一卷共分七章。第一章介绍了普陀山所处岛屿的位置、面积、地形地貌，探讨了岛屿的地貌特征与其所被赋予的宗教意义之间潜在的逻辑关联，并对岛上佛教寺院的历史进行了简要梳理。第二、第三以及第五章中，作者分别介绍了普陀山的三座主寺——普济寺、法雨寺与佛顶寺（慧济寺）；其中第三章中对于法雨寺的介绍构成了全书的核心，占据了全书过半的篇幅。柏石曼在第三章中借助一幅手绘的法雨寺寺院平面图（见插图32），引领读者展开了一场身临其境的中国古建筑之旅。对于法雨寺的整个寺庙建筑群落，包括天王殿、钟鼓楼、玉佛殿、御碑亭、大殿、藏经阁、法堂、禅堂、念佛堂和方丈殿，以及两侧的客厅和库房，乃至寺院外部的花园、池塘、桥、影壁、牌楼、旗杆和石狮等，作者事无巨细，均做了详尽的描述。甚至每一座殿堂里各尊佛像的名称和位置、每一处细节的装饰、每一个横匾上的题词、每一根立柱上的对联字样和含义，都交代得一清二楚。除了在上述三章中对普陀山寺院的建筑特点和宗教文化内涵进行了详尽的介绍外，作者还于第四章中向读者讲述了自己在岛上考察期间亲眼所见的厦门船员的祭祀仪式，并以寺中一位僧人的平日工作为例生动地展现了普陀山寺院的日常宗教生活。在第六章中，作者着重介绍了遍布岛上的僧人墓，借助墓地规格、选址、碑文含义以及中国特色的扫墓习俗，论述了中国佛教传统中对于死亡的理解，并对中国所特有的"风水说"做了极为准确的介绍。除此之外，作者还分别在第四章结尾以及第七章中摘录了自己考察期间的日记，为读者重构整个考察过程提供了珍贵的第一手史料。总而言之，柏石曼的《普陀山》一卷从介绍中国传统佛教建筑入手，在此基础上探究了隐于其后的中国古代宗教思想与传统文化，无论是在中国古建筑研究领域，还是西方视角下的中国传统文化研究领域，都是极为重要的论著。

然而，值得注意的是，由于柏石曼难以避免的欧洲学术视角以及其有限的汉语能力，使得他对于某些建筑名称、宗教概念以及所摘录箴言含义的阐释均存在一定程度上的误读，甚至有几处论述是依照误读所做出的想当然的联想。对此，译者为最大限度还原作者本意，误读部分均采取直译，并在译注中给出了译者对于误读原因的揣测。例如，作者从头到尾将寺院中供人住宿的客房称为"客厅"，并在绘制的许多平面图上均采取此名称，译者在翻译时保留了这一误用，并且为作区别，将中文语境中真正会客、用餐的客厅均翻译为"会客厅"。其他诸如此类的译法均以类似形式在译注中说明，望读者在阅读时加以甄别。

除此之外还需说明的是，由于作者在原文中采用欧洲建筑学术语对寺庙建筑进行描绘，许多概念在中文中不存在与中国传统建筑专有名词——对应的译文，例如"Holztonne"一词，在文中的不同语境中便可分别指代传统建筑中的"月梁""拱顶"以及"月梁花板"。为了方便读者阅读与理解，译者几经查阅与咨询，力图将原文中的欧洲建筑术语翻译为中国古建筑中的专有名词。然而译者受本身专业与相关知识所限，仍难免有所纰漏。有不当之处，敬请广大读者批评指正。

最后，谨此对合译者张希旺过去一年来付出的辛勤劳动以及舟山市档案局朱红英老师、商务印书馆的编辑在编校过程中给予译者的支持与帮助表示最为衷心的感谢；同济大学管盈盈在建筑专业知识方面为译者提供了不遗余力的指教，在此一并致谢。

史 良

2016年6月21日

图书在版编目（CIP）数据

普陀山建筑艺术与宗教文化 /（德）恩斯特·柏石曼著;
史良, 张希晅译. — 北京：商务印书馆, 2016
（舟山海外档案史料文献译丛）
ISBN 978 - 7 - 100 - 12860 - 5

Ⅰ.①普⋯ Ⅱ.①恩⋯②史⋯③张⋯ Ⅲ.①普陀山 —
佛教 — 宗教建筑 — 建筑艺术②普陀山 — 佛教 —
宗教文化 Ⅳ.①TU-098.3②B949.2

中国版本图书馆 CIP 数据核字（2016）第326137号

普 陀 山 建 筑 艺 术 与 宗 教 文 化

〔德〕恩斯特·柏石曼 著

史 良 张希晅 译

商 务 印 书 馆 出 版
（北京王府井大街36号 邮政编码 100710）
商 务 印 书 馆 发 行
山 东 临 沂 新 华 印 刷 物 流
集 团 有 限 责 任 公 司 印 刷
ISBN 978 - 7 - 100 - 12860 - 5

2017年4月第1版 开本 787×1092 1/16
2017年4月第1次印刷 印张 21

定价：78.00元